安装工程教学案例

Anzhuang Gongcheng
Jiaoxue Anli
2 Hao Bangonglou
Anzhuang Shigong Tu

——2号办公楼安装施工图

（第2版）

主　编　文桂萍　代端明

副主编　黄瑞勤　戴宗辰　李金生　李小龙

参　编　蒋文艳　陆慕权　卢燕芳　李　红

主　审　李战雄　玉泽标

重庆大学出版社

内容简介

　　施工图的识读是土建类专业学生必须掌握的基本技能,但是作为教学与实训的施工图资料长期以来存在老旧、不完整或者工种不齐等问题。本书是为满足土建类专业学生实训教学的需要,由院校和设计单位专门设计。全书包含:建筑给排水、消防工程施工图,建筑暖通工程施工图,建筑电气工程施工图,火灾自动报警系统工程施工图,防雷接地工程施工图,建筑智能化系统工程施工图,共6个部分内容。

　　本书适合作为高等职业教育、应用型本科土木建筑类专业的实训教材使用,也可以作为其他相关课程教材编写、培训的案例资料使用。

图书在版编目(CIP)数据

安装工程教学案例:2号办公楼安装施工图 / 文桂萍,代端明主编. -- 2版. -- 重庆:重庆大学出版社,2022.8(2024.7重印)

ISBN 978-7-5689-1977-7

Ⅰ.①安… Ⅱ.①文… ②代… Ⅲ.①办公建筑—建筑安装—教材 Ⅳ.①TU243

中国版本图书馆 CIP 数据核字(2022)第 129665 号

安装工程教学案例——2 号办公楼安装施工图
(第 2 版)

主　编　文桂萍　代端明
责任编辑:林青山　　版式设计:林青山
责任校对:邹　忌　　责任印制:赵　晟

*

重庆大学出版社出版发行
出版人:陈晓阳
社址:重庆市沙坪坝区大学城西路 21 号
邮编:401331
电话:(023)88617190　88617185(中小学)
传真:(023)88617186　88617166
网址:http://www.cqup.com.cn
邮箱:fxk@cqup.com.cn(营销中心)
全国新华书店经销
重庆升光电力印务有限公司印刷

*

开本:890mm×1240mm　1/8　印张:19　字数:617 千
2020 年 3 月第 1 版　2022 年 8 月第 2 版　2024 年 7 月第 4 次印刷
印数:8 001—10 000
ISBN 978-7-5689-1977-7　定价:44.00 元

本书如有印刷、装订等质量问题,本社负责调换
版权所有,请勿擅自翻印和用本书
制作各类出版物及配套用书,违者必究

前　言

　　施工图的识读是土建类专业学生必须掌握的基本技能,但是一直以来,作为教学与实训的施工图资料却存在着或老旧或不完整或工种不齐全等问题,给老师的教学、学生的学习,尤其是与实际岗位工作的衔接带来极大的困扰。基于此,编者根据现行的设计规范,组织设计院的电气、给排水、智能化、暖通等工种的骨干工程师,从方案编制到施工图绘制,历时大半年,完成了《安装工程教学案例——2号办公楼安装施工图》(另有一本配套的《建筑工程教学案例——2号办公楼建筑施工图》),经其他设计院工程师、学校教师的多次审图、修改后定稿成本图册。

　　该图册从实际出发,在内容及编排上有以下特色:

　　第一,围绕设计的本质、教学的目的绘制施工图,设置的内容丰富完整。

　　第二,各工种施工图设计,满足规范但适当超前规范,让学生在学校学习阶段就能了解当前建筑构造形式、各工种包含的系统配置类型,为学生尽快融入工作环境、高质量就业打下良好基础。

　　第三,强调实用性,利于采取项目式教学,可课堂教学使用,也可用于实训教学及供学生课下自己练习,或者作为岗位培训教材或建设工程相关人员的学习用图;强调可读性,难度与深度适中,便于自学。

　　本图册由广西建设职业技术学院文桂萍、代端明总负责,由广西建设职业技术学院建筑勘察设计院文桂萍、黄瑞勤、戴宗辰完成电气与给排水施工图的设计;由广西建筑科学研究设计院李小龙、李金生完成暖通与智能化施工图的设计;由广西建设职业技术学院蒋文艳、陆慕权、卢燕芳、李红完成各工种施工图的细部调整。全图册由广西建设职业技术学院李战雄、广西建工集团第五建筑公司设计院玉泽标主审。

　　本图册还得到了华蓝设计(集团)有限公司、广西交通投资集团的工程师的指导,在此表示衷心的感谢!

　　为了让学生的学习和训练更贴近工作实际,我们采用了原始的工程设计图,其中错漏在所难免,恳请广大读者批评指正,以便修订时更加完善。全体设计人员也将会根据规范的更新,适时对图册进行修改。

编　者

2022 年 6 月

总 目 录

建筑给排水、消防工程施工图

建设单位	×××公司		设计阶段	施工图	出图日期	2019.12	工程号	
工程名称	2号办公楼		版　次	第一版	图　别	给排水、消防	水施-目录	

给排水、消防设计施工总说明与图例（一）

一、设计说明

1.设计依据

（1）建设单位提供的本工程有关资料。

（2）建筑和有关工种提供的作业图和有关资料。

（3）国家现行的相关规范和标准图集，详本说明表3、表4。

2.工程概况

该项目名为2号办公楼，总建筑面积5672m²，其中地上建筑面积4643m²，地下建筑面积1029m²，地下一层，地上五层，建筑高度为18.3m，抗震设防烈度为7度。本工程按多层建筑（建筑高度<24m）进行给排水及消防设计。

3.设计范围

本设计范围包括红线以内的生活给水系统、热水系统、生活污废水系统、雨水系统、室内外消火栓系统、自动喷水灭火系统、气体灭火系统。本工程水表及与市政给水管网的连接管段、最末一座排水或雨水检查井与市政管道的连接管等，由市政相关部门设计。本项目室外给水排水设计详给排水设计总平面图。

4.系统设计说明

（1）生活冷水系统

①本工程水源采用市政自来水，从昆仑大道市政给水管网引入一路DN150的给水管，引入的给水总管在建筑四周成支状布置。甲方提供市政给水压力为0.25MPa（以绝对标高+0.00m为基准面），满足其生活及消防用水。给水系统、消防系统分别设水表计量。

②生活用水量：本项目使用人数：200人，人均用水量50L/（人·班），工程最高日用水量为14.63m³/d，最大时用水量为2.67m³/h。

③给水系统分4个区：-1~3层为市政区，由室外市政给水管网直接供水；4~5层为加压区，由地下生活传输水箱和变频提升至屋面生活水箱供水。

④地下室水泵房内设置一座1.5m³的304不锈钢板生活用水传输水箱，1组变频供水泵（一用一备），屋面设置一座1.5m³的304不锈钢板生活水箱，1组变频供水泵（一用一备）。

⑤本项目在室外设置一个用水总水表，计量该建筑生活用水。

（2）生活热水系统

本项目仅有公卫有热水供应需求，采用太阳能热水系统集中供热，热水用水定额10L/（人·班），供水时间8h，热水出水最高使用温度55℃，最低使用温度35℃。

（3）生活污水系统

①本工程污、废水采用合流制，最高日污水量为12.43m³。室内+0.000以上污废水重力自流排入室外污水管。地下室污废水采用潜水排污泵提升至室外污水或雨水检查井。

②生活污水经化粪池处理达到《污水综合排放标准》（GB 8978—1996）三级标准后通过市政污水管网收集后排入污水处理厂处理。

③连接大便器多于6个的公共卫生间设环形通气管；公共卫生间污水立管伸顶通气。

④室内排水沟与室外排水管道连接处，应设水封装置。

（4）雨水系统

①采用重力流系统，屋面排水设计重现期为10年，南宁市降雨历时5min时的设计降雨强度为599.9L/（s·ha）。屋面雨水经雨水斗和室内雨水管排至室外雨水检查井。屋面雨水斗采用87型雨水斗，屋面女儿墙上设置溢流口，尺寸为200mm×150mm，口底边比建筑天沟面高100mm。建筑屋面雨水排水工程及溢流设施的总排水能力大于50年重现期的雨水流量。

②室外场地排水设计重现期为3年。单算雨水口连接管为dn200，起点埋深为1.0m。

③屋面雨水、管井废水排入室外雨水检查井或排水沟。

（5）消火栓给水系统

①本子项工程按多层公共建筑（建筑高度<24m）进行消防给水设计。消防水源来自市政自来水和消防水池存水，市政自来水经室外给水环网供水。本项目仅有一路市政管网供水，无法满足室外消防环网进水要求，需单独设置室外消火栓系统；室内消火栓用水量为15L/s，室外消防用水量为25L/s，火灾延续时间为2h。

②室内设专用室内、室外消火栓给水管网，水泵房内设室内消火栓加压水泵两台（一用一备），室外消火栓加压水泵两台（一用一备），室内竖向供水不分区，室外消火栓系统独立设置，均为临时高压系统。为保证消火栓栓口出水动压不超过0.5MPa，本子项工程-1~3层均采用减压稳压型消火栓。

③室外消火栓系统：室外消防用水由室内消防水池供给，室外设置独立消火栓管网，采用地上式室外消火栓（规格DN100），型号为SS100/65-1.0(改进型)。

④室外消火栓箱布置：地下室消火栓选用甲型单栓带消防软管卷盘消火栓箱，箱体厚度为240mm，宽度为700mm，高度为1000mm，详图集15S202第13页（甲型）。消火栓箱内设φ65×19水枪1支，DN65水龙带1条，长度为25m，消防软管卷盘1套。消防柜内设有报警按钮。地上部分消火栓选用薄型单栓带消防软管卷盘组合式消防柜，箱体厚度为160mm，宽度为700mm，高度为1800mm，详图集15S202第21页。消火栓箱内设φ65×19水枪1支，DN65水龙带1条，长度为25m，消防软管卷盘1套。消防柜内设有报警按钮。室内消火栓采用铝合金箱体，安装详15S202。当建筑装修对消防有要求时，箱体材料、颜色等均应征求甲方和建筑装修单位的意见，消火栓箱不得妨碍建筑美观或通道的通行安全。嵌入防火墙半暗装的消防箱，应采取在箱后加金属板满足耐火极限要求的措施。

⑤本楼为多层建筑，消火栓水枪的充实水柱按照不小于13m设置。消火栓系统在顶层屋面设置带有压力表的试验消火栓。消火栓系统管道的最高点处设置自动排气阀，详设计图。

⑥本系统分别设1套室内消防水泵接合器、2套室外消防水泵接合器与管网相连，水泵接合器采用SQS-D型，闸阀、安全阀与止回阀三阀合体，消防水泵接合器具体布置详首层平面，交付使用后应设置永久性铭牌，并标明供水系统、供水范围和额定压力。室内外消防给水工程应同时设计、施工和交付使用。

（6）自动喷水灭火系统

①除不宜用火扑救的地方外，本工程地下室及地上部分均设自动喷水灭火系统，地下室按中危险级Ⅱ级设计，作用面积为160m²，设计喷水强度8L/（min·m²）；地上部分按轻危险级设计，作用面积为160m²，设计喷水强度4L/（min·m²）。设计用水量为30L/s，火灾延续时间为1h。

②水泵房内设自喷加压水泵两台（一用一备）。自动喷水系统平时管网压力由屋顶消防水箱维持；火灾时喷头打开，水流指示器动作向消防中心显示着火区域位置，此时湿式报警阀处的压力开关动作自动启动喷水泵并向消防中心报警。

③自动喷淋系统不分区，为使配水管工作压力不超过0.4MPa，-1~2层喷淋干管上设置不锈钢减压孔板，详喷淋系统图。

④喷头布置原则：本项目地下室车库及屋面机房采用流量系数K=80、动作温度为68℃的快速响应喷头；其余部位均采用流量系数K=80、动作温度为68℃的玻璃球喷头。净空高度大于800mm的闷顶或技术夹层，当闷顶内配电线路采用不燃材料套管或风管保温材料采用不燃材料制作、没有其他可燃物的时候可不设置洒水喷头，否则应在闷顶内增设直立型喷头，喷头的间距、管道的连接与下喷的吊顶型喷头一致。

在有吊顶的地方设置吊顶型喷头，无吊顶的地方采用直立型喷头。无吊顶场所在宽度大于1.2m的风管及水管排管、桥架下面应增设喷头，如果采用快速响应喷头或特殊响应喷头时，障碍物宽度大于0.6m时其下方应增设喷头；装设格栅等通透性吊顶的场所，喷头布置应符合《喷规》第7.1.13条的规定。喷头与障碍物的距离应满足《喷规》第7.2章节的要求。

标准直立型喷头溅水盘与顶板底的距离为100mm，在梁间布置的喷头，确有困难时，溅水盘与顶板底的距离不应大于500mm；快速响应直立型喷头溅水盘与顶板底的距离为120mm；与风口、灯具位置有矛盾时，各专业协商调整，但喷头间距应满足规范要求。直立型、下垂型喷头与梁、通风管道的距离宜满足《喷规》表7.2.1条要求。

⑤本系统设两套地上式自喷水接合器，水泵接合器采用SQS-D型，闸阀、安全阀与止回阀三阀合体，具体布置详首层平面，交付使用后应设置永久性铭牌，并标明供水系统、供水范围和额定压力。室内外消防给水工程应同时设计、施工和交付使用。

⑥图中自喷管道未标注管径时按本说明中表5"自动喷水灭火系统管径采用表"安装。

（7）气体灭火系统

本项目在负一层配电房、负一层发电机房储油间、一层计算机房等区域设置七氟丙烷柜式(无管网)预制灭火系统。另详该系统的单独设计说明。

（8）消防水池与消防水箱

①地下室设置一座独立的消防水池，总有效容积为396m³（其中室内消火栓水量108m³，室外消火栓水量180m³，自喷灭火水量108m³）。在屋面层设置

设 计		项目名称	2号办公楼	设计阶段	施工图
制 图				单 位	mm,m
审 核		图 名	给排水、消防设计施工总说明与图例（一）	图 别	水施
审 定				图 号	01

1

给排水、消防设计施工总说明与图例（二）

有效容积为18m³消防水箱1座与增压稳压设备，高位消防水箱露天设置时，水箱人孔、进出水管的阀门应加装阀门箱进行保护，同时在消防水箱出水管上设置流量开关。地下消防水池、高位消防水箱均设置就地水位显示装置，并应在消防控制中心或值班室等地点设置显示消防水池、水箱等水位装置，同时应设置最高、低水位的报警装置。

②消防水池（水箱）的出水管应按正施工，保证消防水池的有效容积能被全部利用。

③消防水池溢流管间接排水至排水沟，通过大流量排污泵抽送至室外雨水排水系统。高位消防水箱溢流管间接排水至天面。

④本设计消防水池（箱）由生活水管网补水，其进水管口最低点应高出溢流边缘的空气间隔不小于150mm。

（9）灭火器设置

地下室按中危险级B类配置两具手提式灭火器，型号为MF/ABC4；地上部分按中危险级A类配置两具手提式灭火器，型号为MF/ABC3；一层消防控制室、一层计算机房内配置一套推车式灭火器，型号为MFT/ABC20；均采用磷酸铵盐干粉灭火器。如无特殊标记每个消火栓箱下设置两具，具体位置详各层平面图。手提式灭火器宜设置在灭火器箱内或挂钩、托架上，其顶部离地面高度不应大于1.50m；底部离地面高度不宜小于0.08m。

（10）抗震设计

本项目所在地抗震设防烈度为7度，依据《建筑机电工程抗震设计规范》GB 50981—2014，必须进行抗震设计。管材选用应符合规范的要求；DN≥65的室内给水、消防管道应设置抗震支架，喷淋管道和气体消防管道还应再设置防晃支架；管道穿墙或楼板时应设置套管；屋顶水箱应靠近建筑物中心部位设置，底部应与主体结构牢固连接。应由具有设计资质的专业公司深化完成抗震支架的设计及施工安装；抗震深化设计软件、技术方案及力学计算书应由通过国家计算机中心认证的专业软件完成。抗震支承（支吊架）的设置应符合《建筑机电工程抗震设计规范》GB 50981—2014的相关规定。

（11）绿色建筑设计说明

本项目依据现行版本的《绿色建筑评价标准》GB/T 50378—2019。按照一星级绿色建筑标准设计，以节水、节能以及雨水资源利用为主，采用如下节水与水资源利用措施：

①合理制订水资源利用方案，对供水、排水与雨水资源实行统筹利用。

②给水系统合理分区，低区采用市政管网水压直接供水，高区采用变频水泵、高位生活水箱节能供水方式，供水系统用水点处的压力控制在0.25MPa以内，并满足使用压力要求；排水系统实行雨、污水分流排水，污水经过化粪池处理后排放至城市污水管网。

③采用用水效率等级为2级的节水型卫生器具，节约用水。

④采用密封性能好的阀门和连接可靠的管材管件，依据地质条件设置合适的管道基础，有效防止管道漏水。

⑤按用途设置分级计量水表，小区给水引入管设给水总表，满足对不同功能的用水分别设置计量装置，合理统计用水量和分析渗漏水量，达到用户节水目的；同时，分级水表的设置应满足水平衡测试的要求。

⑥屋面雨水收集系统独立设置，严禁与给水、生活污水、废水排水连接，雨水系统管道与设备做好标识，防止误接误用。

⑦屋面设置太阳能集中供水系统，太阳能保证率40%，采用太阳能+空气源热泵供水方式，满足可再生能源要求。

⑧本项目节水与水资源利用应达到一星级绿色建筑的要求，具体设计及施工详单项设计说明。

二、施工说明

1.管材

（1）生活冷水管道

①泵房内生活给水管道采用衬塑钢管，公称压力1.0MPa，丝扣连接或沟槽连接。

②室内给水管立管采用衬塑钢管，公称压力1.0MPa，丝扣连接或沟槽连接。

③户内支管采用PP-R冷水管，公称压力1.0MPa，热熔连接。

④室外埋地的给水管采用钢丝网骨架PE复合管，公称压力1.0MPa，电熔连接。

⑤与设备、阀门、水表、水嘴等连接时，应采用专用管件或法兰连接。

（2）生活热水管道、回水管道

①屋面生活热水管道、室内立管采用衬塑钢管，公称压力1.0MPa，丝扣连接或沟槽连接。

②户内支管采用PP-R热水管，公称压力1.0MPa，热熔连接。

（3）消防管道

①当工作压力≤1.20MPa，室内消防给水管采用内外壁热浸镀锌钢管；当1.20MPa<工作压力≤1.60MPa，室内消防给水管采用内外壁热浸镀锌加厚钢管；当工作压力>1.60MPa，室内消防给水采用内外壁热浸镀锌无缝钢管。当DN≥100时，采用沟槽式或法兰连接；当DN≤80时，采用螺纹或卡压连接。

②室外埋地消防管道工作压力≤1.60MPa采用钢丝网骨架塑料复合管，电热熔连接。

（4）排水管道

①室内污、废水管采用PVC-U排水塑料管，采用承插粘接。

②重力流雨水采用高密度聚乙烯HDPE排水管，采用热熔对接连接或电熔连接。

③空调冷凝水管采用PVC-U排水塑料管，采用承插粘接。

④室外雨、污水管道的管材采用FRPP双壁加筋排水管，环刚度S_N=8kN/m²，橡胶圈承插连接。

⑤与潜水排污泵连接的管道采用内外壁热镀锌钢管，法兰连接。

⑥污水立管底部和横干管采用PVC-U排水塑料管，采用承插粘接。

（5）管材选用应

①所采用的管材与管件，应符合国家现行有关产品标准的要求和相关卫生标准，管材与管件应由同一生产厂家配套供应。

②管道的工作压力不得大于产品标准规定相应介质温度下的工作压力。

2.阀门、附件及卫生洁具

（1）阀门

①生活给水管dn≤32采用全铜质截止阀，dn≥40采用全铜质闸阀，公称压力不小于1.0MPa。

②消防水泵吸水管及水泵出水管上采用明杆闸阀，公称压力1.0MPa；水泵出水管上的阀门的公称压力应满足工作压力的要求；埋地管道设于阀门井内的阀门采用耐腐蚀的明杆闸阀；架空管道的阀门采用蝶阀，其公称压力不小于相应管道的系统工作压力；自动喷淋系统水流指示器前、报警阀前后的阀门采用电信号阀，阀门的开、关信号反馈到消防控制中心。

③生活给水泵、消防水泵出水管上均安装多功能水泵控制阀（或防水锤消声止回阀），潜水排污泵出水管上安装污水专用球形止回阀，屋顶消防水箱出水管采用橡胶瓣止回阀，稳压泵采用消声止回阀，其他部位为旋启式止回阀。

④生活给水系统采用可调先导式减压阀；消火栓给水系统采用比例式减压阀；安装减压阀前全部管道必须冲洗干净，减压阀前过滤器需定期清洗和去除杂物；消防系统的减压阀，至少每3个月打开泄水试运行一次，以免水中杂质沉积而堵塞或损坏阀座。

⑤露天设置的高位消防水箱的进、出水管上的阀门应设置锁具等保护设施，应采用带有指示启闭装置的阀门。

⑥阀门安装时应将手柄留在易操作处。暗装在管井、吊顶内的阀门应设检修门。

（2）附件

①卫生间采用直通式地漏，设置存水弯。

②地面清扫口采用塑料制品，清扫口表面与地面平。

③全部给水配件均采用节水型产品，不得采用淘汰产品。所有水龙头应选用陶芯节水龙头。

④给水管道穿过沉降缝、伸缩缝处采用不锈钢波纹管。其工作压力应与所在管道工作压力一致。

⑤在可能经常检修的给水部件及支管丝扣阀门前后，应安装可拆卸的配件，以便检修，设计图中不再标出具体位置。

（3）卫生洁具

①本工程所用卫生洁具型号由二次装修确定。

②卫生洁具给水及排水五金配件应采用与卫生洁具配套的节水型产品，卫生洁具用水效率等级达到2级。

③所有卫生洁具自带或配套的存水弯有效水封深度不得小于50mm。卫生器具排水管段上不得重复设置水封。

④坐便器应选用一次冲水量不大于6L的两挡式低位冲洗水箱。

（4）水表

①管道公称直径DN<50时采用旋翼式水表；管道公称直径DN≥50时采用螺翼式水表；装在立管上时采用立式水表。

②水表前后直线管段长度，应符合产品标准规定长度。当水表可能发生反转，影响计量和损坏水表时，应在水表后设止回阀。

（5）减压孔板

①为保证喷淋系统配水管压力不超过0.4MPa，在部分楼层的喷淋干管上设置了减压孔板，详喷淋系统图。减压孔板的安装请参照国家标准图集04S206第74页。

②减压孔板应设置在直径不小于50mm的水平管段上，前后管段的长度均不宜小于该管段直径的5倍；孔口直径不应小于设置管段直径的30%，且不应小于20mm；减压孔板应采用不锈钢板材制作。

3.管道敷设

①给水管道暗设时，不得直接敷设在建筑物结构层内。卫生间的给水管道均暗装。

②给水立管穿楼板时，应设套管。安装在楼板内的套管，其顶部应高出装饰地面20mm；安装在卫生间内的套管，其顶部高出装饰地面50mm，底部应与楼板底面相平；套管与管道之间缝隙应用阻燃密实材料和防水油膏填实，端面光滑。暗埋给水管沿线应做出明显的记号，以免用户在装修时损坏。管道穿屋面安装详国标图集11S405-4第14页。

③管道穿越楼板的孔洞请安装单位配合土建施工预留。排水管安装完后将孔洞严密捣实，立管周围应设高出楼板面标高10~20mm的阻水圈。

④管道穿地下室外墙、水池和水箱池壁、池顶等处做柔性防水套管。本专业图纸和结构专业图纸中的DN均为穿管的实际使用管径，预埋套管应带防水翼环，且应比其大1~3号。做法详国标图集02S404。

设　计		项目名称		2号办公楼		设计阶段	施工图
制　图						单　位	mm,m
审　核		图　名		给排水、消防设计施工总说明与图例（二）		图　别	水施
审　定						图　号	02

⑤给排水立管应靠墙角安装，立管离墙的距离一般不应大于50mm，管中心至墙面距离详表1，立管安装位置不应妨碍使用及美观。立管设置于门窗边时，不应挡住门窗，施工安装中如发现立管有影响门窗使用、影响通道通行或影响美观等情况时应停止安装，报告设计人员及时处理。

⑥在设计图中未标注标高的给排水与消防横管应贴梁底安装，如果出现管道高度不够，影响通行等情况，请在施工前及时通知设计人员处理。雨水立管下端排至雨水排水沟或雨水检查井。

⑦设于电梯前室或者大堂等其他重要部位的立管应为暗装，如果设置为明装的应进行外包装饰，以免影响美观。

⑧底层卫生间应单独排水，且应满足《建筑给水排水设计规范》中第4.3.12条的设计要求。

⑨排水塑料管道应根据国标图集10S406的总说明6.1条的有关规定设置伸缩节。

⑩埋地排水塑料管与检查井连接的做法详国标图集04S420第59、60页；FRPP双壁加筋排水管接口施工做法详见国标图集04S420第54页。

⑪管道施工完毕后，污水管按GB 50268—2008有关规定进行闭水试验，合格后才能覆土。

⑫室外检查井需加装防坠网，定期巡检。

⑬应严格按照化粪池国家标准图集的要求设置化粪池专用通气管。

4.管道坡度

①除图中注明外，按表2"塑料排水横管坡度表"中的坡度安装。

②生活给水管、消防给水管均按0.002的坡度坡向立管或泄水装置。

③通气管以0.01的上升坡度坡向通气立管。

5.管道支架

①管道支架或管卡应固定在楼板上或承重结构上，架空管道的支架和吊架的设置间距详见表6。

②钢管水平安装支架间距，按《建筑给水排水及采暖工程施工质量验收规范》GB 50242—2002的规定施工。

③钢管以外的其他管道的支吊架设置应满足相应管道规程和安装标准图的规定。

④立管每层设一管卡，安装高度为距地面1.5m。

⑤立管底部及转弯处相互连接应加固；当设置支墩有困难时，可设置加强的托架，其承受能力应保证在使用时，不会因动态负载致使产生晃动和移位。

⑥水泵房内采用减震吊架及支架。

⑦自动喷水管道的吊架与喷头之间的距离应不小于300mm，距末端喷头距离不大于750mm，吊架应位于相邻喷头间的管段上，当喷头间距不大于3.6m时，可设一个，小于1.8m允许隔段设置。

⑧消防管道采用沟槽式接头连接时，干管转弯处设固定托架，以防止接头松脱。

⑨排水塑料管道应根据国标图集10S406的总说明6.1条的有关规定设置管道支吊架。

6.管道连接

①污水横管与横管的连接，不得采用正三通和正四通。

②污水立管偏置时，应采用乙字弯或2个45°弯头。

③污水立管与横管及排出管连接时采用2个45°弯头，且立管底部弯管处应设支墩。

④自动喷水灭火系统管道变径时，应采用异径管连接，不得采用补芯。

7.管道穿越变形缝时，应设置方形伸缩器或 ⌐¬ 连接。

8.排水立管检查口距地面或楼板面1.00m设置。消火栓栓口距地面或楼板面1.10m。

9.阀门安装时应将手柄留在易于操作处。暗装在管井、吊顶内的管道，凡设阀门及检查口处均应设检修门，检修门做法详水施图。

10.水泵、设备等基础螺栓孔位置，以到货的实际尺寸为准，设备到货核实后安装。

11.钢制管件、管道安装详《钢制管件》02S403。

12.管道和设备保温：按介质温度60℃热水选用保温

①生活热水箱（罐）及热水管道（含热水回水管）均需保温。

②保温材料采用橡塑制品，热水箱（罐）保温厚度45mm。热水管保温厚度见国标图集03S401第22、23、44页。

③保温应在管道系统完成强度试压合格及除锈防腐处理后进行。

13.防腐及油漆

①钢管刷红丹防锈漆两道，暗装管道须再刷沥青漆两道；明装管道刷红丹防锈漆两道后再刷银粉漆两道；钢制压力排水管刷灰色调和漆两道。

②在涂刷底漆前，应清除表面的灰尘、污垢、锈斑、焊渣等物。涂刷油漆厚度应均匀，不得有脱皮、起泡、流淌和漏涂现象。

③管道支架除锈后防腐，采用环氧煤沥青涂料，普通级（三油）厚度不小于0.3mm。

④埋地热镀锌钢管采用沥青涂料，普通级（三油二布）进行外防腐，厚度不小于4mm。

14.消火栓安装除特别标明明装外，本设计消火栓箱均为暗装（或半暗装），墙上留孔及安装固定方式参照国标15S202第55~58页。消火栓箱安装不得妨碍美观或者通道的通行。

15.管道、设备的施工安装单位应与土建公司和其他专业公司密切合作，根据施工方案或设备材料的实际采购情况及时配合土建做好预留孔洞、预埋套管、预埋件等工作，以免遗漏造成返工等损失。

16.管道试压及冲洗按该类型管道现行国家相关施工验收规范执行。室外生活给水管网与市政直供区（-1~3层）给水试验压力为0.8MPa，加压区（4~5层）给水立管试验压力为0.8MPa，热水管试验压力为0.80MPa，室内消火栓系统试验压力为1.40MPa，室外消火栓系统试验压力为1.40MPa，自动喷淋系统试验压力为1.40MPa。

17.给水设备、系统调试后必须对供水设备、管道进行冲洗和消毒。消防给水管网安装完毕后，应对其进行强度试验、冲洗和严密性试验。消防给水及消火栓系统的施工必须由具有相应等级资质的施工队伍承担。生活饮用水水箱应由专业公司进行定期清洗消毒，每半年不得少于1次，不得采用单纯依靠投放消毒剂的清洗消毒方式。清洗消毒后应对水质进行检测，检测结果应符合现行国家标准《生活饮用水卫生标准》GB 5749的规定。

18.其他

①图中所注尺寸除管长、标高以m计外，其余以mm计。

②本图所注管道标高：给水、消防、压力排水管为指管中心；污水、废水、雨水排水管等重力流管道和无水流的通气管指管内底。

③请施工单位在室外排水管施工前确认排水管标高等是否能满足接进市政排水管道的要求，如有问题请在施工前及时通知设计单位处理。

④给排水管道与设备施工应遵守《建筑给水排水及采暖工程施工及质量验收规范》GB 50242—2002、《给水排水构筑物施工及验收规范》GB 50141—2008、《给水排水管道工程施工及验收规范》GB 50268—2008、《自动喷水灭火系统施工及验收规范》GB 50261—2017的规定，各种管材管道的安装请严格按照该管材技术规程的要求进行安装与验收。

⑤本设计采用的标准图集详见表4。

⑥室外雨、污水检查井均采用圆形砖砌排水检查井，施工详图集02S515，检查井规格按02S515第8页。检查井井深≤1000mm且管径＜300mm时，井内径φ=700mm；井深＞1200mm或连接管达4条以上或管径＜400mm时，井内径φ=1000mm；管径≤600mm时，井内径φ=1250mm；室外排水管在检查井中采用流槽连接，其衔接方法原则上采用管顶平接，排水支管接入检查井时，如有300~1000mm的跌水，则不用流槽连接，如无跌水，则应用流槽连接；如跌水＞1000mm时，检查井改为跌水井。

⑦供水设施在交付使用前要进行清洗和消毒，经有关认证机构取样化验，水质符合《生活饮用水卫生标准》GB 5749的要求后方可使用。

⑧塑料管（dn）公称外径与金属管公称直径（DN）对照表见表1。

19.本说明未详尽之处详见国家有关现行规范、图集。

表1 塑料管、金属管管径对照表

塑料管管径dn(mm)	20	25	32	40	50	63	75	90	110	160	200	250
塑料管管中心至墙面距离(mm)	40	40	50	60	60	80	80	100	110	130	150	200
钢管管径DN(mm)	15	20	25	32	40	50	65	80	100	150	200	250
钢管管中心至墙面距离(mm)	80	90	110	120	130	130	140	150	160	190	220	250

表2 塑料排水管坡度表

管径dn(mm)	50	75	110	160	200	315	400
污水、废水管坡度	0.026	0.026	0.02	0.01	0.005	0.004	0.004
雨水管坡度			0.02	0.01	0.005	0.004	0.003

表5 自动喷水灭火系统管径采用表

管径DN(mm)	25	32	40	50	65	80	100	150
喷头(只)	1	2~3	4	5~8	9~12	13~32	32~64	>64

表6 架空管道支吊架的设置间距

管径(mm)	25	32	40	50	70	80
间距(m)	3.5(1.8)	4.0(2.0)	4.5(2.1)	5.0(2.4)	6.0(2.7)	6.0(3.0)
管径(mm)	100	125	150	200	250	300
间距(m)	6.5	7.0	8.0	9.5	11.0	12.0

注：表中间距为镀锌钢管道、涂覆钢管道的支吊架设置最大间距，括号内为PVC-C管支吊架设置最大间距。不锈钢管道及铜管应按规范要求设定。

设 计		项目名称	2号办公楼	设计阶段	施工图
制 图				单 位	mm、m
审 核		图 名	给排水、消防设计施工总说明与图例（三）	图 别	水施
审 定				图 号	03

3

图例

序号	名 称	图例 平面	图例 立面	序号	名 称	图例 平面	图例 立面
1	生活给水管	—J—	JL-1	32	消防水泵接合器		
2	污水管	—W—	WL-1	33	手提式灭火器		磷酸铵盐
3	雨水管	—Y—	YL-1	34	推车式灭火器		磷酸铵盐
4	废水管	—F—	FL-1	35	水表		同左
5	通气管	—T—	TL-1	36	压力表		同左
6	热水管道	—RJ—	RJL-1	37	波纹接头		同左
7	热回水管道	—RH—	RHL-1	38	管道补偿器		同左
8	消火栓管	—X—	XL-1	39	减压孔板		同左
9	自动喷淋管	—ZP—	ZPL-1	40	活接头		同左
10	闸阀		同左	41	可曲挠橡胶接头		同左
11	蝶阀		同左	42	刚性防水套管		同左
12	遥控信号阀		同左	43	柔性防水套管		同左
13	倒流防止装置		同左	44	夸折管		
14	止回阀		同左	45	水龙头		
15	截止阀		同左	46	感应式小便器冲洗阀		
16	安全阀		同左	47	小便器		
17	球阀		同左	48	污水池		
18	减压阀		同左	49	洗脸盆		
19	水力液位控制阀		同左	50	蹲式大便器		
20	电磁阀		同左	51	坐式大便器		
21	水泵		同左	52	圆形地漏		
22	湿式报警阀			53	排水栓		
23	水流指示器		同左	54	清扫口		
24	末端试水装置			55	检查口		
25	自动排气阀			56	通气帽		
26	直立型闭式喷头			57	雨水斗		
27	下垂型闭式喷头			58	侧壁雨水斗		
28	上下喷闭式喷头			59	单算雨水口		
29	室内消火栓单栓			60	阀门井		
30	室内消火栓双栓			61	圆形检查井		
31	室外消火栓			62	化粪池		

表3 设计采用的主要标准图集

图集名称	图集编号	图集名称	图集编号
矩形给水箱	12S101	防水套管	02S404
二次供水消毒设备选用及安装	14S104	建筑给水塑料管道安装	11S405-1~4
倒流防止器选用及安装	12S108-1	建筑排水塑料管道安装	10S406
变频调速供水设备选用与安装	16S111	室外给水管道附属构筑物	05S502
热水器选用及安装	08S126	柔性接口给水管道支墩	10S505
建筑排水设备附件选用安装	04S301	建筑小区埋地塑料给水管道施工	10S507
雨水斗选用及安装	09S302	钢筋混凝土及砖砌检查井	02S515
卫生设备安装	09S304	混凝土排水管道基础及接口	04S516
小型潜水排污泵选用及安装	08S305	雨水口	16S518
管道和设备保温、防结露及电伴热	16S401	小型排水构筑物	04S519
室内管道支架及吊架	03S402	埋地塑料排水管道施工	04S520
室外消火栓及消防水鹤安装	13S201	建筑小区塑料排水检查井	08SS523
室内消火栓安装	15S202	玻璃钢化粪池的选用与埋设	14SS706
消防水泵接合器安装（含2003年局部修改版）	99(03)S203	钢制管件	02S403
消防专用水泵选用及安装	19S204	高位消防贮水箱选用及安装	16S211
消防增压稳压设备选用及安装（隔膜式气压罐）	17S205	太阳能集中集热热水系统选用及安装	15S128
自动喷水与水喷雾灭火设施安装	15S909	气体消防系统选用、安装与建筑灭火器配置	07S207
消防给水及消火栓系统技术规范图示	15S909	常用小型仪表及特种阀门选用安装	01SS105

注：标准图集由甲方自行购买

表4 设计依据的主要规范

规范名称	规范编号	规范名称	规范编号	规范名称	规范编号
《建筑给水排水设计规范》	GB 50015—2019	《细水雾灭火系统技术规范》	GB 50898—2013	《汽车库、修车库、停车场设计防火规范》	GB 50067—2014
《室外给水设计规范》	GB 50013—2016	《建筑给水排水及采暖工程施工质量验收规范》	GB 50242—2002	《大空间智能型主动喷水灭火系统技术规程》	CECS 263: 2009
《室外排水设计规范》	GB 50014—2021	《民用建筑节能设计标准》	GB 50555—2010	《绿色建筑评价标准》	GB/T 50378—2019
《城镇给水排水技术规范》	GB 50788—2012	《建筑给水排水制图标准》	GB/T 50106—2010	《气体灭火系统设计规范》	GB 50370—2005
《建筑与小区雨水利用工程技术规范》	GB 50400—2016	《建筑给水排水及采暖工程施工及质量验收规范》	GB 50242—2002	《建筑机电工程抗震设计规范》	GB 50981—2014
《建筑设计防火规范》	GB 50016—2014(2018年版)	《给水排水构筑物施工及验收规范》	GB 50141—2008	《公共建筑节能设计标准》	GB 50189—2015
《消防给水及消火栓系统技术规范》	GB 50974—2014	《给水排水管道工程施工及验收规范》	GB 50268—2008		
《自动喷水灭火系统设计规范》	GB 50084—2017	《自动喷水灭火系统施工及验收规范》	GB 50261—2017		
《建筑灭火器配置设计规范》	GB 50140—2005	《气体灭火系统设计规范》	GB 50370—2005		

设计		项目名称	2号办公楼	设计阶段	施工图
制图				单位	mm,m
审核		图名	给排水、消防设计施工总说明与图例（四）	图别	水施
审定				图号	04

一、设计说明

1.设计依据
《建筑设计防火规范》GB 50016—2014（2018年版）　《气体灭火系统设计规范》GB 50370—2005
《气体灭火系统施工及验收规范》GB 50263—2007　《建筑给水排水制图标准》GB/T 50106—2010

2.工程概况
本项目仅于地下室的配电房、储油间以及首层计算机房设置气体灭火系统，采用全淹没式预制七氟丙烷柜式灭火系统。

3.基本设计参数

设置部位	系统储存压力	启动电磁阀工作电压	气体喷放时间	环境温度	系统灭火设计浓度	灭火浸渍时间
配电房、储油间	4.2MPa	DC24V	10s	≥−10℃	9%	10min
计算机房	4.2MPa	DC24V	8s	≥−10℃	8%	5min

4.防护区要求
①防护区的围护结构及门窗的耐火极限不应低于0.6h，吊顶的耐火极限不应低于0.25h，同时须满足建筑专业的耐火等级要求。
②防护区的门应向外开启并能自行关闭；疏散出口的门必须能从防护区内开启；当药剂喷放时，除泄压口外的门窗及用于该防护区的通风机、防火阀等开口应能自动关闭。
③防护区最低环境温度不应低于−10℃，最高环境温度不应高于50℃；防护区围护结构承受内压的允许压强不宜低于1.2kPa。

5.系统设计
①七氟丙烷柜式系统设计技术参数表（详附表1）。
②系统组成：预制七氟丙烷柜式灭火系统主要由箱体、灭火剂储瓶、瓶头阀、电磁驱动器、喷嘴等组成。
③控制方式及工作原理：气体灭火系统的控制，要求同时具有自动启动、电气手动启动及应急机械手动启动3种方式。
a.自动启动工作原理：当某个防护区的火灾探测器同时发出两个独立的火灾信号并延迟30s后，自动灭火控制器立即发出灭弧信号指令，打开瓶头阀，喷放灭火剂实施灭火。
b.电气手动启动方式：将灭火控制柜面板上启动方式转换开关置于半自动位置，手动按动灭火系统启动按钮，使相应保护区的选择阀及灭火剂储瓶组瓶头阀打开，便可实施电气手动启动灭火功能。
c.应急机械手动启动方式：当自动启动及电气手动启动功能失效时，工作人员可在设备现场实施应急手动启动方式，以打开相应保护区域的选择阀及瓶头阀进行灭火。紧急启动切断盒设置在被保护现场，用于人为启动应急启动灭火系统或停止灭火系统。
本工程因各防护区的灭火设计浓度、实际使用浓度大于七氟丙烷无毒性反应浓度（9%），故系统启动应设手动与自动控制的转换装置。当人员进入防护区时，应能将灭火系统转换为手动控制方式；当人员离开时，应能恢复为自动控制方式。防护区内外应设手动、自动控制状态的显示装置。各防护区灭火控制系统的有关信号，应传送给消防总控制室，且消控室内应有能切换自动/手动的装置。

6.安全要求
①防护区内应设火灾声报警器，必要时可增设光报警器。防护区的入口处应设声光报警器，报警时间不宜小于灭火过程所需的时间，并应能手动切除报警信号。
②防护区入口处设灭火系统防护标志及喷放指示灯。
③各防护区均设置泄压口，泄压口位于防护区净高的2/3以上。各防护区泄压口开口面积详表1，泄压口由建筑专业留洞，厂家负责处理。泄压口具体位置详建筑图。
④各个防护区内配置空气呼吸器一套。

7.设备安装简述
①气体灭火控制器应具备对需联动的开口密闭装置、通风机、防火阀等设备实施操作、控制的联动功能，气体灭火控制器应实现将火灾报警、系统故障、气体喷放信息反馈至消防控制中心。电气控制详电施图。
②储存药剂的贮瓶装置上应设耐久的固定铭牌，并应标明各个容器的编号、容积、皮重、灭火剂名称、充装量、充装日期和充压压力等。
③七氟丙烷灭火装置的布置，应便于操作、维修及防止阳光直接照射。其操作面距墙面或两操作面之间的距离，均不宜小于1.0m，且不应小于储存容器外径的1.5倍。七氟丙烷灭火装置的电气控制线路与墙面接线盒之间应采用金属软管敷设。
④控制灭火剂流向的选择阀位置应靠近储存容器且便于操作，阀上应有标明其工作防护区的永久性多铭牌。

二、其他
①灭火后的防护区应通风换气，详暖通施工图。
②施工过程中，在不降低建筑防火要求的情况下，本气体灭火系统设计参数及安装测试可根据建设单位最终确定的专业厂家产品进行调整，但应通知设计公司采取相应措施。
③本设计要求由甲方选定的设备生产厂家指派技术人员到现场校核后方可施工，并要求由设备生产厂家负责安装调试及免费培训操作人员。
④以下为系统控制程序图：

七氟丙烷气体灭火系统设计说明

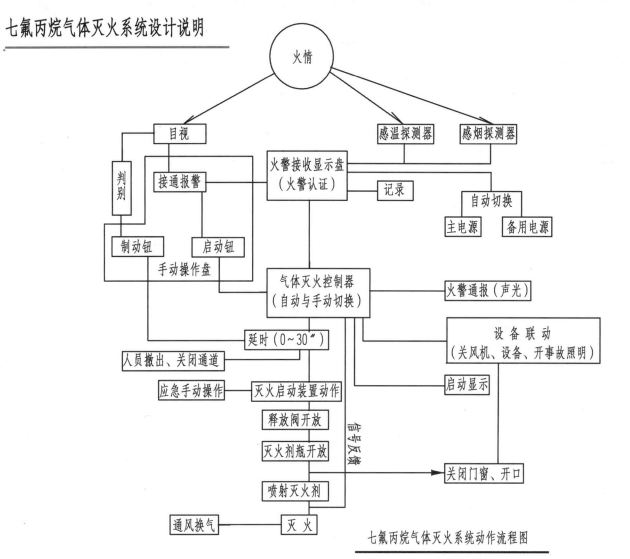

七氟丙烷气体灭火系统动作流程图

表1　柜式七氟丙烷灭火装置技术参数及材料表

参数 ＼ 防护区	配电房（−1F地下室）	计算机房（1F）	储油间（−1F地下室）
垂直投影面积（m²）	54.10	37.96	6.9
建筑高度（m）	4	3.6	3.1
保护区体积 V（m³）	216.40	136.66	21.39
灭火浸渍时间（min）	10	5	10
喷放时间 S≤(s)	10	8	10
围框强度（Pa）	1200	1200	1200
设计灭火浓度	9%	8%	9%
设计用量（kg）	165.31	91.79	16.34
实际用量（kg）	180	100	20
泄压口面积（m²）	0.0716	0.0497	0.0071
灭火装置、台数（台）	CNH−60L/60kg　3台	CNH−50L/50kg　2台	CNH−20L/20kg　1台

设　计		项目名称	2号办公楼	设计阶段	施工图
制　图				单　位	mm,m
审　核		图　名	七氟丙烷气体灭火系统设计说明	图　别	水施
审　定				图　号	05

给排水主要设备材料表

序号	名 称	规格、型号及材料	单位	数量	备 注
1	PP-R 冷、热给水管	dn20/dn25/dn32 S4系列 PN 1.00MPa	m	按实长	用于公卫
2	PP-R 冷给水管	dn40/dn50/dn63 S4系列 PN 1.00MPa	m	按实长	用于公卫
3	衬塑钢管	DN20/DN25/DN32/DN40 PN 1.00MPa	m	按实长	用于室内热水系统
4	衬塑钢管	DN40/DN50/DN65/DN100/DN150 PN 1.00MPa	m	按实长	用于室内给水干管
5	钢丝网骨架PE复合管	DN65/DN150 PN 1.00MPa	m	按实长	用于室外埋地管
6	塑料排水管	dn50/dn75/dn110/dn160 PVC-U	m	按实长	用于横支、干管
7	塑料排水管	dn75/dn110 PVC-U 螺旋排水塑料管	m	按实长	用于立管
8	内外壁热镀锌钢管	DN100/DN150	m	按实长	用于潜污泵废水管
9	FRPP双壁加筋排水管	DN300 $SN=8kN/m^2$	m	按实长	用于室外污水埋地排水
10	FRPP双壁加筋排水管	DN200/DN300/DN400 $SN=8kN/m^2$	m	按实长	用于室外雨水埋地排水
11	截止阀	DN20/DN25 PN 1.6MPa	个	按实际	加装活接头
12	闸阀	DN32/DN40/DN50/DN65 PN 1.6MPa	个	按实际	加装活接头
13	闸阀	DN100/DN150 PN 1.6MPa	个	按实际	加装活接头
14	先导式可调节减压阀	DN20/DN25 PN 1.6MPa	个	2/1	详01SS105，用于热水支管减压
15	自动排气阀	DN15 DRX15 PN 1.0MPa	个	5	
16	水表（旋翼式）	DN40/DN50 LXS40/50 PN 1.0MPa	个	5/4	详01SS105/8，用于冷水支干管计量
17	水表（旋翼式）	DN20/DN25 LXS20/25 PN 1.0MPa	个	4/1	详01SS105/8，用于热水支干管计量
18	水表（螺翼式）	DN100/DN150 PN 1.0MPa	个	1/1	
19	台式脸盆	陶瓷 陶瓷片密封	套	22	配上下水铜镀铬件
20	坐式大便器	低水箱 单次冲洗水量≤6L，陶瓷	套	1	配上下水铜镀铬件
21	蹲式大便器	低水箱 自带陶瓷水封	套	42	配上下水铜镀铬件
22	地漏	dn110 PVC-U 底部加装成品存水弯	个	17	水封深度≥50mm 地下室排水
23	侧壁雨水斗	dn110 PVC-U	个	4	
24	直立型雨水斗	dn110 PVC-U	个	12	
25	通气帽	dn110 PVC-U	个	2	
26	潜污泵	JPWQ80-40-15-1600-4.0	台	12	含压力表、止回阀、闸阀
27		$Q=40m^3/h, H=15m, N=4.0kW$			

注：各材料数量应以施工图实际数量为准，本表仅供概算专业参考，不作为工程结算依据。

消防主要设备材料表

序号	名 称	规格、型号及材料	单位	数量	备 注
1	热浸镀锌钢管	DN25/DN32/DN40/DN50/DN65 PN1.60MPa	m	按实长	用于消防给水系统
2	热浸镀锌钢管	DN80/DN100/DN150 PN1.60MPa	m	按实长	用于消防给水系统
3	蝶阀	DN65 WBL型 1.6MPa	个	6	加装活接头
4	蝶阀	DN100/DN150 WBGX型 1.6MPa	个	15/4	加装活接头
5	止回阀	DN100 1.6MPa	个	2	
6	自动排气阀	DN20 ZSFP25 1.0MPa	个	3	
7	单栓室内消火栓箱	单栓 SN65	套	12	含栓、水枪、水带、按钮，详15S202
8	单栓室内消火栓箱	减压单栓 SNW65	套	21	含栓、水枪、水带、按钮，详15S202
9	试验消火栓	单栓 SN65 SG24A65-J	套	1	详04S202/16
10	手提式干粉灭火器	MF/ABC3 4kg 2A（55B）	套	58	磷酸铵盐
11	手提式干粉灭火器	MF/ABC3 5kg 3A（89B）	套	32	磷酸铵盐
12	推车式干粉灭火器	MFT/ABC20 20kg 6A（183B）	套	2	磷酸铵盐
13	组合式不锈钢消防水箱	4.0×3.5×2.0m 不锈钢304 壁厚2.0mm	套	1	带给水、泄水、液位计等配件，详16S211
14	直立型闭式喷头	ZSTZ15/68 DN15 68℃ $K=80$	个	97	含10%备用，朝上安装
15	吊顶型闭式喷头	ZSTZ15/68 DN15 68℃ $K=80$	个	471	含10%备用，朝下安装
16	水流指示器	ZSJZ-Ⅱ-3 DN50/DN150 PN 1.60MPa	个	1/6	
17	信号阀	DN50/DN150 ZXSF型 PN 1.6MPa	个	1/6	
18	信号阀	DN100/DN150 ZXSF型 PN 1.6MPa	个	6/7	
19	末端试水装置	DN25 ZSMDd25型 PN 1.0MPa	套	1	含末端试水接头、试水阀、压力表，详04S206/76
20	末端试水阀	DN25 PN 1.0MPa	套	6	
21	室内消火栓水泵接合器	SQS100-D 改进型 PN 1.60MPa	套	1	99S203/11 三阀合一改进型
22	室外消火栓水泵接合器	SQS100-D 改进型 PN 1.60MPa	套	1	99S203/11 三阀合一改进型
23	自动喷淋水泵接合器	SQS100-D 改进型 PN 1.60MPa	套	2	99S203/11 三阀合一改进型
24	湿式报警阀	ZSFZ150 DN150 PN 1.60MPa	套	1	详04S206/8
25	消火栓稳压装置	XW(L)-Ⅰ-1.0-20-SR型 SQL800×0.6	套	1	详17S205/24
26	自动喷淋稳压装置	XW(L)-Ⅰ-1.0-20-SR型 SQL800×0.6	套	1	详17S205/24

注：各材料数量应以施工图实际数量为准，本表仅供概算专业参考，不作为工程结算依据。

设 计		项目名称	2号办公楼	设计阶段	施工图
制 图				单 位	mm,m
审 核		图 名	给排水主要设备材料表	图 别	水施
审 定				图 号	06

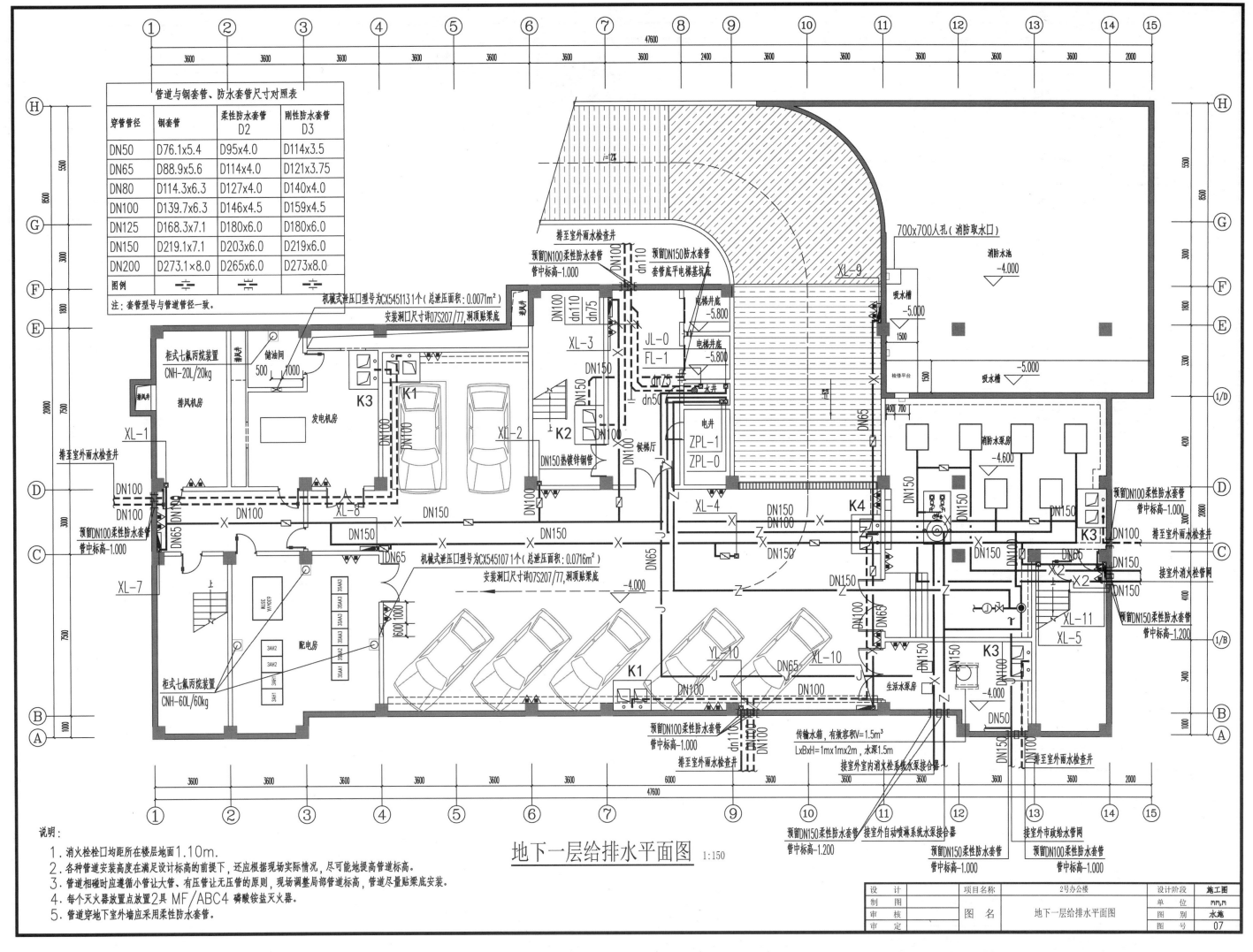

管道与钢套管、防水套管尺寸对照表

穿管管径	钢套管	柔性防水套管 D2	刚性防水套管 D3
DN50	D76.1x5.4	D95x4.0	D114x3.5
DN65	D88.9x5.6	D114x4.0	D121x3.75
DN80	D114.3x6.3	D127x4.0	D140x4.0
DN100	D139.7x6.3	D146x4.5	D159x4.5
DN125	D168.3x7.1	D180x6.0	D180x6.0
DN150	D219.1x7.1	D203x6.0	D219x6.0
DN200	D273.1x8.0	D265x6.0	D273x8.0
图例			

注：套管型号与管道管径一致。

地下一层给排水平面图 1:150

说明：
1．消火栓栓口均设在楼层地面1.10m.
2．各种管道安装高度在满足设计标高的前提下，还应根据现场实际情况，尽可能地提高管道标高。
3．管道相碰时应遵循小管让大管、有压管让无压管的原则，现场调整局部管道标高，管道尽量贴梁底安装。
4．每个灭火器放置点放置2具 MF/ABC4 磷酸铵盐灭火器。
5．管道穿地下室外墙应采用柔性防水套管。

设 计		项目名称	2号办公楼	设计阶段	施工图
制 图				单 位	mm,m
审 核		图 名	地下一层给排水平面图	图 别	水施
审 定				图 号	07

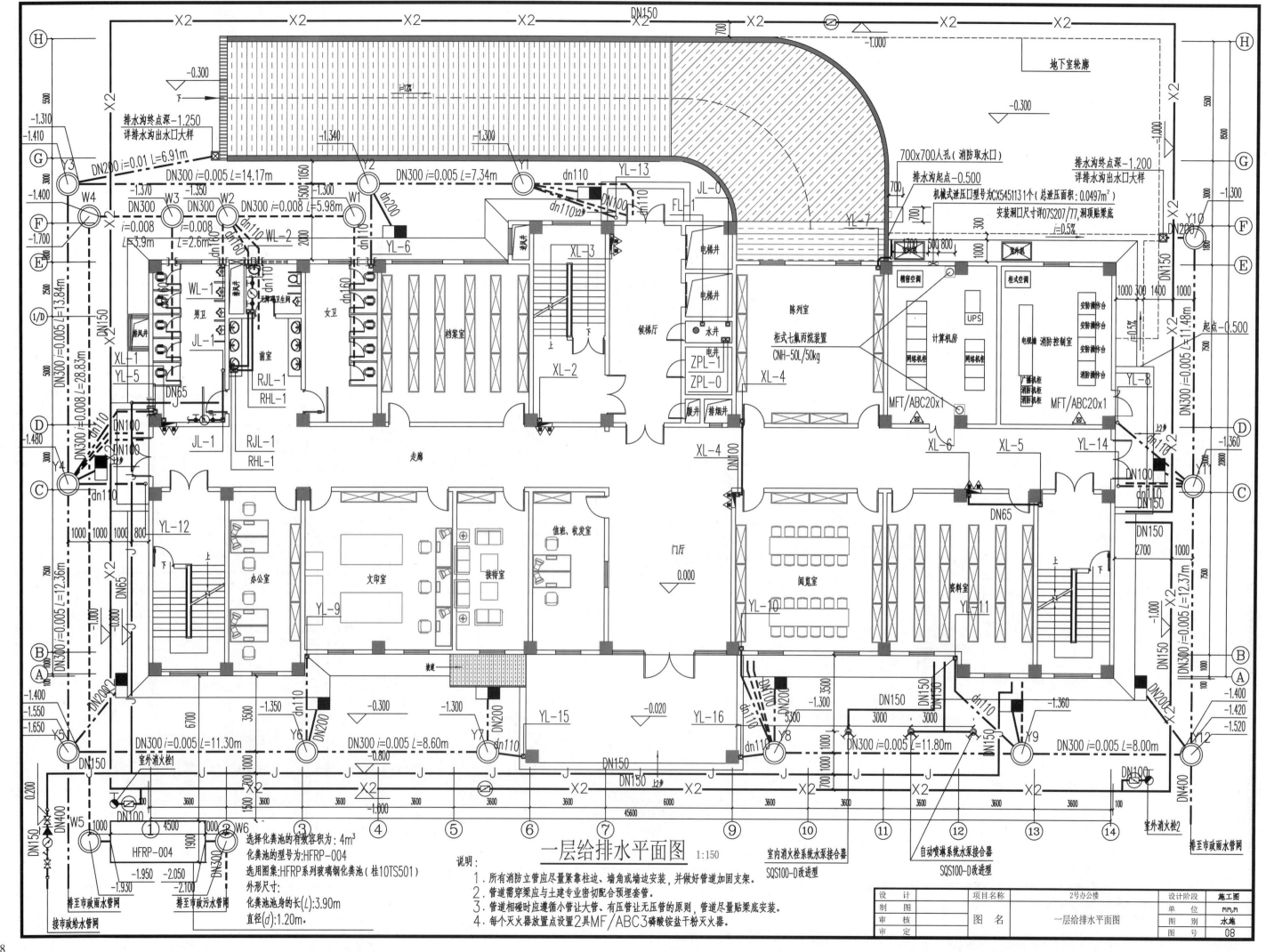

一层给排水平面图 1:150

说明：
1. 所有消防立管应尽量紧靠柱边、墙角或墙边安装，并做好管道加固支架。
2. 管道需穿梁应与土建专业密切配合预埋套管。
3. 管道相碰时应遵循小管让大管、有压管让无压管的原则，管道尽量贴梁底安装。
4. 每个灭火器放置点设置2具MF/ABC3磷酸铵盐干粉灭火器。

室内消火栓系统水泵接合器
SQS100-D改进型

自动喷淋系统水泵接合器
SQS100-D改进型

选择化粪池的有效容积为：4m³
化粪池的型号为:HFRP-004
选用图集:HFRP系列玻璃钢化粪池（桂10TS501）
外形尺寸:
化粪池池身的长(L):3.90m
直径(d):1.20m.

设 计		项目名称		2号办公楼	设计阶段	施工图
制 图					单 位	mm,m
审 核		图 名		一层给排水平面图	图 别	水施
审 定					图 号	08

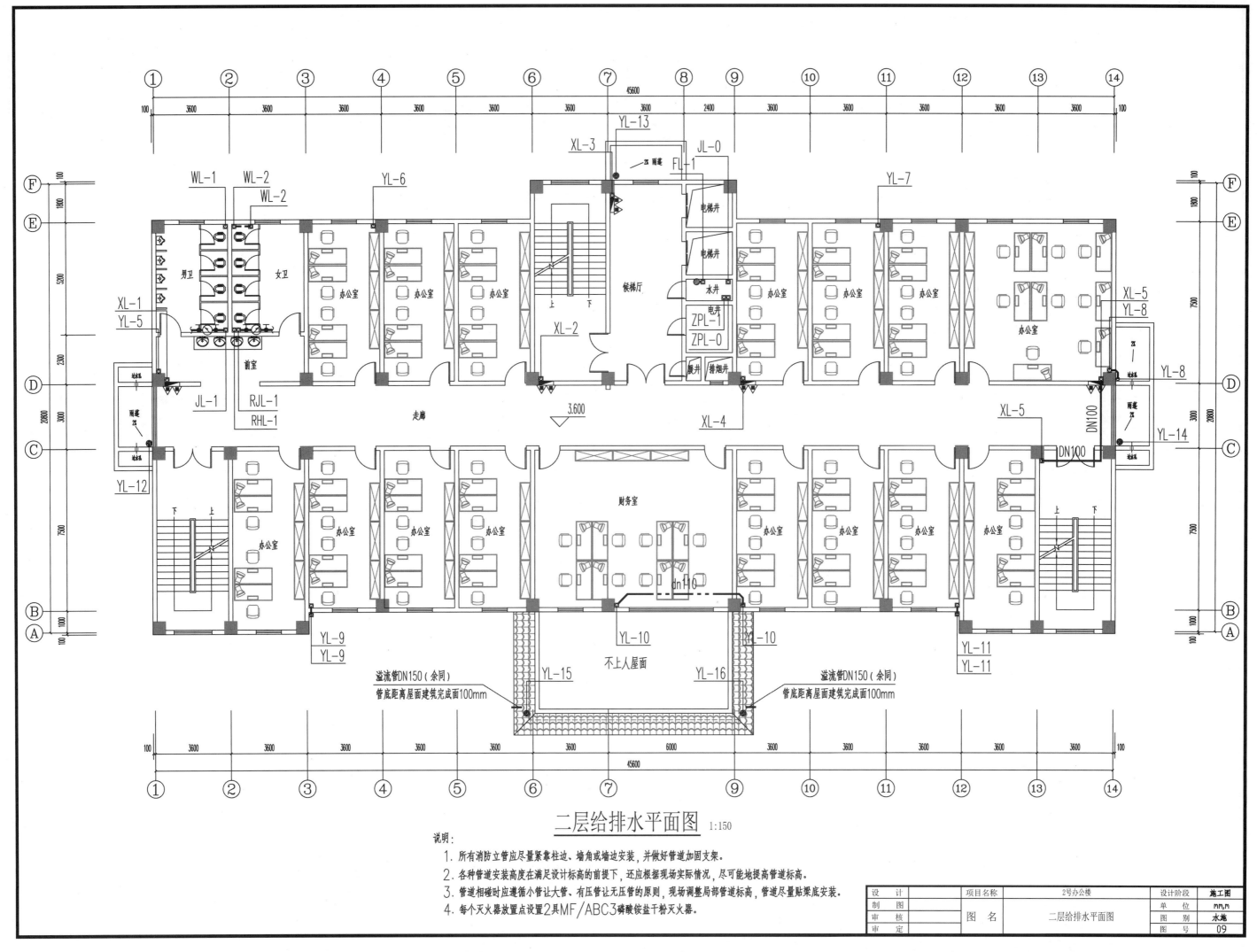

二层给排水平面图 1:150

说明：
1. 所有消防立管应尽量紧靠柱边、墙角或墙边安装，并做好管道加固支架。
2. 各种管道安装高度在满足设计标高的前提下，还应根据现场实际情况，尽可能地提高管道标高。
3. 管道相碰时应遵循小管让大管、有压管让无压管的原则，现场调整局部管道标高，管道尽量贴梁底安装。
4. 每个灭火器放置点设置2具MF/ABC3磷酸铵盐干粉灭火器。

设　计		项目名称	2号办公楼	设计阶段	施工图
制　图				单　位	mm,m
审　核		图　名	二层给排水平面图	图　别	水施
审　定				图　号	09

9

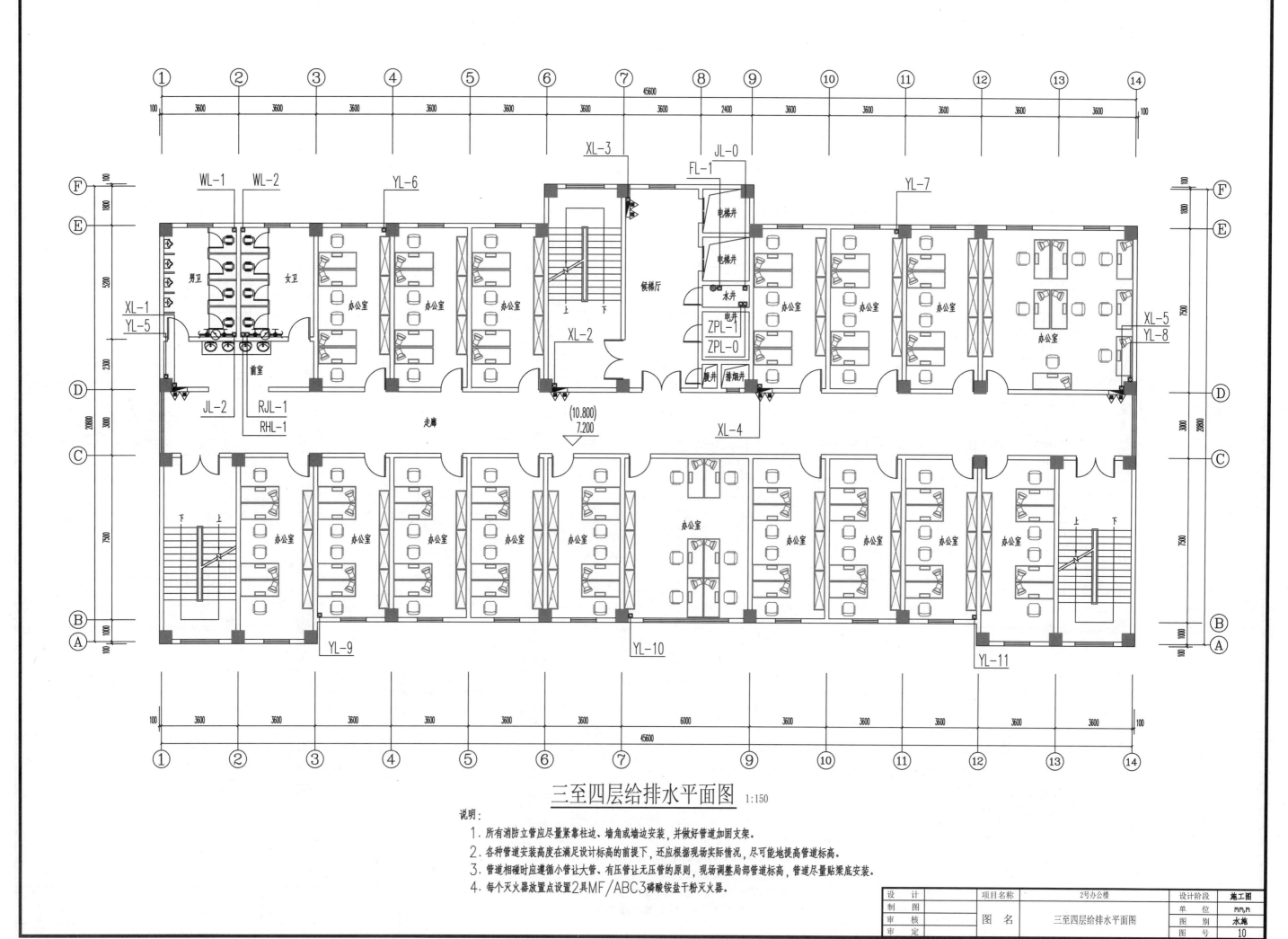

三至四层给排水平面图 1:150

说明:
1. 所有消防立管应尽量紧靠柱边、墙角或墙边安装,并做好管道加固支架。
2. 各种管道安装高度在满足设计标高的前提下,还应根据现场实际情况,尽可能地提高管道标高。
3. 管道相碰时应遵循小管让大管、有压管让无压管的原则,现场调整局部管道标高,管道尽量贴梁底安装。
4. 每个灭火器放置点设置2具MF/ABC3磷酸铵盐干粉灭火器。

设 计		项目名称	2号办公楼	设计阶段	施工图
制 图				单 位	mm,m
审 核		图 名	三至四层给排水平面图	图 别	水施
审 定				图 号	10

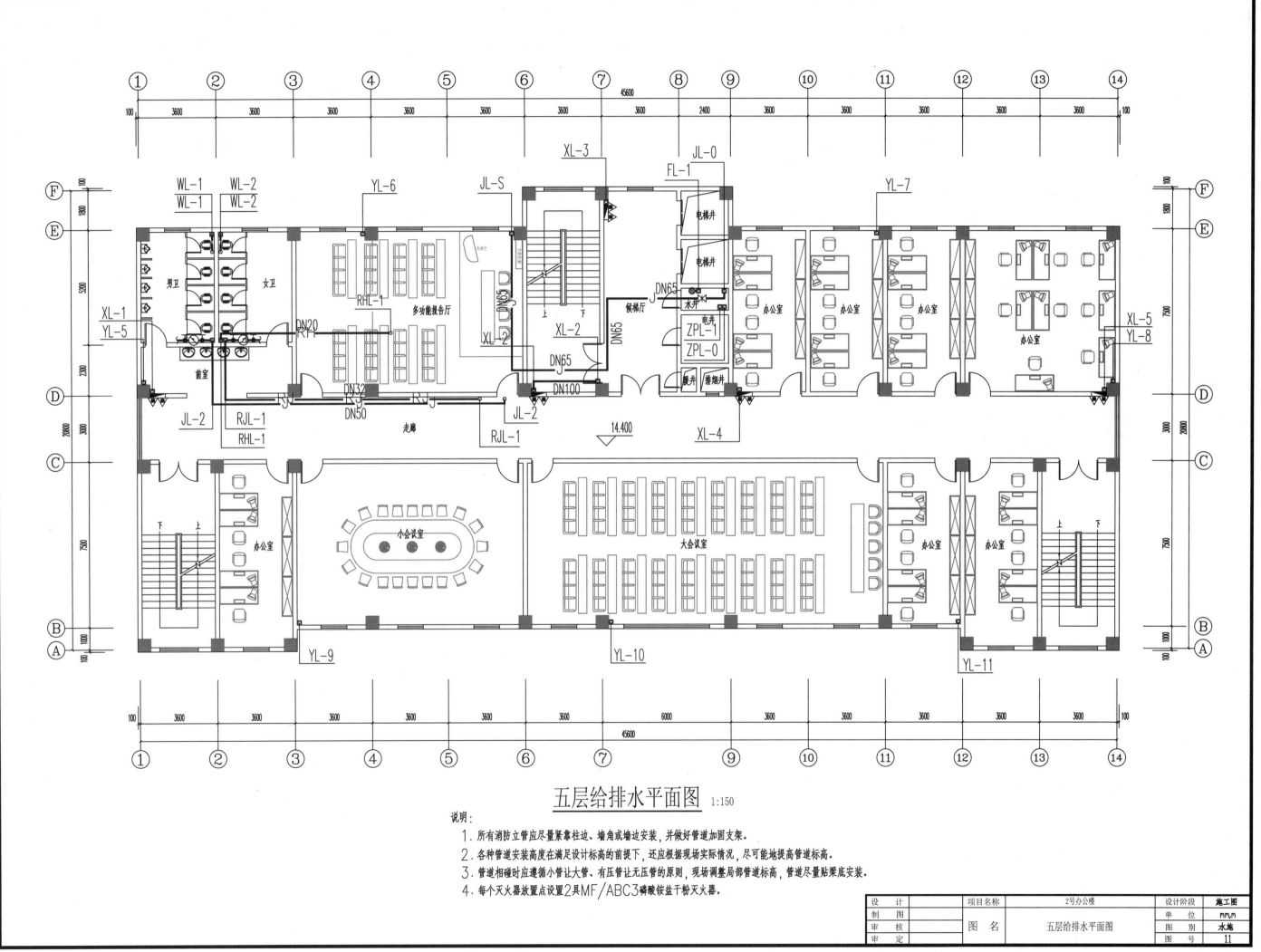

五层给排水平面图 1:150

说明:
1. 所有消防立管应尽量紧靠柱边、墙角或墙边安装,并做好管道加固支架。
2. 各种管道安装高度在满足设计标高的前提下,还应根据现场实际情况,尽可能地提高管道标高。
3. 管道相碰时应遵循小管让大管、有压管让无压管的原则,现场调整局部管道标高,管道尽量贴梁底安装。
4. 每个灭火器放置点设置2具MF/ABC3磷酸铵盐干粉灭火器。

设 计		项目名称	2号办公楼	设计阶段	施工图
制 图				单 位	mm,m
审 核		图 名	五层给排水平面图	图 别	水施
审 定				图 号	11

11

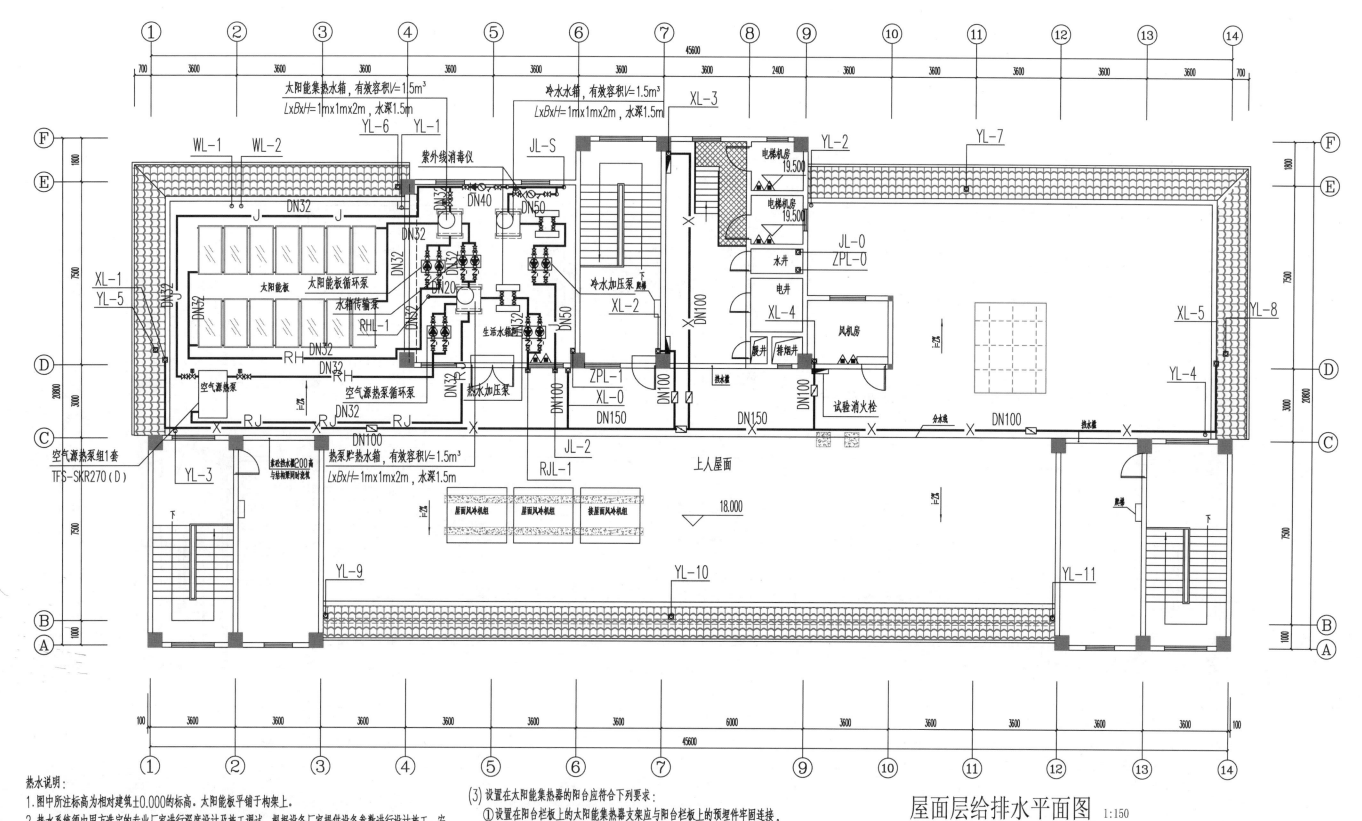

太阳能集热水箱，有效容积V=1.5m³
LxBxH=1mx1mx2m，水深1.5m

冷水水箱，有效容积V=1.5m³
LxBxH=1mx1mx2m，水深1.5m

WL-1　WL-2
YL-6　YL-1
紫外线消毒仪
JL-S
XL-3
YL-2
YL-7

电梯机房
19.500

电梯机房
19.500

DN32　J
DN40
DN50

JL-0
ZPL-0
水井

太阳能板
太阳能板循环泵
水箱传输泵
RHL-1

DN32
DN20
电井

XL-4
风机房

XL-1
YL-5

DN32
DN32

生活水箱间

XL-2
冷水加压泵

XL-5
YL-8

RH
DN32
RH

ZPL-1

热水箱

YL-4

空气源热泵
空气源热泵循环泵
DN32

热水加压泵
DN50
DN100

XL-0
DN150

DN150

试验消火栓
分水线　DN100
热水箱

空气源热泵组1套
TFS-SKR270（D）

RJ　RJ　RJ
DN100

YL-3

索栓热水箱200高
与构架梁同时浇筑

热水贮热水箱，有效容积V=1.5m³
LxBxH=1mx1mx2m，水深1.5m

JL-2
RJL-1

上人屋面

18.000

屋面风冷机组　屋面风冷机组　接屋面风冷机组

YL-9

YL-10

YL-11

热水说明：
1. 图中所注标高为相对建筑±0.000的标高。太阳能板平铺于构架上。
2. 热水系统须由甲方选定的专业厂家进行深度设计及施工调试，根据设备厂家提供设备参数进行设计施工，安装时必须校核设备参数后方能施工，以确保满足热水使用要求。（其余各层均须以此说明为准）
3. 各水泵进出水控制阀另详热水系统原理图。热水回水管连接处均须设置导流接头。
4. 本工程热水系统采用太阳能与空气源联合加热方式，热水系统须由甲方选定的专业厂家进行深度设计，根据设备厂家提供设备参数进行设计施工，安装时必须校核设备参数后方能施工，以确保满足热水使用要求。并要求做到（其余各层均须以此说明为准）
(1) 太阳能热水系统应安全可靠，内置加热装置必须带有保证使用安全的装置，并根据不同地区应采取防冻、防结露、防过热、防雷、抗震、抗风、抗雷等技术措施。
(2) 在安装太阳能集热器的建筑部位，应设置防止太阳能集热器损坏后部件坠落伤人的安全保障措施。

(3) 设置在太阳能集热器的阳台应符合下列要求：
① 设置在阳台栏板上的太阳能集热器支架应与阳台栏板上的预埋件牢固连接。
② 由太阳能集热器构成的阳台栏板，应满足其刚度、强度及防护功能的要求。
(4) 轻质填充墙不应作为太阳能集热器的支承结构。
(5) 太阳能热水系统中所使用的电器设备应有剩余电流保护、接地和断电等安全措施。
(6) 屋面太阳能热水器布置不得影响消防疏散，否则应架空处理。太阳能冷热水管接到土建总包单位预留在屋面的给水管口。
5. 本工程热水干管及回水干管须设置保温层，保温层厚度按下表：

屋面层给排水平面图 1:150

注：每个灭火器放置点放置2具MF/ABC3磷酸铵盐灭火器。

管径（Dn）	热水供、回水管	
	20~25	32~50
保温层厚度（mm）	20	30

设　计		项目名称	2号办公楼	设计阶段	施工图
制　图				单　位	mm
审　核		图　名	屋面层给排水平面图	图　别	水施
审　定				图　号	12

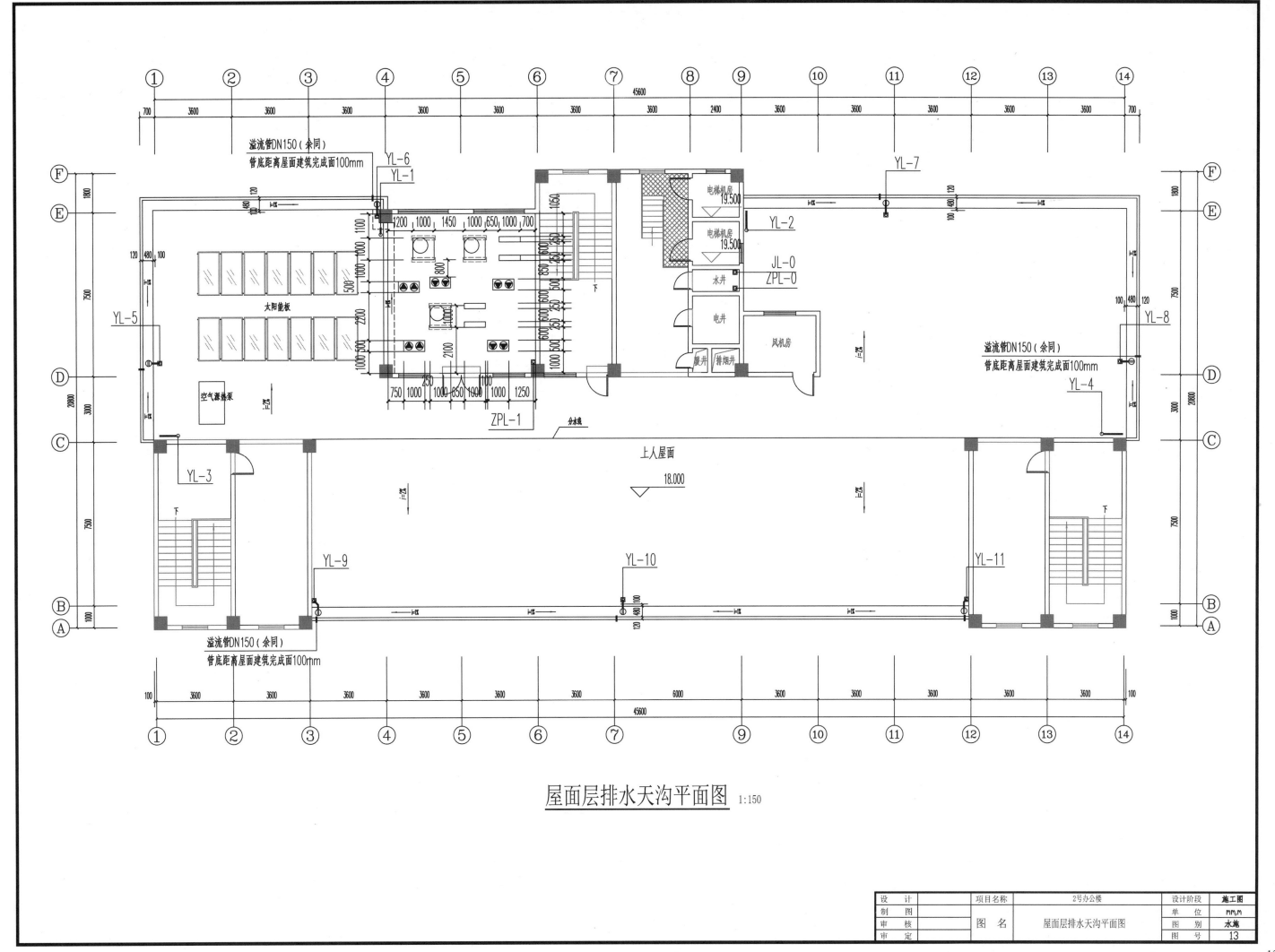

屋面层排水天沟平面图 1:150

设　计		项目名称	2号办公楼	设计阶段	施工图
制　图				单　位	mm,m
审　核		图　名	屋面层排水天沟平面图	图　别	水施
审　定				图　号	13

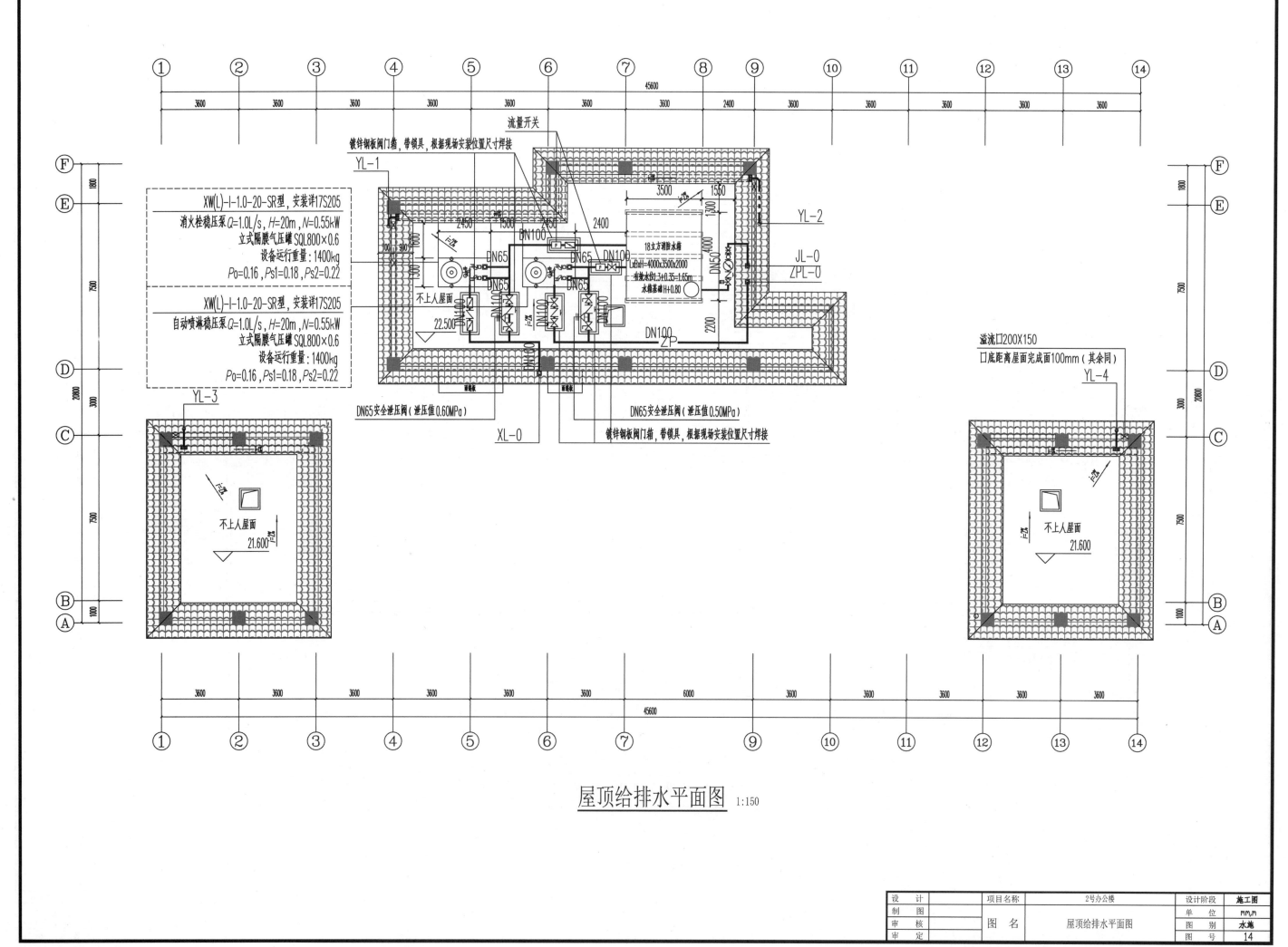

屋顶给排水平面图 1:150

流量开关

镀锌钢板阀门箱，带锁具，根据现场安装位置尺寸焊接

YL-1

XW(L)-I-1.0-20-SR型，安装详17S205
消火栓稳压泵 $Q=1.0L/s$，$H=20m$，$N=0.55kW$
立式隔膜气压罐 SQL800×0.6
设备运行重量：1400kg
$Po=0.16$，$Ps1=0.18$，$Ps2=0.22$

XW(L)-I-1.0-20-SR型，安装详17S205
自动喷淋稳压泵 $Q=1.0L/s$，$H=20m$，$N=0.55kW$
立式隔膜气压罐 SQL800×0.6
设备运行重量：1400kg
$Po=0.16$，$Ps1=0.18$，$Ps2=0.22$

YL-3

不上人屋面
22.500

不上人屋面

18立方消防水箱
$L×B×H=4000×3500×2000$
有效水位 1.3m+0.35~1.65m
水箱基础 $H+0.80$

YL-2

JL-0
ZPL-0

DN65安全泄压阀（泄压值0.60MPa）

DN65安全泄压阀（泄压值0.50MPa）

镀锌钢板阀门箱，带锁具，根据现场安装位置尺寸焊接

XL-0

ZP

溢流口200X150
口底距离屋面完成面100mm（其余同）
YL-4

不上人屋面
21.600

不上人屋面
21.600

DN100
DN65
DN100
DN50

设 计		项目名称	2号办公楼	设计阶段	施工图
制 图				单 位	mm,m
审 核		图 名	屋顶给排水平面图	图 别	水施
审 定				图 号	14

14

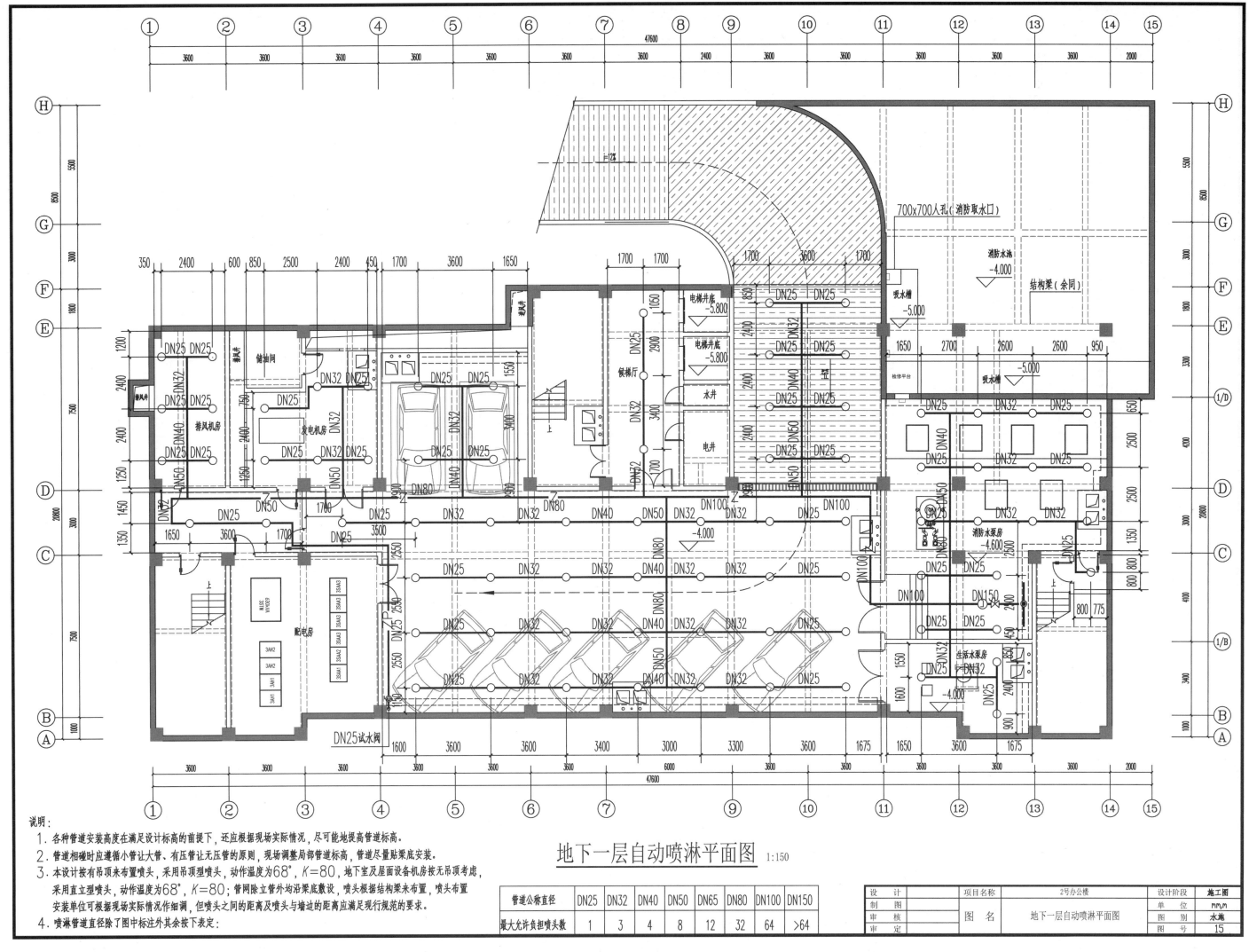

地下一层自动喷淋平面图 1:150

说明：
1. 各种管道安装高度在满足设计标高的前提下，还应根据现场实际情况，尽可能地提高管道标高。
2. 管道相碰时应遵循小管让大管、有压管让无压管的原则，现场调整局部管道标高，管道尽量贴梁底安装。
3. 本设计按有吊顶来布置喷头，采用吊顶型喷头，动作温度为68°，$K=80$，地下室及屋面设备机房按无吊顶考虑，采用直立型喷头，动作温度为68°，$K=80$；管网除立管外均沿梁底敷设，喷头根据结构梁来布置，喷头布置安装单位可根据现场实际情况作细调，但喷头之间的距离及喷头与墙边的距离应满足现行规范的要求。
4. 喷淋管道直径除与图中标注外其余按下表定：

管道公称直径	DN25	DN32	DN40	DN50	DN65	DN80	DN100	DN150
最大允许负担喷头数	1	3	4	8	12	32	64	>64

设 计		项目名称	2号办公楼	设计阶段	施工图
制 图				单 位	mm,m
审 核		图 名	地下一层自动喷淋平面图	图 别	水施
审 定				图 号	15

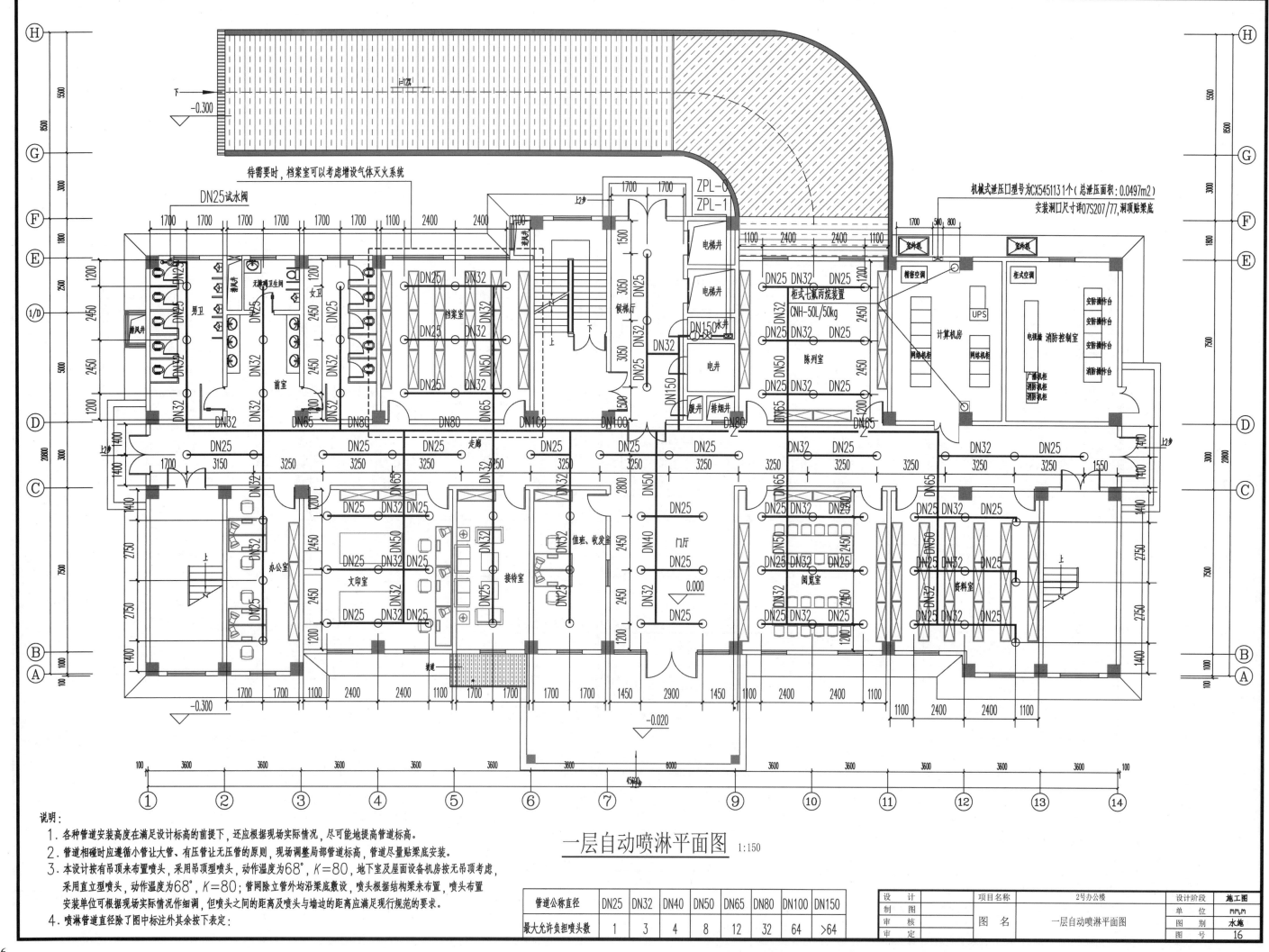

一层自动喷淋平面图 1:150

说明：
1. 各种管道安装高度在满足设计标高的前提下，还应根据现场实际情况，尽可能地提高管道标高。
2. 管道相碰时应遵循小管让大管、有压管让无压管的原则，现场调整局部管道标高，管道尽量贴梁底安装。
3. 本设计按有吊顶来布置喷头，采用吊顶型喷头，动作温度为68°，$K=80$；地下室及屋面设备机房按无吊顶考虑，采用直立型喷头，动作温度为68°，$K=80$；管网除立管外均沿梁底敷设，喷头根据结构梁来布置，喷头布置安装单位可根据现场实际情况作细调，但喷头之间的距离及喷头与墙边的距离应满足现行规范的要求。
4. 喷淋管道直径除了图中标注外其余按下表定：

管道公称直径	DN25	DN32	DN40	DN50	DN65	DN80	DN100	DN150
最大允许负担喷头数	1	3	4	8	12	32	64	>64

待需要时，档案室可以考虑增设气体灭火系统

机械式泄压口型号为CX545113 1个（总泄压面积：0.0497m2）
安装洞口尺寸详07S207/77，洞顶贴梁底

设 计		项目名称	2号办公楼	设计阶段	施工图
制 图				单 位	mm,m
审 核		图 名	一层自动喷淋平面图	图 别	水施
审 定				图 号	16

16

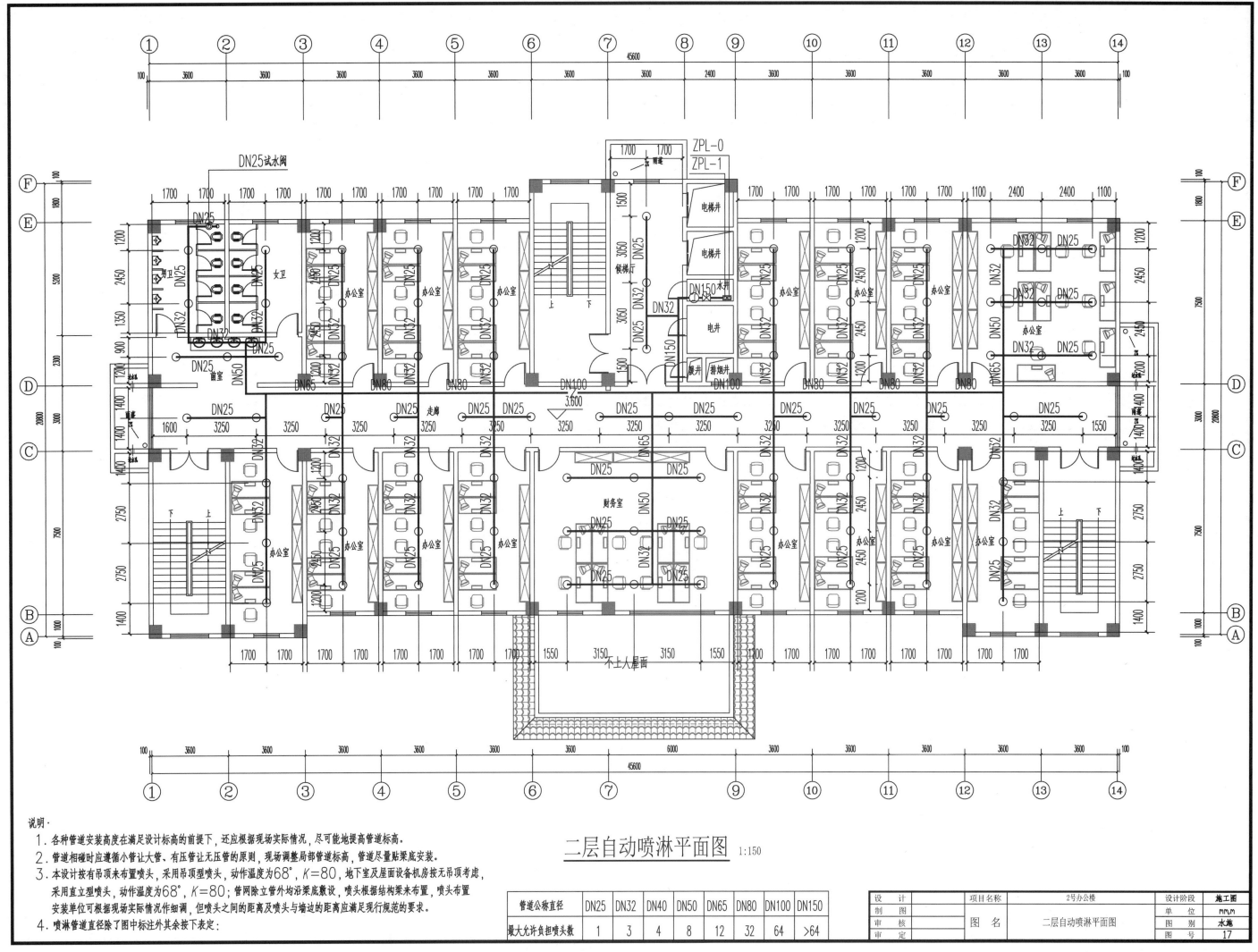

二层自动喷淋平面图 1:150

说明:
1. 各种管道安装高度在满足设计标高的前提下,还应根据现场实际情况,尽可能地提高管道标高。
2. 管道相碰时应遵循小管让大管、有压管让无压管的原则,现场调整局部管道标高,管道尽量贴梁底安装。
3. 本设计按有吊顶来布置喷头,采用吊顶型喷头,动作温度为68°,K=80,地下室及屋面设备机房按无吊顶考虑,采用直立型喷头,动作温度为68°,K=80;管网除立管外均沿梁底敷设,喷头根据结构梁来布置,喷头布置安装单位可根据现场实际情况作细调,但喷头之间的距离及喷头与墙边的距离应满足现行规范的要求。
4. 喷淋管道直径除图中标注外其余按下表定:

管道公称直径	DN25	DN32	DN40	DN50	DN65	DN80	DN100	DN150
最大允许负担喷头数	1	3	4	8	12	32	64	>64

设　计		项目名称	2号办公楼	设计阶段	施工图
制　图				单　位	mm
审　核		图　名	二层自动喷淋平面图	图　别	水施
审　定				图　号	17

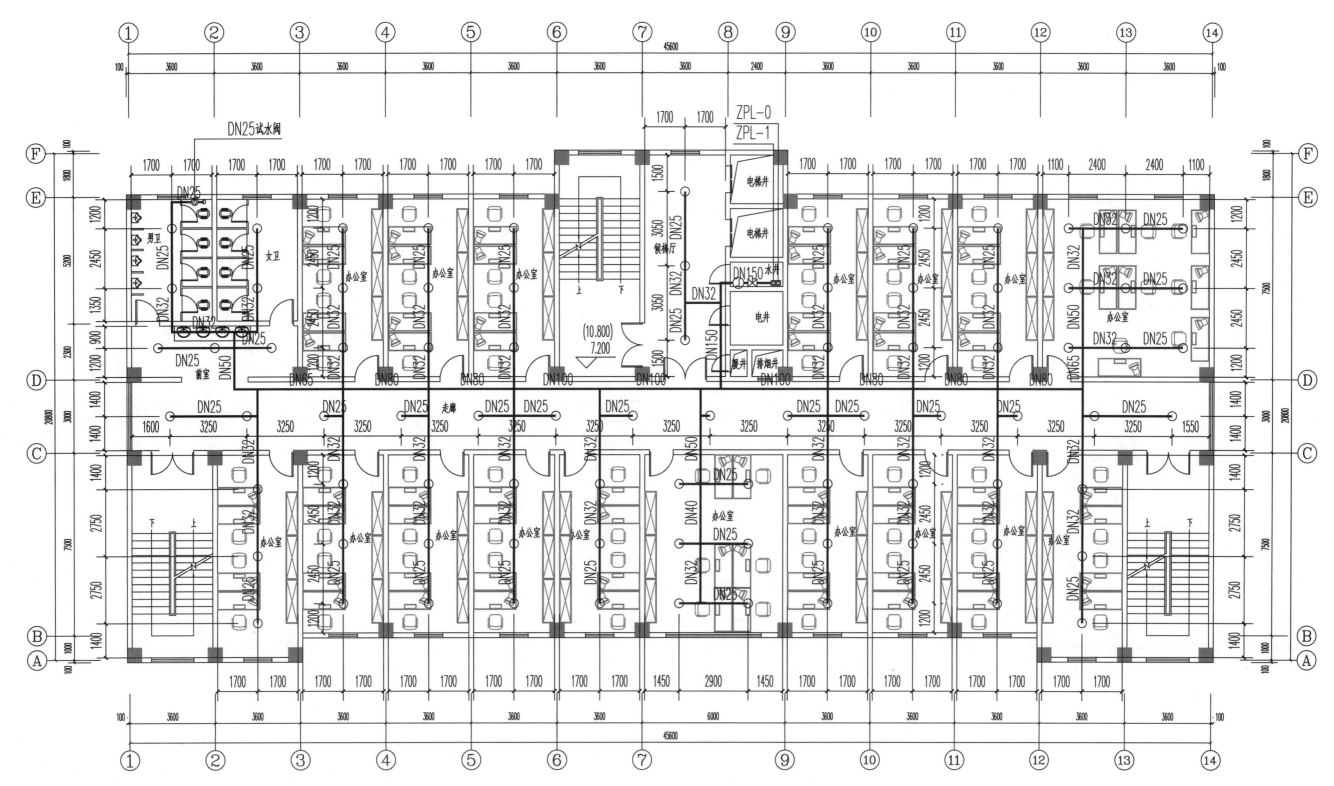

三至四层自动喷淋平面图 1:150

说明:
1. 各种管道安装高度在满足设计标高的前提下,还应根据现场实际情况,尽可能地提高管道标高。
2. 管道相碰时应遵循小管让大管、有压管让无压管的原则,现场调整局部管道标高,管道尽量贴梁底安装。
3. 本设计按有吊顶来布置喷头,采用吊顶型喷头,动作温度为68°,K=80,地下室及屋面设备机房按无吊顶考虑,采用直立型喷头,动作温度为68°,K=80;管网除立管外均沿梁底敷设,喷头根据结构梁来布置,喷头布置安装单位可根据现场实际情况作细调,但喷头之间的距离及喷头与墙边的距离应满足现行规范的要求。
4. 喷淋管道直径除了图中标注外其余按下表定:

管道公称直径	DN25	DN32	DN40	DN50	DN65	DN80	DN100	DN150
最大允许负担喷头数	1	3	4	8	12	32	64	>64

设 计		项目名称	2号办公楼	设计阶段	施工图
制 图				单 位	mm,m
审 核		图 名	三至四层自动喷淋平面图	图 别	水施
审 定				图 号	18

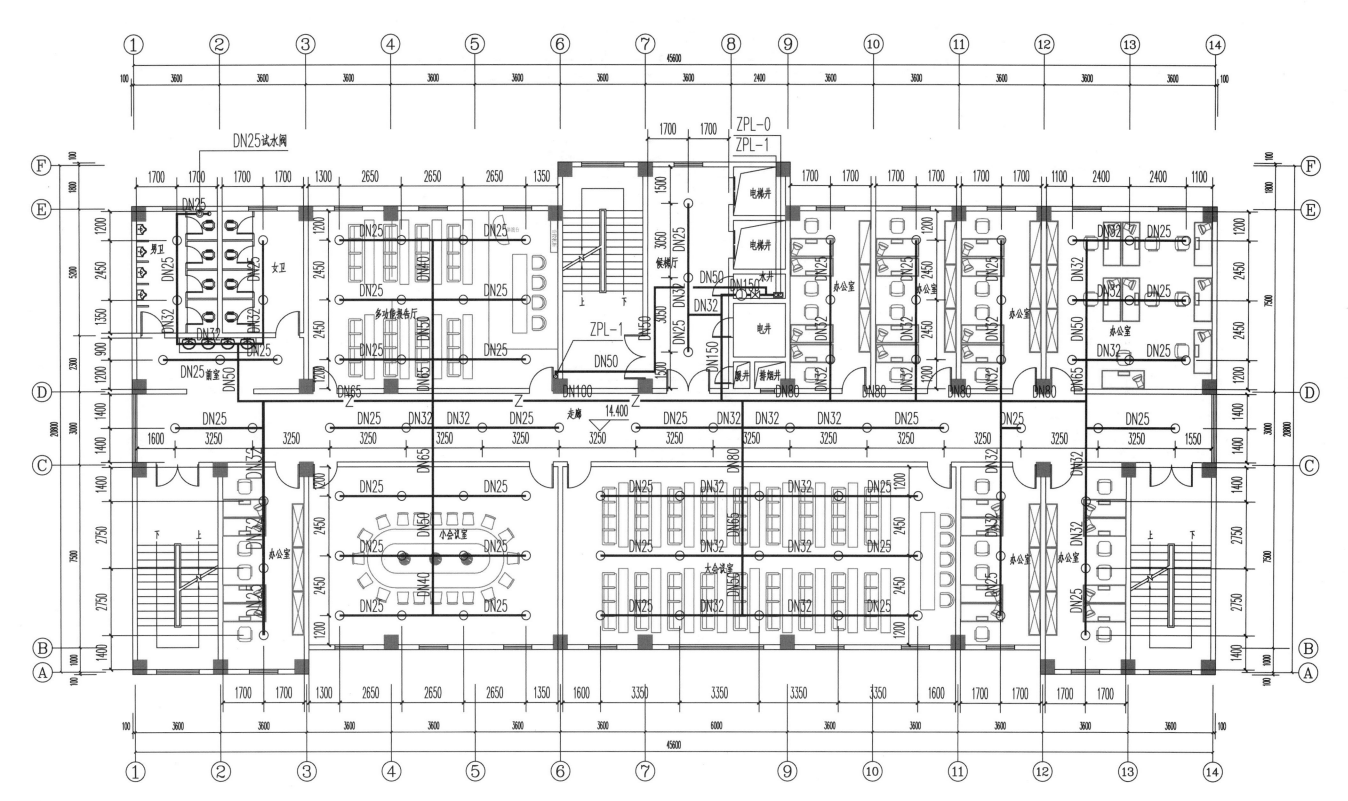

五层自动喷淋平面图 1:150

说明:
1. 各种管道安装高度在满足设计标高的前提下,还应根据现场实际情况,尽可能地提高管道标高。
2. 管道相碰时应遵循小管让大管、有压管让无压管的原则,现场调整局部管道标高,管道尽量贴梁底安装。
3. 本设计按有吊顶来布置喷头,采用吊顶型喷头,动作温度为68°,K=80,地下室及屋面设备机房按无吊顶考虑,采用直立型喷头,动作温度为68°,K=80;管网除立管外均沿梁底敷设,喷头根据结构梁来布置,喷头布置安装单位可根据现场实际情况作细调,但喷头之间的距离及喷头与墙边的距离应满足现行规范的要求。
4. 喷淋管道直径除了图中标注外其余按下表定:

管道公称直径	DN25	DN32	DN40	DN50	DN65	DN80	DN100	DN150
最大允许负担喷头数	1	3	4	8	12	32	64	>64

设 计		项目名称	2号办公楼	设计阶段	施工图
制 图				单 位	mm/m
审 核		图 名	五层自动喷淋平面图	图 别	水施
审 定				图 号	19

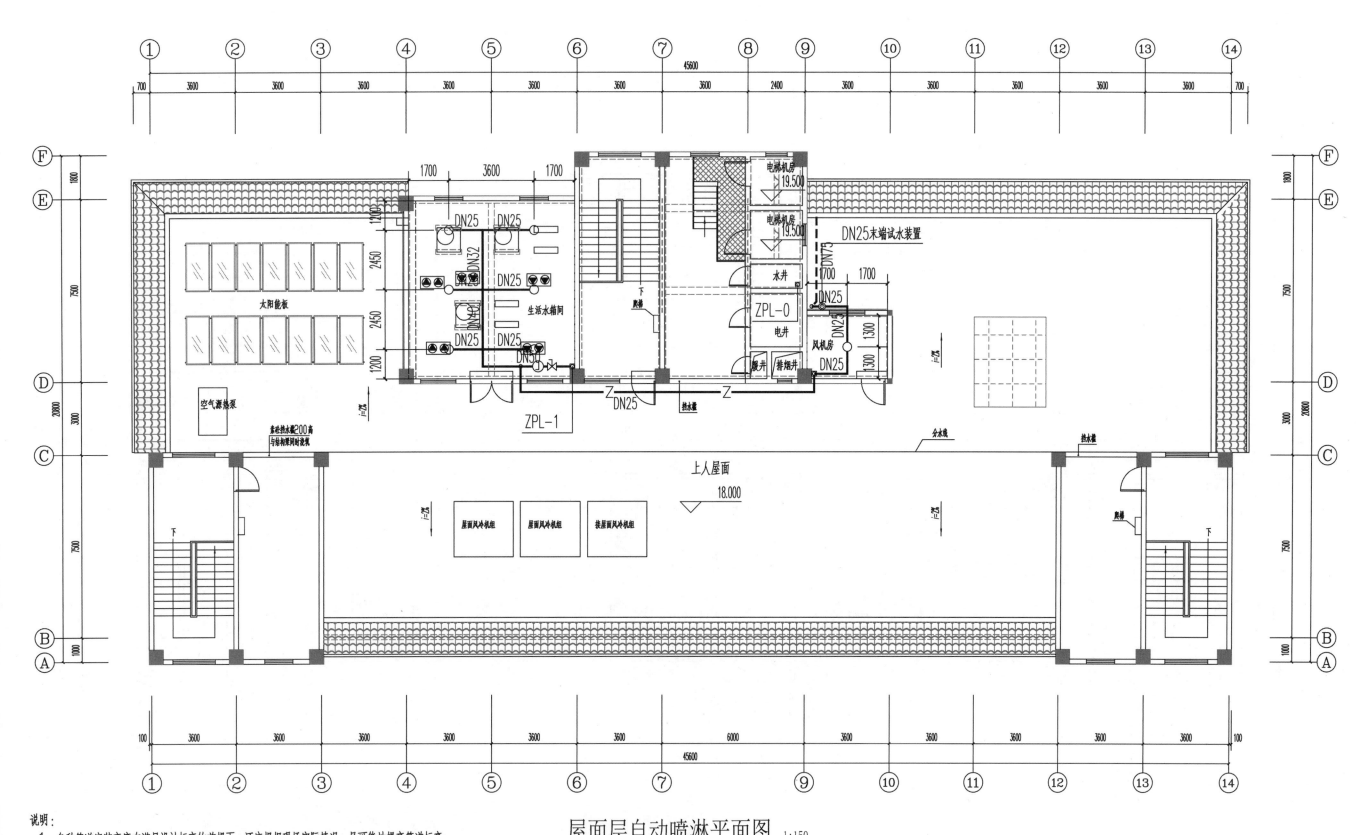

屋面层自动喷淋平面图 1:150

说明:
1. 各种管道安装高度在满足设计标高的前提下,还应根据现场实际情况,尽可能地提高管道标高。
2. 管道相碰时应遵循小管让大管、有压管让无压管的原则,现场调整局部管道标高,管道尽量贴梁底安装。
3. 本设计按有吊顶来布置喷头,采用吊顶型喷头,动作温度为68°,$K=80$,地下室及屋面设备机房按无吊顶考虑,采用直立型喷头,动作温度为68°,$K=80$;管网除立管外均沿梁底敷设,喷头根据结构梁来布置,喷头布置安装单位可根据现场实际情况作细调,但喷头之间的距离及喷头与墙边的距离应满足现行规范的要求。
4. 喷淋管道直径除了图中标注外其余按下表定:

管道公称直径	DN25	DN32	DN40	DN50	DN65	DN80	DN100	DN150
最大允许负担喷头数	1	3	4	8	12	32	64	>64

设 计		项目名称	2号办公楼	设计阶段	施工图
制 图				单 位	mm,m
审 核		图 名	屋面层自动喷淋平面图	图 别	水施
审 定				图 号	20

20

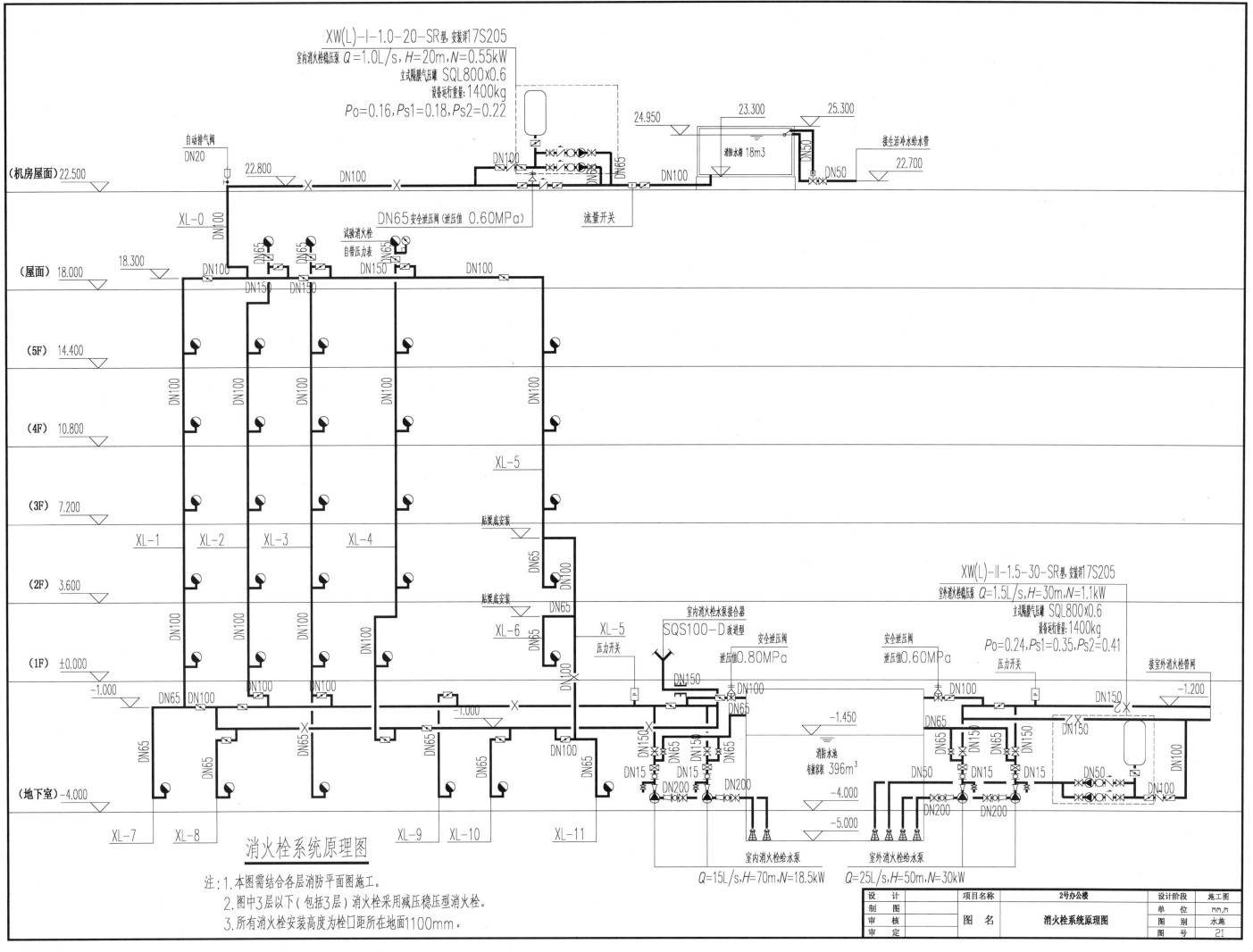

消火栓系统原理图

注：1.本图需结合各层消防平面图施工。
2.图中3层以下（包括3层）消火栓采用减压稳压型消火栓。
3.所有消火栓安装高度为栓口距所在地面1100mm。

设 计		项目名称	2号办公楼	设计阶段	施工图
制 图				单 位	mm,m
审 核		图 名	消火栓系统原理图	图 别	水施
审 定				图 号	21

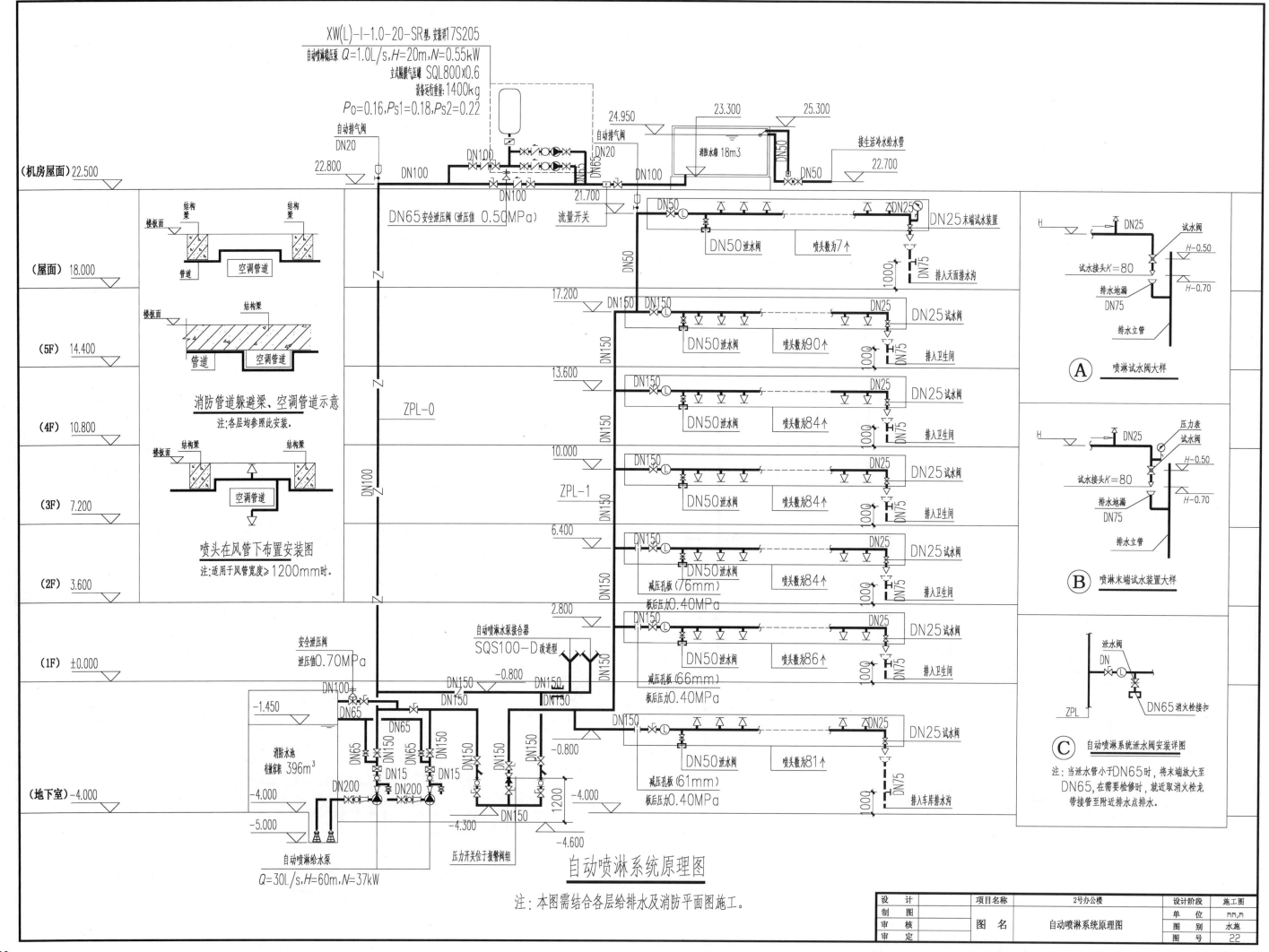

自动喷淋系统原理图

注: 本图需结合各层给排水及消防平面图施工。

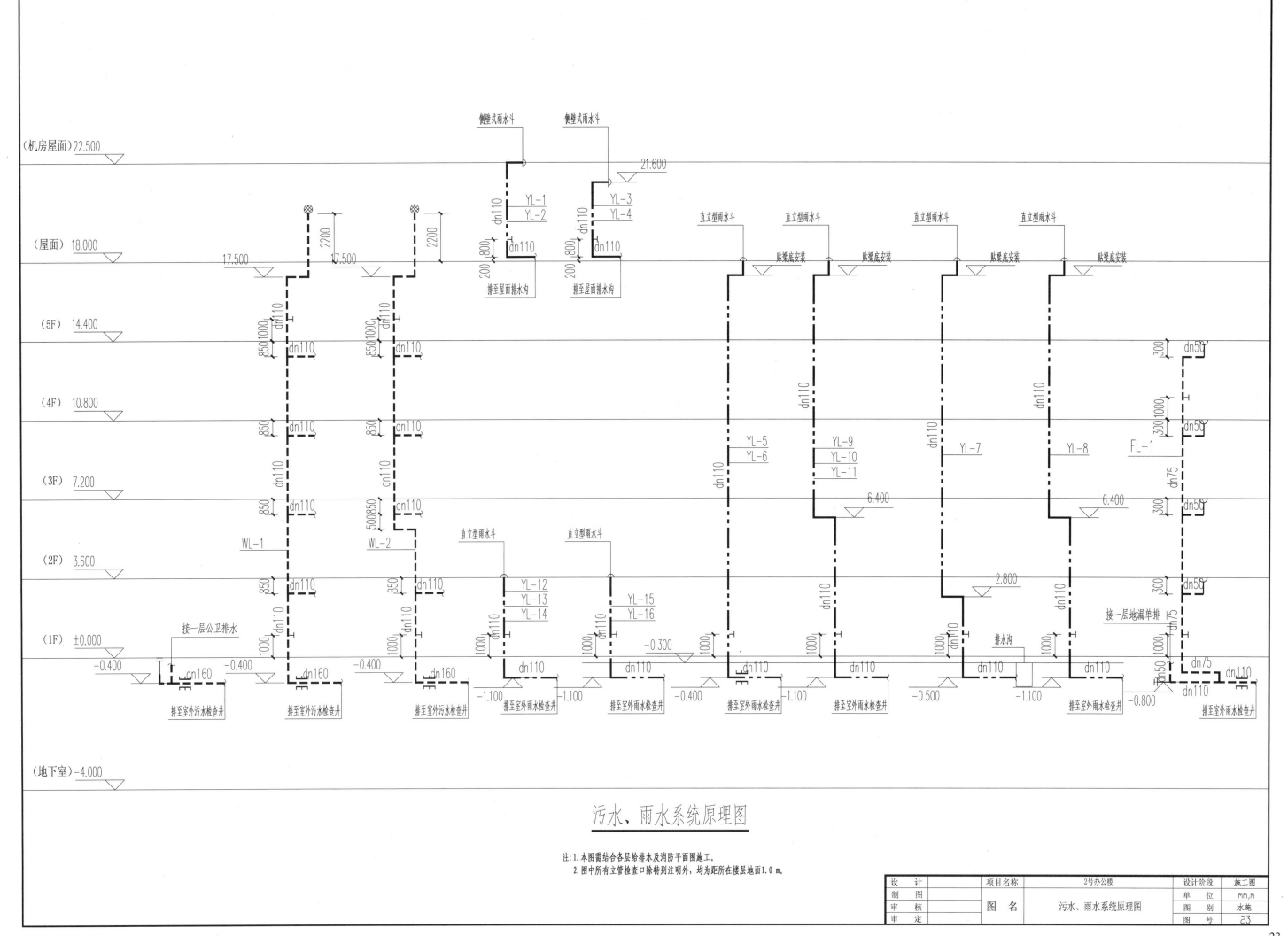

污水、雨水系统原理图

注:1.本图需结合各层给排水及消防平面图施工。
2.图中所有立管检查口除特别注明外,均为距所在楼层地面1.0 m。

设 计		项目名称	2号办公楼	设计阶段	施工图
制 图				单 位	mm,m
审 核		图 名	污水、雨水系统原理图	图 别	水施
审 定				图 号	23

23

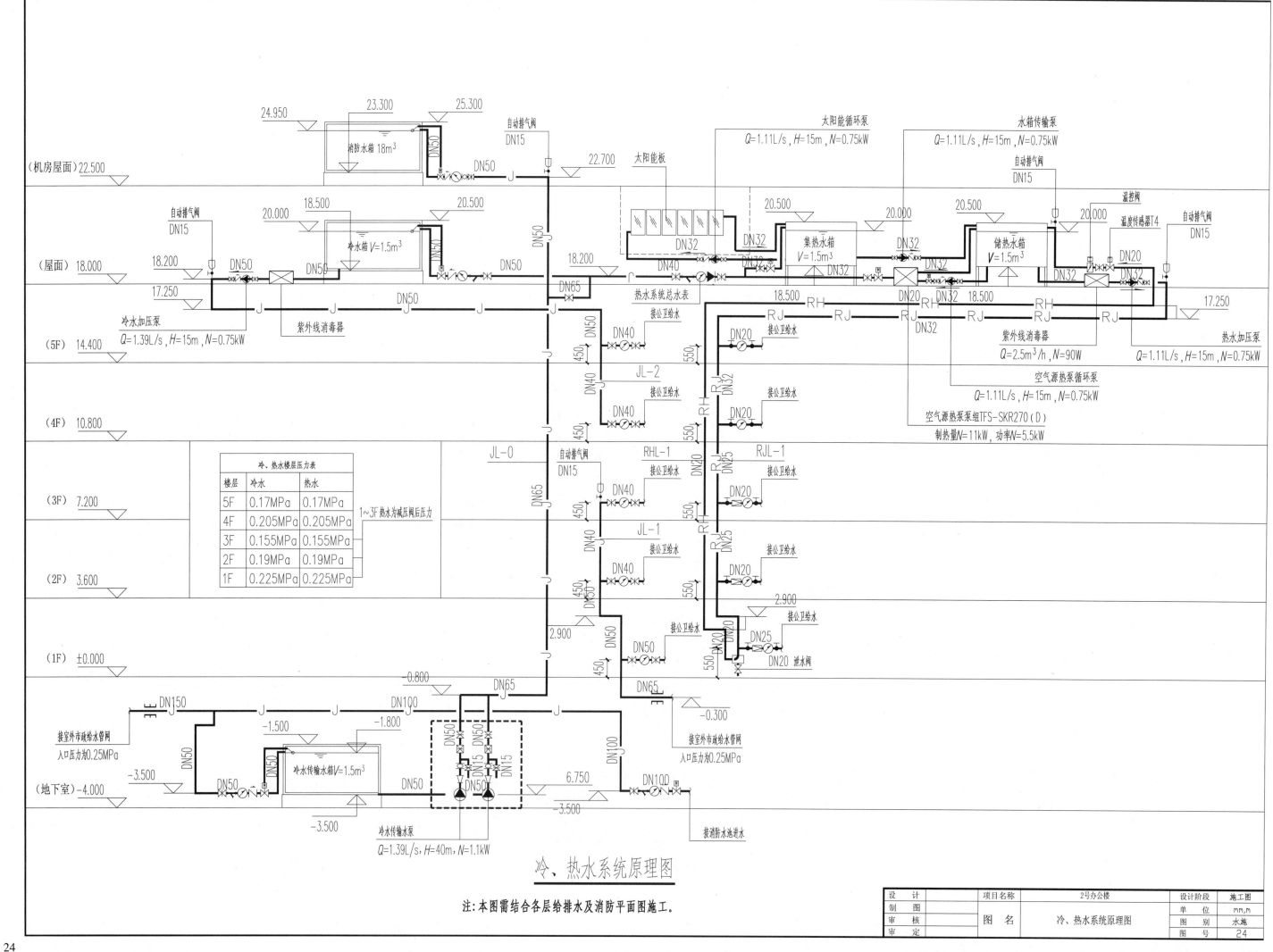

冷、热水系统原理图

注:本图需结合各层给排水及消防平面图施工。

冷、热水楼层压力表		
楼层	冷水	热水
5F	0.17MPa	0.17MPa
4F	0.205MPa	0.205MPa
3F	0.155MPa	0.155MPa
2F	0.19MPa	0.19MPa
1F	0.225MPa	0.225MPa

1~3F热水为减压阀后压力

设 计		项目名称	2号办公楼	设计阶段	施工图
制 图				单 位	mm,m
审 核		图 名	冷、热水系统原理图	图 别	水施
审 定				图 号	24

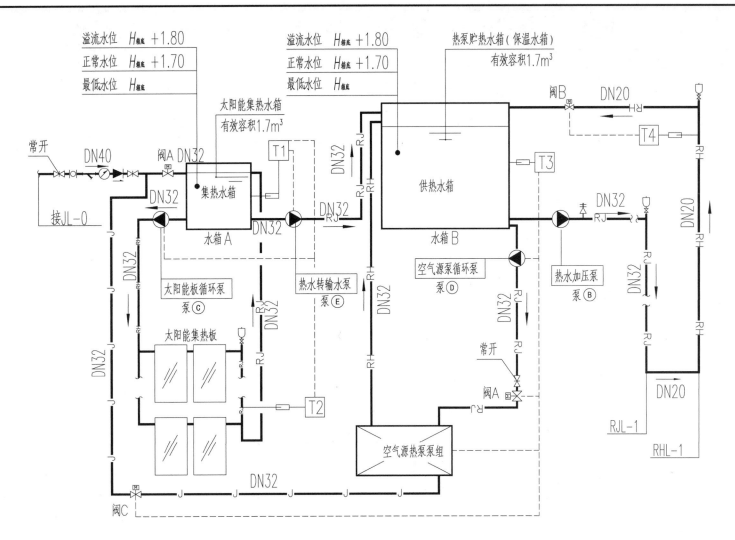

热水系统加热工作控制原理图

热水系统控制说明:

1. 集热水箱冷进水控制
当水位达到低水位时,打开冷水进水电磁阀(下称:闸"A")。
开始进水,当水位升至最高水位时关闭"阀A"。

2. 集热水箱及太阳能系统运行控制
① 集热水箱(下称"水箱A")中最高热水温度设定为55℃。
② 当T2-T1≥8℃时,开启太阳能板循环泵(下称:"泵C")。
当T2-T1<5℃时,关闭"泵C"。
③ 在"水箱A"水位达到低水位时,不允许启动"泵C"。

3. 热水转输水泵运行控制
① 当T1≥55℃时,开启热水转输水泵(下称:"泵E")。
当"水箱A"水位达到低水位时,关闭"泵E"。
② 在T1<55℃的情况下,当在供热水箱(下称:"水箱B")
达到低水位时,开启"泵E";当"水箱B"水位达到高水位时,关闭"泵E"。
③ 在T1≥55℃的情况下,当"水箱B"达到低水位时,开启"泵E";
④ 在"水箱B"水位达到最高水位时,即使T1≥55℃,也不允许启动"泵E"

4. 供热水箱及热水加压泵运行控制
① 供热水箱中最高热水温度设定为55℃。
② 热水加压泵(下称"泵B")采用变频热水给水泵,二台,一用一备。
③ 当"水箱B"水位达到低水位时,不允许开启"泵B"。

5. 空气源热泵热水加热运行控制:
① 当T3<50℃时,空气源热泵机组启动(阀A、阀C开启),空气源热泵循环泵(下称"泵D")启动。
② 当T3≥55℃时,空气源热泵机组停止运行(阀A、阀C、泵D关闭)。

6. 回水控制电磁阀运行控制:
① 当T4<45℃时,开启"阀B",同时启动泵B。
② 当T4≥55℃时,"阀B"关闭。

7. 太阳能、空气源热水加热系统由甲方选定的专业公司负责细化设计,热泵运行时间及控制由专业公司
按照工程实际运行情况做适当调整,以确保系统的安全可靠。

太阳能热水系统设计参数

系统参数名称	数量	单位	备注
系统供水出口最高水温	55	℃	
系统供水出口最低水温	50	℃	
设计小时耗热量	19.3	kW	
设计小时热水量	0.4	m³/h	
热水平均每日用水量	2.0	m³/d	
热水贮热水箱容积	1.5	m³	
太阳能集热水箱	1.5	m³	
空气源热泵循环流量	1.11	L/s	
热水系统加压泵流量	1.11	L/s	
太阳能泵循环流量	1.11	L/s	
太阳能热水使用率	97.3	%	
太阳能直接加热集热器总面积	25	m²	
太阳能板设置数量	14	块	
太阳能板实际面积	24.3	m²	
太阳能保证率	40	%	

热水制热设备主要器材表

编号	设备名称	设备型号及参数	单位	数量	备注
A	冷水加压泵	BYQL4-30 Q=1.39L/s,H=15m,N=0.75kW	台	2	一用一备,运行质量100kg
B	热水加压泵	IRG25-125 Q=1.11L/s,H=15m,N=0.75kW	台	2	一用一备,运行质量75kg
C	太阳能系统循环泵	IRG25-125 Q=1.11L/s,H=15m,N=0.75kW	台	2	一用一备,运行质量75kg
D	空气源热泵系统循环泵	IRG25-125 Q=1.11L/s,H=15m,N=0.75kW	台	2	一用一备,运行质量75kg
E	制热水箱传输泵	IRG25-125 Q=1.11L/s,H=15m,N=0.75kW	台	2	一用一备,运行质量75kg
F	紫外线消毒器	UV-3(3根) Q=2.5m³/h,N=90W	台	4	厂家成套提供
1	平板型太阳能集热器	PGT-2.0型 单块参数:采光面积1.83m²/h,运行质量40kg	块	14	平板型太阳能集热器安装角度20°,安装详见06SS128第40页。
2	空气源热泵机组	空气源热泵泵组 TFS-SKR270(D),N=5.5kW/套,每套设备制热量为11kW	套	1	要求高温热水侧出水温度≥55℃,详见国标图集06SS127-24
3	集热水箱、保温水箱	尺寸见本图	座	1/1	配套保温材料

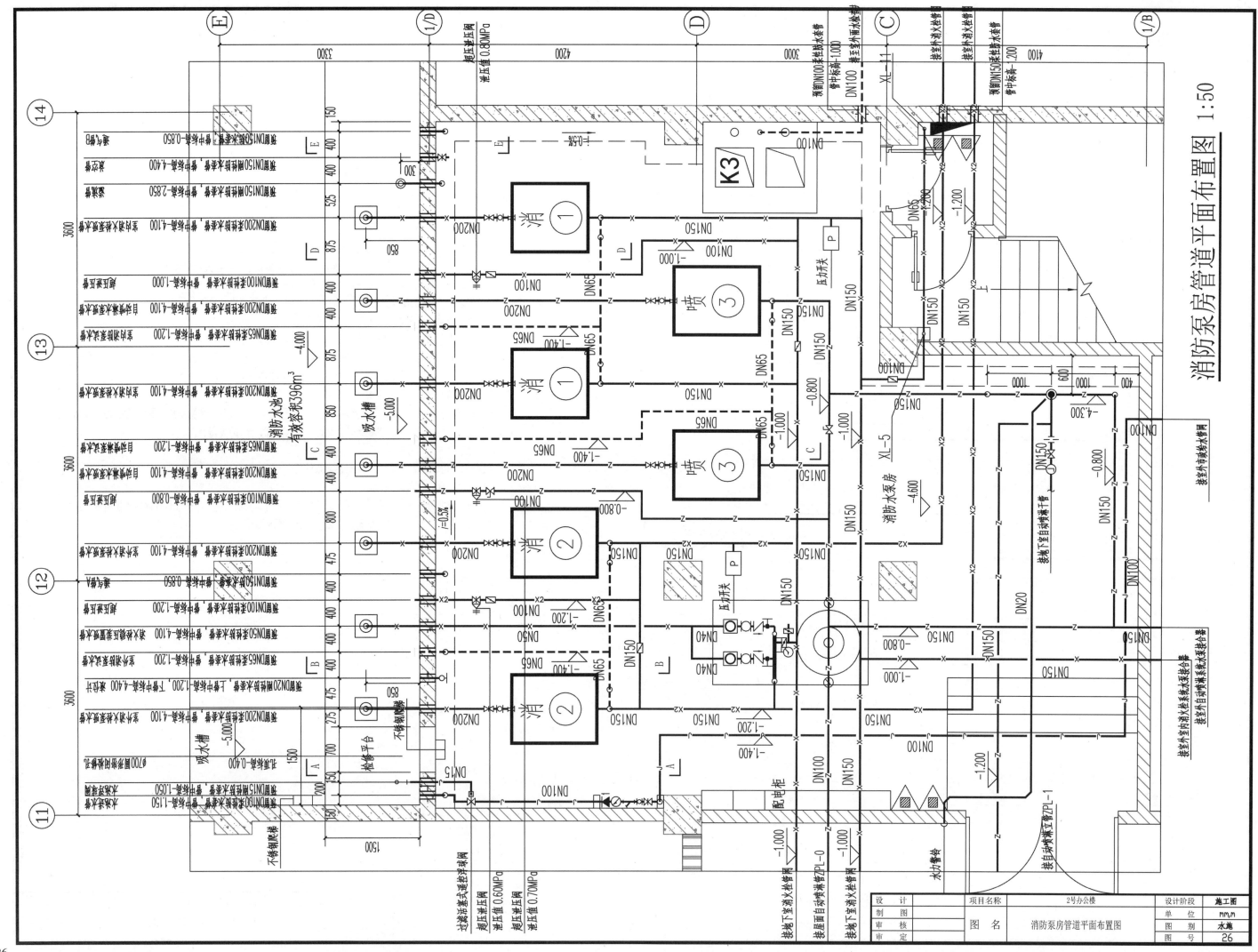

消防泵房管道平面布置图 1:50

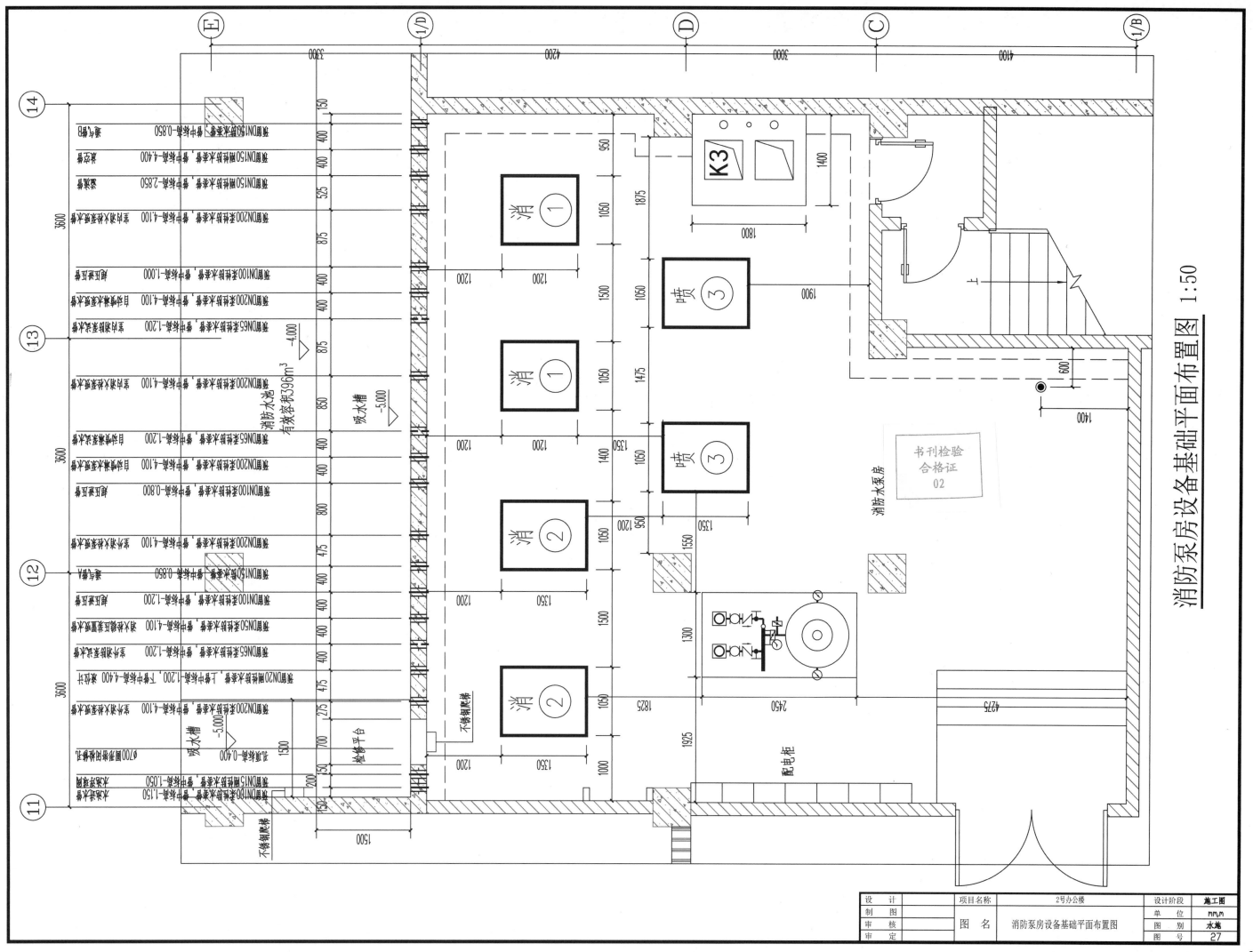

消防泵房设备基础平面布置图 1:50

设 计		项目名称	2号办公楼	设计阶段	施工图
制 图				单 位	mm,m
审 核		图 名	消防泵房设备基础平面布置图	图 别	水施
审 定				图 号	27

27

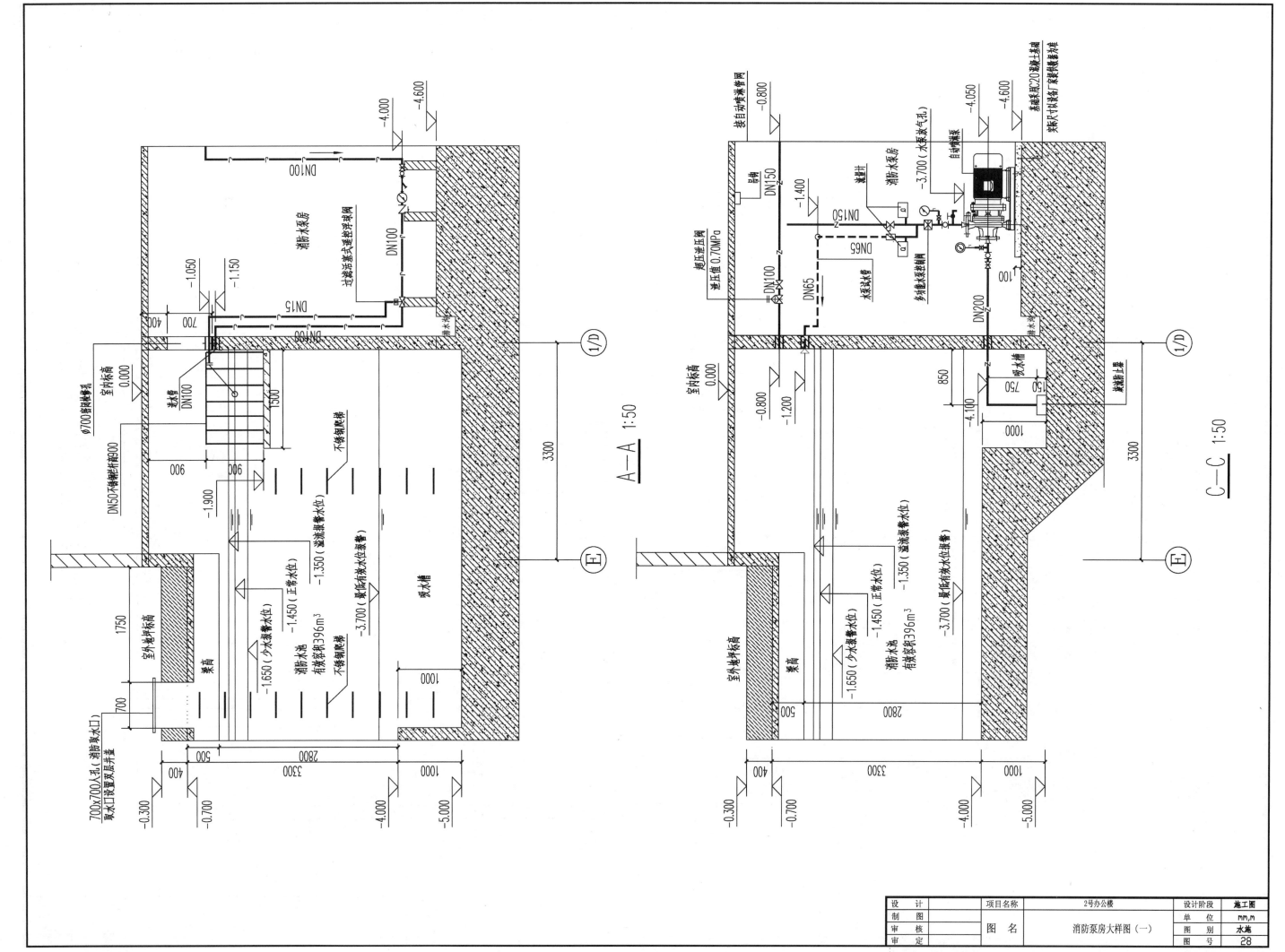

A—A 1:50

C—C 1:50

设　计		项目名称	2号办公楼	设计阶段	施工图
制　图				单　位	mm,m
审　核		图　名	消防泵房大样图（一）	图　别	水施
审　定				图　号	28

28

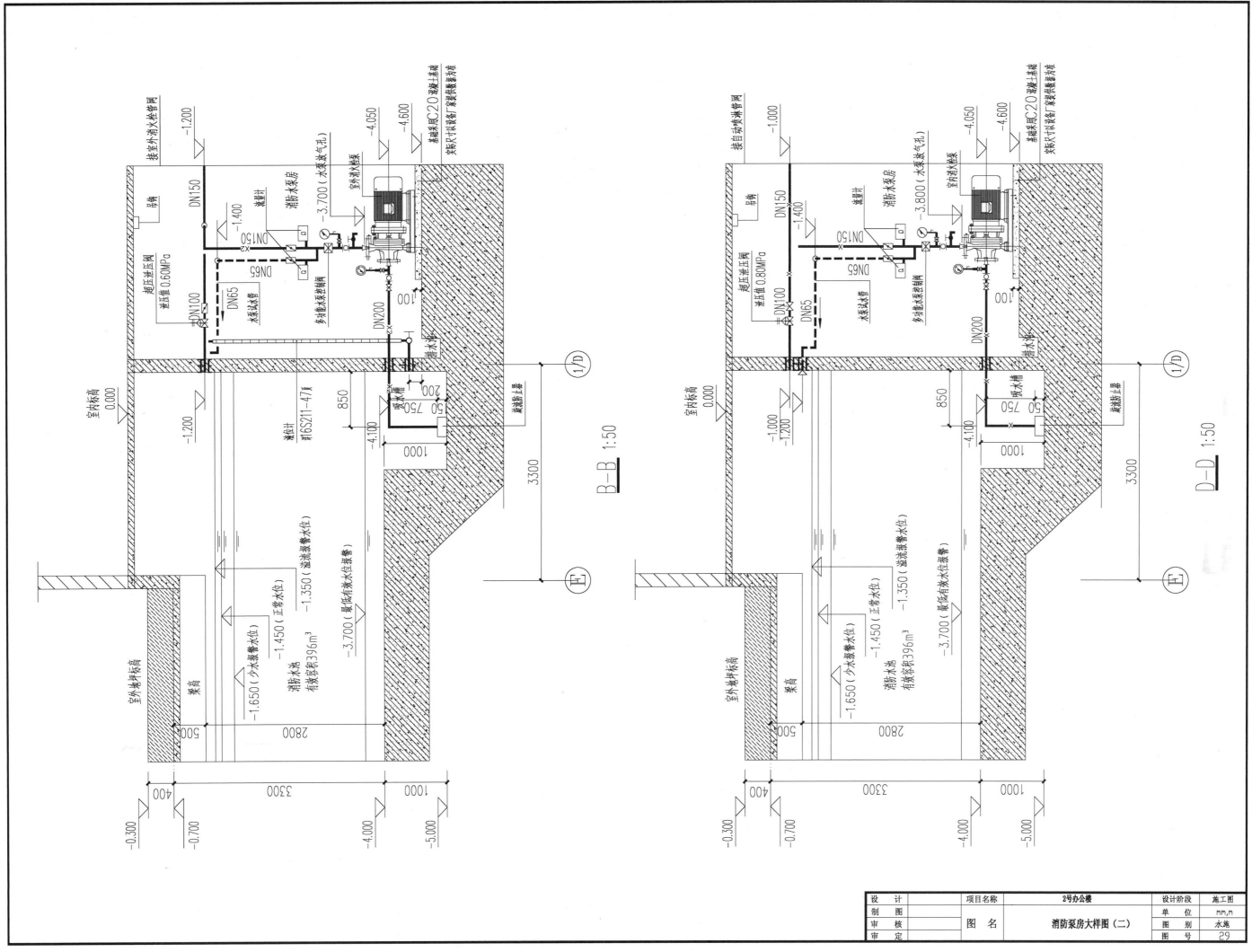

B—B 1:50

D—D 1:50

设 计		项目名称	**2号办公楼**	设计阶段	施工图
制 图				单 位	m³,m
审 核		图 名	**消防泵房大样图（二）**	图 别	水施
审 定				图 号	29

29

说明:
1. 凡穿水池池壁的管道均需预埋防水套管,水泵吸水管、出水管(试水管)穿水池池壁用柔性防水套管,其他用刚性防水套管。土水施工时应会给排水施工人员在场配合做好预埋套管或预留孔洞工作,切勿遗漏。

2. 消防水池爬梯预埋件应在水池施工同时预埋,其中水池内爬梯采用不锈钢材质,具体做法另详水施图。

3. 凡是阀门、三通及管道转弯处均应设支墩或吊架固定,泵房内管道采用弹性吊架、弹性托架、弹性支架,安装详03S402。

4. 生活水箱在交付使用前需进行清洗和消毒,经有关资质认证机构取样化验,水质符合《生活饮用水卫生标准》GB 5749的要求后方可使用。

5. 泵房排水沟做法详水施图,水池检修孔及检修孔上活动盖板做法详结施图,液位信号装置选型详电施图。

6. 各水泵的电控柜及水位报警控制器均由水泵生产厂家根据本设计控制要求配套供给,本设计仅提供水源。

7. 消防控制室应能显示所有消防泵的工作状态以及消防水池的水位信息;消防水池少水报警水位为−1.650m,正常水位为−1.450m,溢流报警水位为−1.350m,最低有效水位报警水位为−3.700m。水池溢流报警时,值班人员应立即到现场抢修水位控制阀。少水位报警时,应立即检查进水阀是否开启。报警信号需设在消防值班室内。

8. 消防控制室应能显示所有泵组的工作状态以及水箱的水位信息;生活水箱正常水位−1.800m,溢流报警水位−1.700m,低水位报警水位为−3.300m。水箱溢流报警时,值班人员应立即到现场抢修水位控制阀。少水位报警时,应立即检查进水阀是否开启。报警信号需设在消防值班室内。

9. 给水加压采用变频泵组供水,该设备由厂家负责调试安装;泵组由配套控制柜控制。

10. 所有消防水泵应每月定期启动一次,检测水泵是否正常。

11. 各种设备应由设备生产厂家负责安装调试。所有设备基础应待设备到货并校对安装尺寸无误后方可施工。施工时应配合土建专业做好预埋地脚螺栓或者预留地脚螺栓孔,切勿遗漏。

12. 水池、水箱的通气管、溢流管末端需设防虫网罩。

13. 各水泵均按隔震要求来安装,施工参照国标19S024。

14. 水泵控制要求
(1)消火栓消防水泵
    a.水泵出水管压力开关自动启动;b.消防值班室手动启动;c.消防泵房就地手动启动;d.高位消防水箱出水管流量开关自动启动;e.当主泵发生故障时,备用泵能自动投入运行;f.平时检测运行要求两泵能自动轮流启动;g.消控室柜内应设置机械应急启泵功能。
    消火栓加压水泵停泵方式:a.消防值班室手动停泵;b.消防泵房就地手动停泵。
(2)自动喷淋消防水泵
    a.报警阀的压力开关自动启动;b.消防值班室手动启动;c.消防泵房就地手动启动;d.高位消防水箱出水管流量开关自动启动;e.当主泵发生故障时,备用泵能自动投入运行;f.平时检测运行要求两泵能自动轮流启动;g.消控室柜内应设置机械应急启泵功能。
    自喷加压水泵停泵方式:a.消防值班室手动停泵;b.消防泵房就地手动停泵。

15. 消防水池检修爬梯做法详05S804/179;溢流管喇叭口作法详02S403/72、73,安装做法详05S804/172;通气管做法详16S211/45,溢流管和通气管均应设置不锈钢钢丝防虫网(18目);水池玻璃管水位计就地显示,做法详16S211/47。

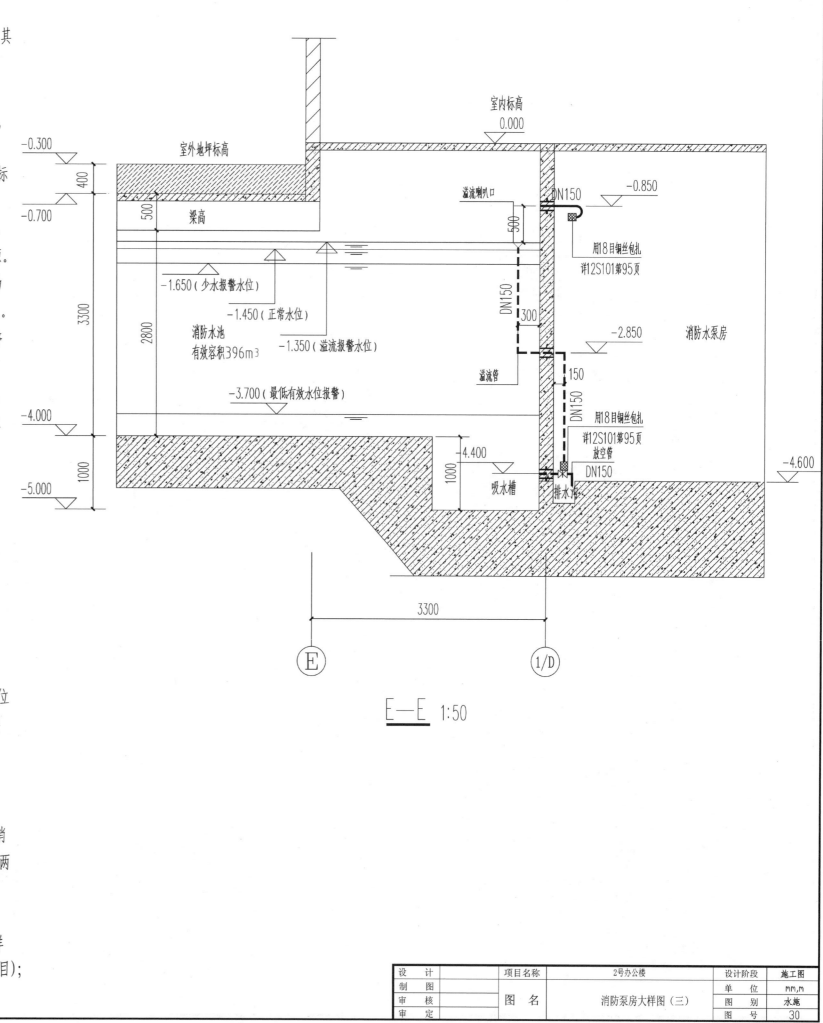

E—E 1:50

设 计		项目名称	2号办公楼	设计阶段	施工图
制 图				单 位	mm,m
审 核		图 名	消防泵房大样图（三）	图 别	水施
审 定				图 号	30

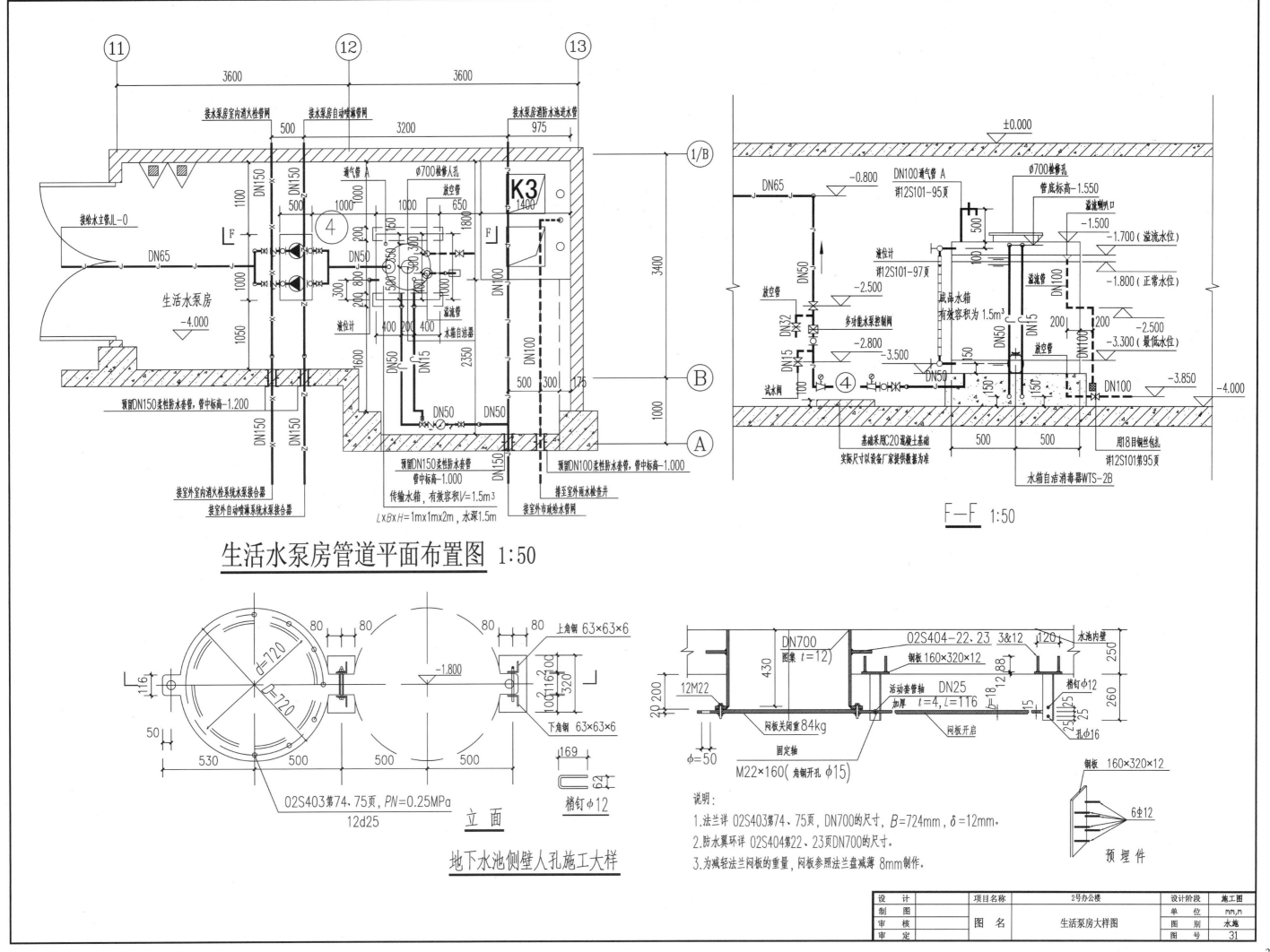

生活水泵房管道平面布置图 1:50

F—F 1:50

立面

地下水池侧壁人孔施工大样

说明:
1. 法兰详 02S403第74、75页,DN700的尺寸,B=724mm,δ=12mm。
2. 防水翼环详 02S404第22、23页DN700的尺寸。
3. 为减轻法兰闷板的重量,闷板参照法兰盘减薄 8mm制作。

设 计		项目名称	2号办公楼	设计阶段	施工图
制 图				单 位	mm,m
审 核		图 名	生活泵房大样图	图 别	水施
审 定				图 号	31

31

水泵房主要设备材料表

编号	设备名称	设备型号及参数	单位	数量	备注
一	消火栓给水系统				
①	室内消火栓加压泵	XBD15-70-HY	台	2	一用一备
		单泵参数：$Q=0\sim15L/s$ $H=70m$ $N=18.5kW$			
②	室外消火栓加压泵	XBD25-50-HY	台	2	一用一备
		单泵参数：$Q=0\sim25L/s$ $H=50m$ $N=30kW$			
1	旋流防止器	DN50/DN200	套	1/4	
2	闸阀	DN65 钢芯	个	4	
3	水泵进口专用橡胶接头	DN50/DN200	个	1/4	
4	偏心异径管	DN150×100 钢制	个	4	详02S403
5	异径管	DN100×DN150 钢制	个	4	详02S403
6	真空压力表	ZY-100 $P=-0.1\sim2.0MPa$	套	4	
7	压力表	Y-100 $P=0\sim0.5MPa$	套	4	
8	可曲挠橡胶接头	DN150	个	4	
9	多功能水泵控制阀	JD45×DN150 $P=2.0MPa$	个	4	详04S202第128页
10	安全泄压阀	DN100 $P=2.0MPa$	个	2	用于管网泄压管
11	蝶阀	DN100/DN150 $P=2.0MPa$	个	3/2	用于消防管道系统
12	室外消火栓稳压装置	XW(L)-II-1.5-30-SR型 SQL800×0.6	套	1	用于室外消火栓系统,详17S205
13	溢流喇叭口	150×DN100 $P=0.03\sim2.0MPa$	套	2	详02S403及90S319
14	溢流喇叭口	225×DN150 $P=0.03\sim2.0MPa$	套	1	详02S403及90S319
15	水池通气管	DN150 钢制	个	2	
16	水池水位标尺	DN20	根	1	
17	过滤活塞式遥控浮球阀	DN100 $P=0.03\sim1.6MPa$	套	1	详01SS105第39页
18	闸阀	Z45T-20 DN100 $PN=1.0MPa$	个	1	用于消防水池进水管
19	Y型过滤器	YSTF型 DN100 $PN=1.0MPa$	个	1	用于消防水池进水管
20	水表	DN100 $PN=1.0MPa$	套	1	用于消防水池进水管
21	止回阀	DN100 $PN=1.0MPa$	个	1	用于消防水池进水管
22	密闭检修人孔	700×700 钢制	套	1	包括配件

编号	设备名称	设备型号及参数	单位	数量	备注
二	喷淋给水系统				
③	喷淋加压泵	XBD30-60-HY	台	2	一用一备
		单泵参数：$Q=0\sim30L/s$ $H=60m$ $N=37kW$			
1	吸水喇叭口	DN200 钢制	套	2	详02S403及90S319
2	闸阀	DN65	个	2	
3	水泵进口专用橡胶接头	DN200	个	2	
4	偏心异径管	DN150X100 钢制	个	2	详02S403
5	异径管	DN65XDN150 钢制	个	2	详02S403
6	真空压力表	ZY-100 $P=-0.1\sim1.6MPa$	套	2	
7	压力表	Y-100 $P=0\sim0.5MPa$	套	2	
8	可曲挠橡胶接头	DN150 $P=1.6MPa$	个	2	
9	多功能水泵控制阀	JD45×DN150 $P=1.6MPa$	个	2	详04S202第128页
10	湿式报警阀装置	ZSFZ150 $P=1.6MPa$	组	1	详04S206第9页
11	信号蝶阀	DN100/DN150 $P=1.6MPa$	个	1/7	用于喷淋管道系统
12	安全泄压阀	DN100 $P=1.6MPa$	个	1	用于管网泄压管
三	生活给水系统				
④	冷水传输水泵	BYQL4-60 $Q_{*}=1.39L/s$ $H=40m$	台	2	自带电控柜,厂家成套提供
		单泵参数：$Q=1.39L/s$ $H=40m$ $N=1.1kW$			一用一备
1	水箱自洁消毒器	WTS-2B $N=0.8kW$	套	1	厂家成套提供
2	不锈钢传输水箱	$L\times B\times H=1000\times1000\times2000$ 有效容积1.5m³	套	1	含人孔、通气管、排水管等配件

注：表中统计数据仅供参考，最终以实际用量为准。

设 计		项目名称	2号办公楼	设计阶段	施工图
制 图				单 位	mm,m
审 核		图 名	水泵房主要设备材料表	图 别	水施
审 定				图 号	32

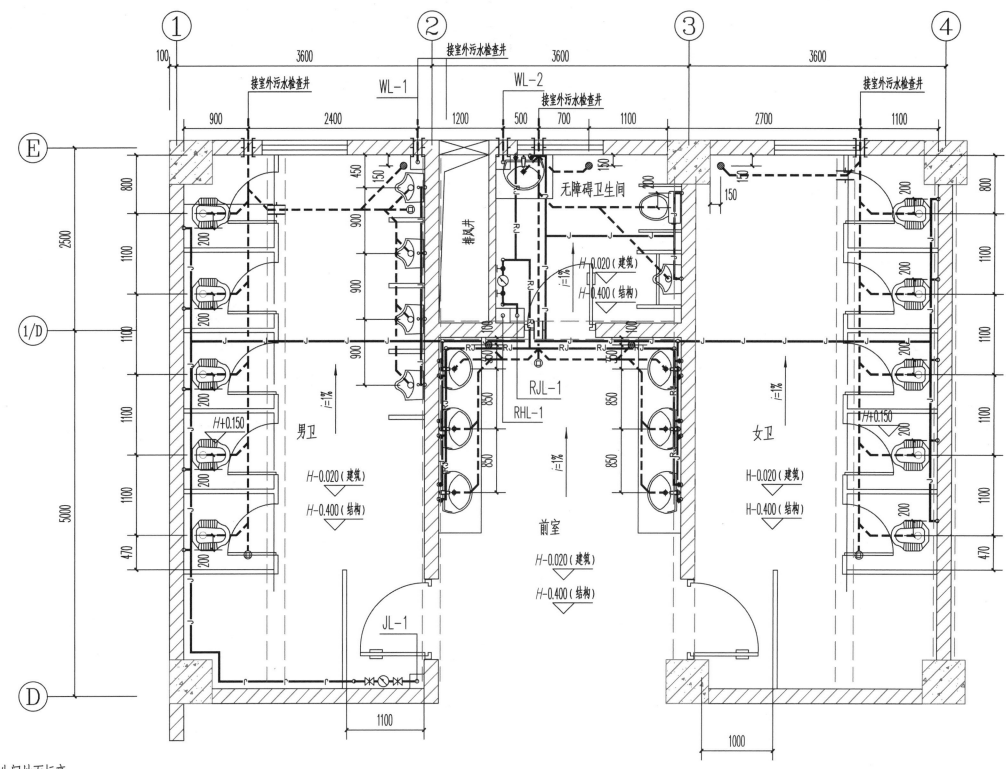

一层卫生间给排水平面图 1:50

说明：

1. H为各楼层卫生间地面标高。

2. 卫生器具排水管均预留接口，且接口突出地面0.10m。本设计卫生间按自带瓷存水弯平蹲式低水箱蹲便器考虑，故蹲便器下方不需设塑料存水弯。如业主自行选用无水封蹲式大便器时，其下方则需安装存水弯。另外要求蹲式大便器安装完成后的顶部标高应与卫生间完成地面齐平，便于排除卫生间地面水。

3. 坐式大便器采用冲洗水量不大于6L的两档式低位冲洗水箱，详见国标图集09S304。

4. 排水横支管的坡度均为26%。

5. 采用直通式地漏，并在地漏下方加设管件存水弯；所有地漏安装时地漏顶标高应低于完成地面5~10mm；水封高度大于50mm。

6. 所有排水三通均采用斜三通；给水管每个控制阀前后均加设活接头。

7. 结合平面及系统图施工；卫生设备安装详09S304。

设 计		项目名称	2号办公楼	设计阶段	施工图
制 图				单 位	mm,m
审 核		图 名	一层卫生间给排水平面图	图 别	水施
审 定				图 号	33

33

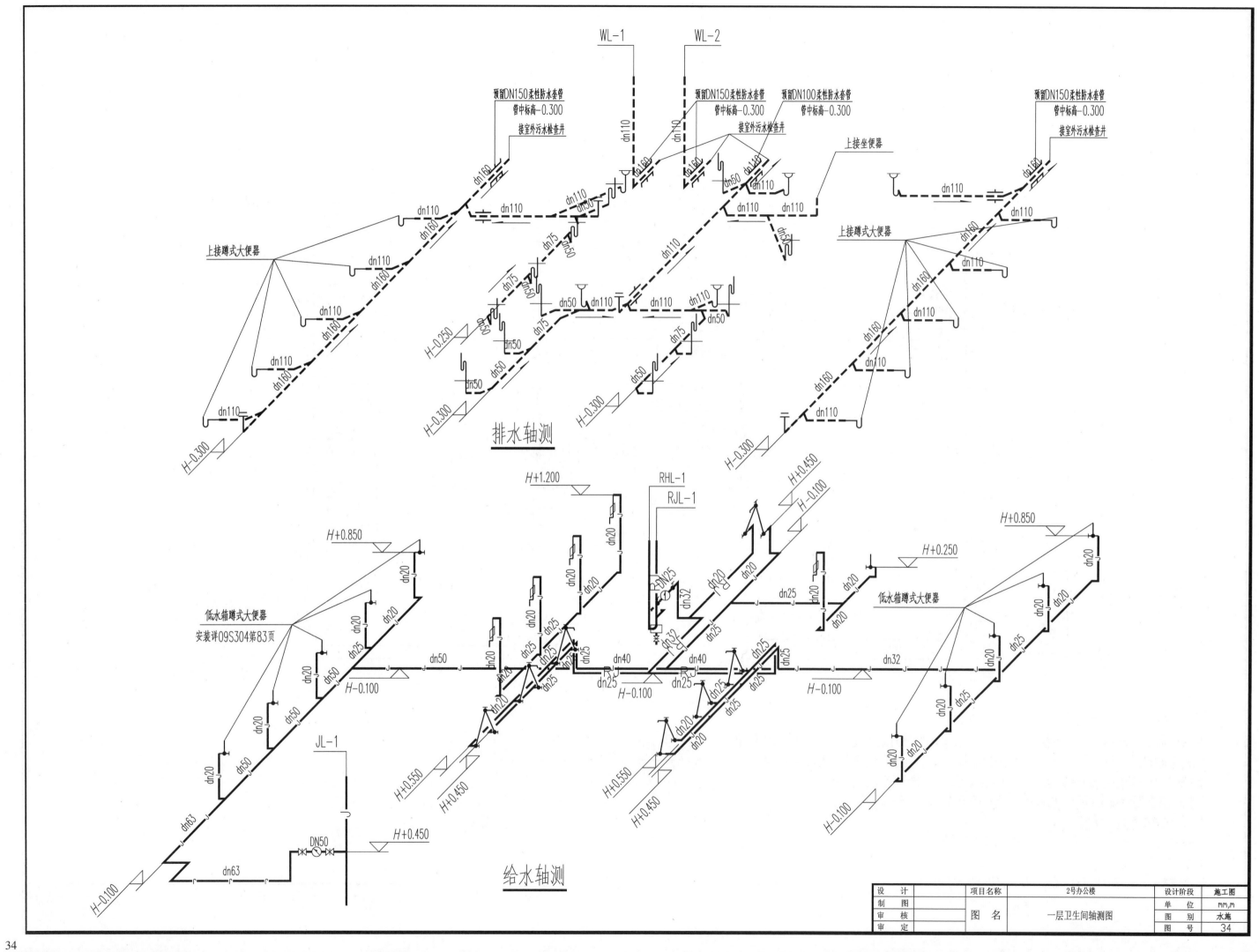

排水轴测

给水轴测

设 计		项目名称	2号办公楼	设计阶段	施工图
制 图				单 位	mm,m
审 核		图 名	一层卫生间轴测图	图 别	水施
审 定				图 号	34

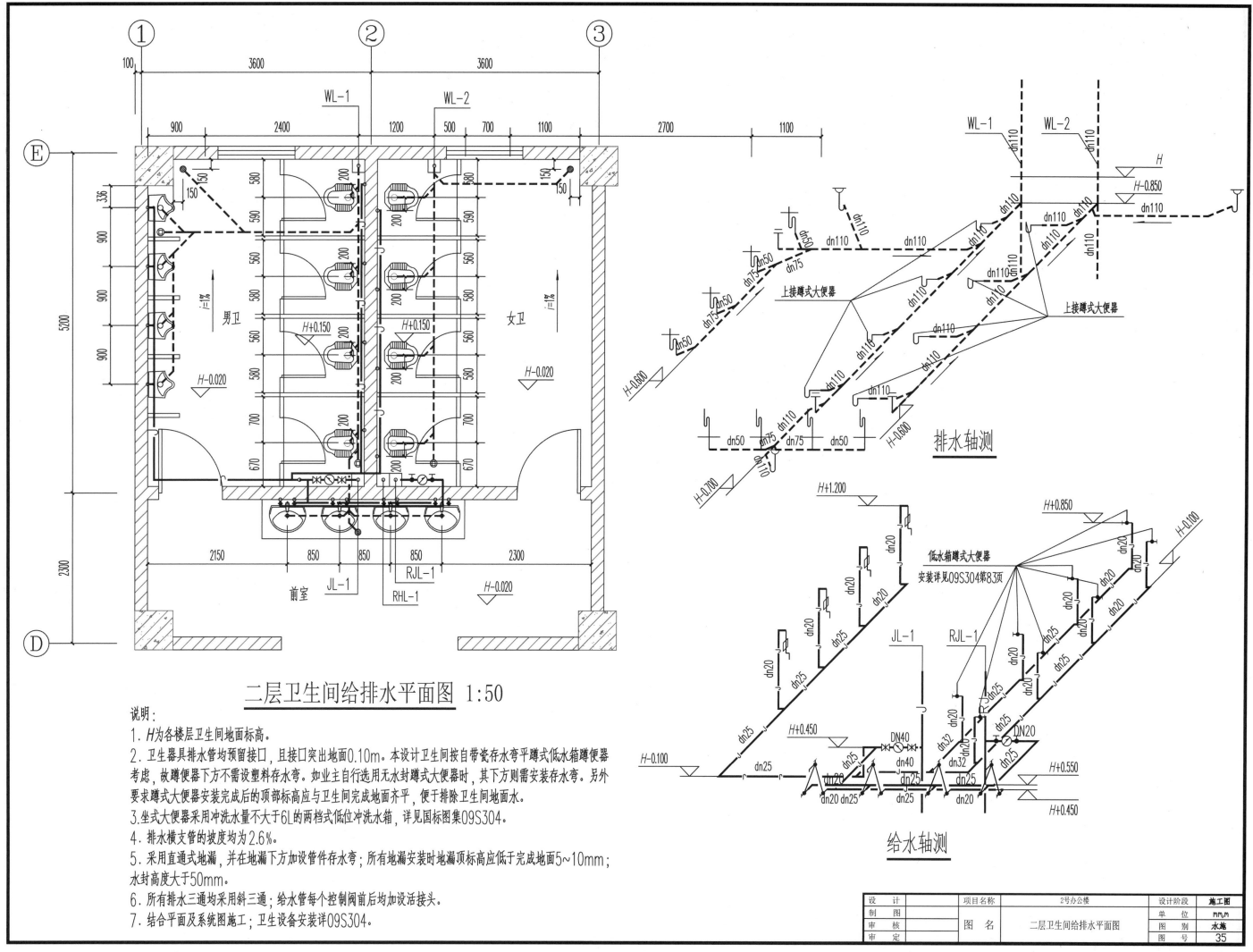

二层卫生间给排水平面图 1:50

说明:
1. H为各楼层卫生间地面标高。
2. 卫生器具排水管均预留接口,且接口突出地面0.10m。本设计卫生间按自带瓷存水弯平蹲式低水箱蹲便器考虑,故蹲便器下方不需设塑料存水弯。如业主自行选用无水封蹲式大便器时,其下方则需安装存水弯。另外要求蹲式大便器安装完成后的顶部标高应与卫生间完成地面齐平,便于排除卫生间地面水。
3. 坐式大便器采用冲洗水量不大于6L的两档式低位冲洗水箱,详见国标图集09S304。
4. 排水横支管的坡度均为2.6%。
5. 采用直通式地漏,并在地漏下方加设管件存水弯;所有地漏安装时地漏顶标高应低于完成地面5~10mm;水封高度大于50mm。
6. 所有排水三通均采用斜三通;给水管每个控制阀前后均加设活接头。
7. 结合平面及系统图施工;卫生设备安装详09S304。

排水轴测

给水轴测

设 计		项目名称	2号办公楼	设计阶段	施工图
制 图				单 位	mm,m
审 核		图 名	二层卫生间给排水平面图	图 别	水施
审 定				图 号	35

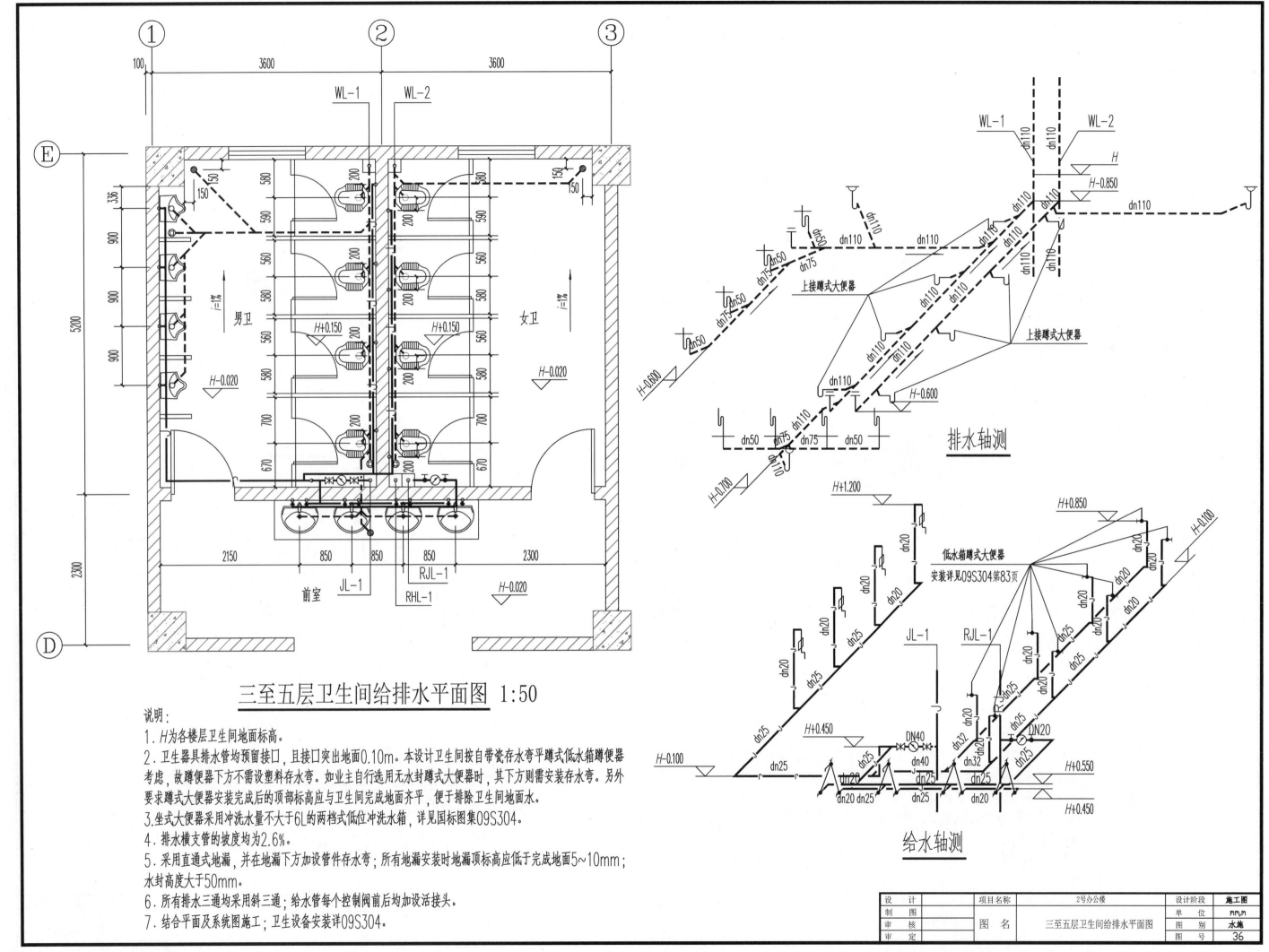

三至五层卫生间给排水平面图 1:50

说明：
1. H为各楼层卫生间地面标高。
2. 卫生器具排水管均预留接口，且接口突出地面0.10m。本设计卫生间按自带瓷存水弯平蹲式低水箱蹲便器考虑，故蹲便器下方不需设塑料存水弯。如业主自行选用无水封蹲式大便器时，其下方则需安装存水弯。另外要求蹲式大便器安装完成后的顶部标高应与卫生间完成地面齐平，便于排除卫生间地面水。
3. 坐式大便器采用冲洗水量不大于6L的两档式低位冲洗水箱，详见国标图集09S304。
4. 排水横支管的坡度均为2.6%。
5. 采用直通式地漏，并在地漏下方加设管件存水弯；所有地漏安装时地漏顶标高应低于完成地面5～10mm；水封高度大于50mm。
6. 所有排水三通均采用斜三通；给水管每个控制阀前后均加设活接头。
7. 结合平面及系统图施工；卫生设备安装详09S304。

排水轴测

给水轴测

设 计		项目名称	2号办公楼	设计阶段	施工图
制 图				单 位	mm/m
审 核		图 名	三至五层卫生间给排水平面图	图 别	水施
审 定				图 号	36

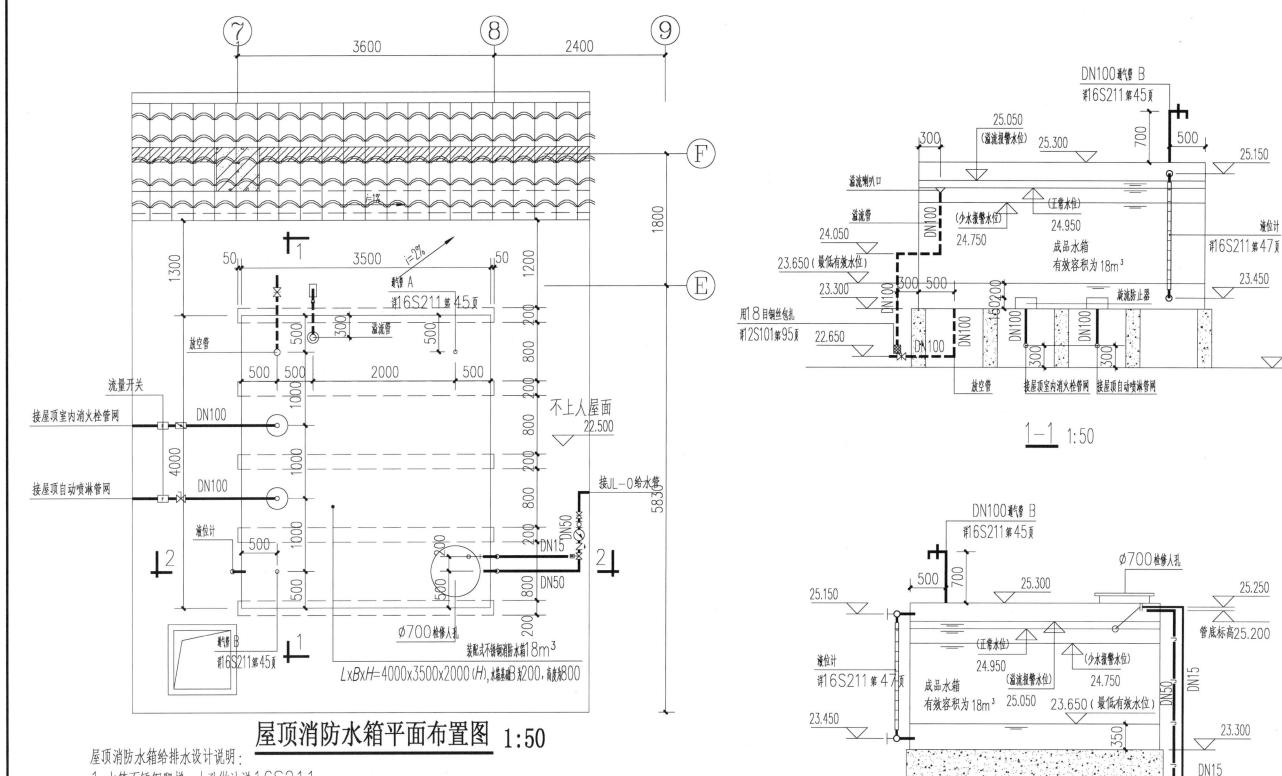

屋顶消防水箱平面布置图 1:50

1-1 1:50

2-2 1:50

屋顶消防水箱给水排水设计说明：

1. 水箱不锈钢爬梯、人孔做法详16S211。

2. 水箱进水管、溢流管、放空管采用衬塑钢管，消防出水管道采用内外涂塑消防专用钢管，均采用DN标注其公称直径。所有管材、阀门、管道附件工作压力均要求为1.0MPa。

3. 放空管上的阀门为常闭，当检修泄水时打开，检修完毕应关闭。阀门安装时应将其手柄置于易操作位置。

4. 水箱进水由水箱内的浮球阀启闭控制进水，控制方式详剖面图。

5. 水箱的检修孔、上人爬梯、通气管等配件均由供货厂家提供。水箱底架型钢的布置和安装参照图集16S211。

6. 消防水箱要求设置就地水位显示装置（液位计）及水位报警功能（配备水位控制器）。以下水位在消防控制中心声光报警：最低水位 23.65m，少水报警水位 24.75m，溢流报警水位 25.05m。当到达最高水位时，信号传至值班室，并声光报警，检查进水阀门是否正常；当到达最低水位时，关闭相应加压泵亦有信号传至值班室，并声光报警。

7. 水箱人孔需佩戴锁具。

8. 水箱进出管上的阀门需设置在阀门箱内。

9. 水箱的通气管、溢流管末端需设防趴虫网罩。

设 计		项目名称	2号办公楼	设计阶段	施工图
制 图				单 位	mm,m
审 核		图 名	屋顶消防水箱大样图	图 别	水施
审 定				图 号	37

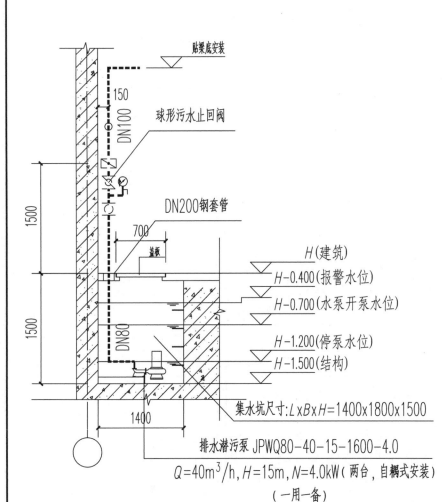

贴梁底安装

150
DN100
球形污水止回阀

DN200钢套管
700
盖板

H(建筑)
$H-0.400$(报警水位)
$H-0.700$(水泵开泵水位)

1500

DN80

$H-1.200$(停泵水位)
$H-1.500$(结构)

1500

1400

集水坑尺寸:$L \times B \times H=1400 \times 1800 \times 1500$

排水潜污泵 JPWQ80-40-15-1600-4.0
$Q=40m^3/h, H=15m, N=4.0kW$(两台,自耦式安装)
(一用一备)

K1车库集水坑剖面 1:50

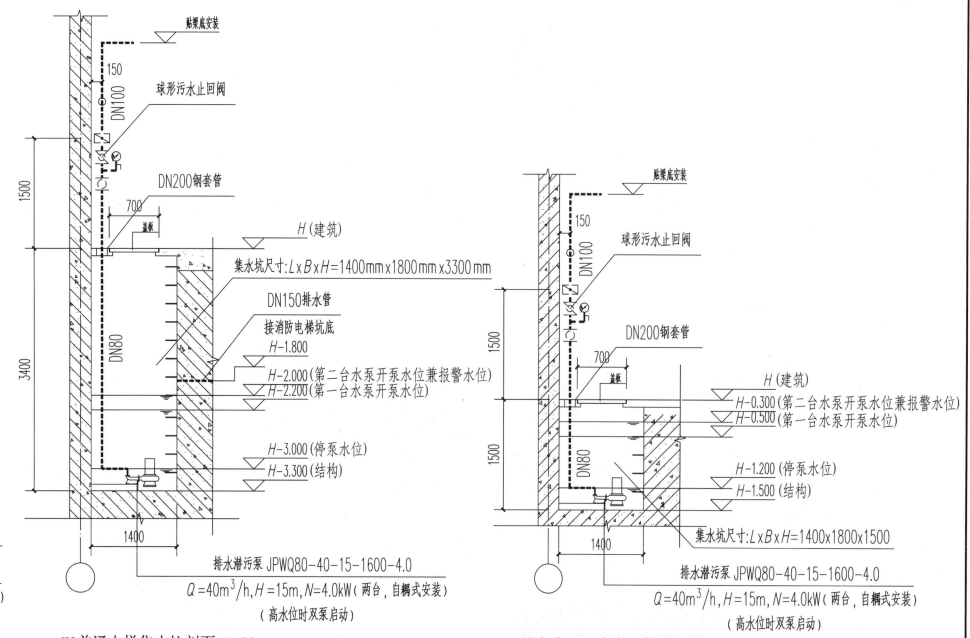

贴梁底安装

150
DN100

球形污水止回阀

DN200钢套管
700
盖板

1500

DN80

3400

集水坑尺寸:$L \times B \times H=1400mm \times 1800mm \times 3300mm$

DN150排水管
接消防电梯坑底
$H-1.800$
$H-2.000$(第二台水泵开泵水位兼报警水位)
$H-2.200$(第一台水泵开泵水位)

H(建筑)

$H-3.000$(停泵水位)
$H-3.300$(结构)

1400

集水坑尺寸:$L \times B \times H=1400 \times 1800 \times 1500$

排水潜污泵 JPWQ80-40-15-1600-4.0
$Q=40m^3/h, H=15m, N=4.0kW$(两台,自耦式安装)
(高水位时双泵启动)

K2普通电梯集水坑剖面 1:50

贴梁底安装

150
DN100
球形污水止回阀

DN200钢套管
700
盖板

H(建筑)
$H-0.300$(第二台水泵开泵水位兼报警水位)
$H-0.500$(第一台水泵开泵水位)

1500

DN80

$H-1.200$(停泵水位)
$H-1.500$(结构)

1400

集水坑尺寸:$L \times B \times H=1400 \times 1800 \times 1500$

排水潜污泵 JPWQ80-40-15-1600-4.0
$Q=40m^3/h, H=15m, N=4.0kW$(两台,自耦式安装)
(高水位时双泵启动)

K3设备房、K4车道口集水坑剖面 1:50

设　计		项目名称	2号办公楼	设计阶段	施工图
制　图				单　位	mm,m
审　核		图　名	地下室集水坑大样图	图　别	水施
审　定				图　号	38

38

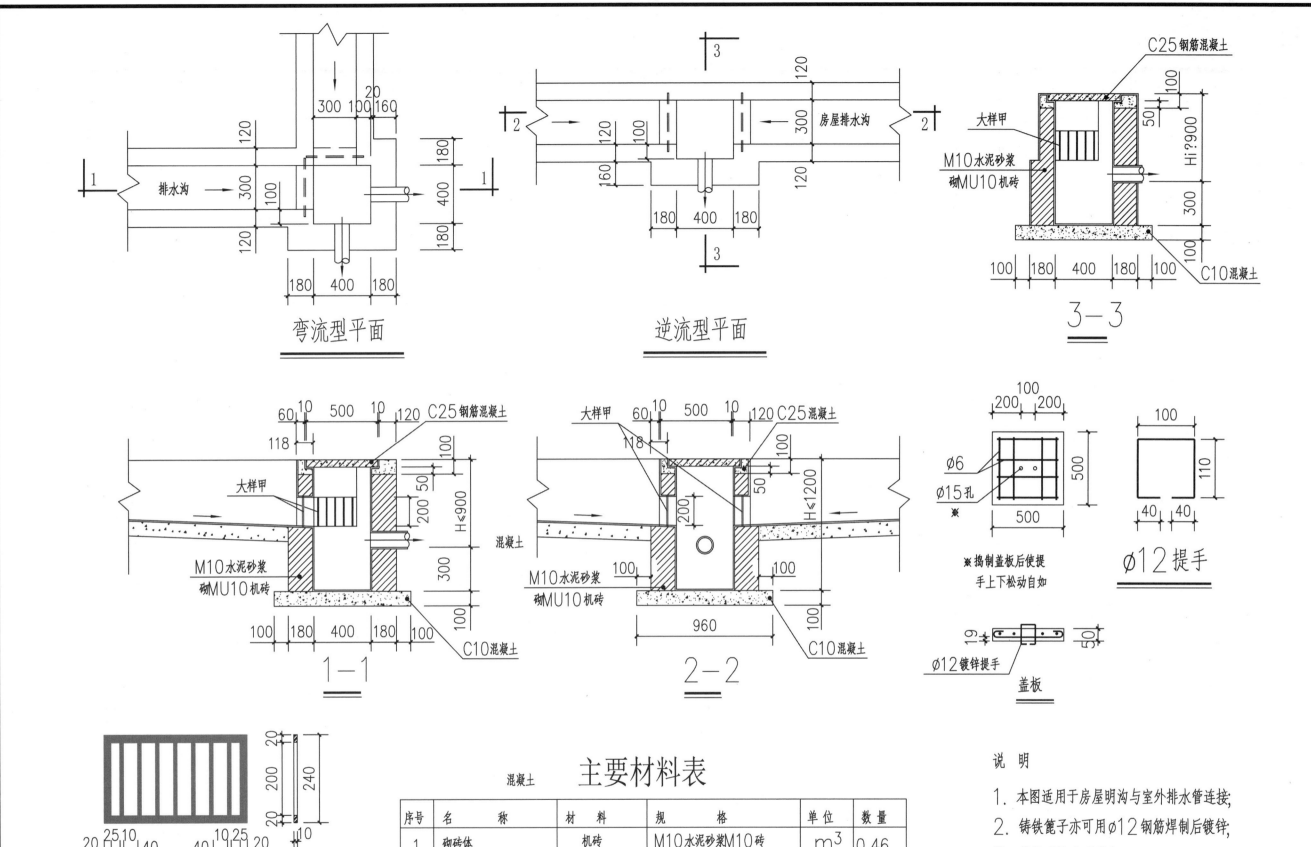

弯流型平面

逆流型平面

3-3

1-1

2-2

Ø12提手

盖板

※捣制盖板后使提
手上下松动自如

大样甲（篦子）

主要材料表

混凝土

序号	名　称	材　料	规　格	单位	数量
1	砌砖体	机砖	M10水泥砂浆M10砖	m³	0.46
2	混凝土垫层		C15混凝土	m³	0.09
3	混凝土盖板井口		C25混凝土	m³	0.03
4	抹面		水泥砂浆	1:2水泥砂浆厚20mm	m²	1.96
5	钢筋(含提手筋)	HPB300级	Ø6、Ø12	kg	1.35
6	篦子	铸铁	400×240×10	块	2

说 明

1. 本图适用于房屋明沟与室外排水管连接;

2. 铸铁篦子亦可用Ø12钢筋焊制后镀锌;

3. 井盖及沟边不通车;

4. 本图尺寸以mm计。

设　计		项目名称	2号办公楼	设计阶段	施工图
制　图				单　位	mmm
审　核		图　名	排水沟出水口大样图	图　别	水施
审　定				图　号	39

建筑暖通工程施工图

设计总说明

一、设计依据
1.《民用建筑供暖通风与空气调节设计规范》(GB 50736—2012)
2.《建筑设计防火规范》(GB 50016—2014)2018 版
3.建筑防烟排烟系统技术标准 GB 51251—2017
4.《公共建筑节能设计标准》(GB 50189—2015)
5. 广西壮族自治区《公共建筑节能设计标准》(DBJ/T 45—042—2017)
6.《通风与空调工程施工质量验收规范》(GB 50243—2016)
7. 建筑专业提供的建筑图及其他专业提供的设计资料

二、建筑概况
本工程位于南方××市,建筑名称:2 号办公楼。本工程地下一层,地面为5 层,属于多层公共建筑。总建筑面积5 672 m²,建筑高度18.3 m。地下1 层为车库及设备用房,1 至5 层为办公室、会议室等。

三、设计范围
本工程设计范围包括:(1)集中空调系统;(2)防排烟及通风系统。
本工程按舒适性空调设计,夏季供冷,冬季供暖。

四、室内外设计计算参数
1. 室外主要计算参数(南宁市)

城市名称	南宁市	室外计算干球温度(℃)	
所在地区	广西	冬季通风	12.9
城市名称	南宁市	冬季空气调节	7.6
台站位置(度)		夏季空气调节	34.5
北纬	22.49	夏季通风	31.8
东经	108.21	夏季空气调节日平均	30.7
大气压力(hPa)		室外计算湿球温度(℃)	
冬季	1011.0	夏季空气调节	27.9
夏季	995.5	室外计算相对湿度(%)	
室外平均风速(m/s)		冬季空气调节	78
冬季	1.2	夏季通风	68
夏季	1.5		

2. 室内设计参数

房间名称	干球温度(℃)		相对湿度(%)		风速(m/s)		新风量[m³/(h·人)]	噪声dB(A)
	夏季	冬季	夏季	冬季	夏季	冬季		
办公室	26	20	40~60	≥30	≤0.3	≤0.2	30	≤45
会议室	26	18	45~60	≥30	≤0.3	≤0.2	20	≤50
多功能厅	26	18	50~65	≥30	≤0.3	≤0.2	20	≤55
其他	26	18	50~65	≥30	≤0.3	≤0.2	30	≤55

3. 通风参数
(1)设置机械通风的房间及其设计标准见下表:

房间名称	换气次数(次/h)	房间名称	换气次数(次/h)
车库	6(按3m层高)	变配电房	20
水泵房	6	发电机房	6
电梯机房	12	卫生间	12

车库采用浓度稀释法校核换气次数2 者取大。地下室设机械补风或自然补风,补风量为排风量的80%。
(2)配电房平时机械排风系统兼作气体灭火后排风系统。当配电房发生火警时,先关闭配电房各进出风管上的电动防火阀,气体灭火后,打开电动防火阀,并开启排风机进行灭火。
(3)储油间的油箱应密闭,且应设置通向室外的通气管,通气管应设置带阻火器的呼吸阀,油箱的下部应设置防止油品流量的设施,参照国家建筑标准图集《应急柴油发电机组安装》(00D272)61 页,具体尺寸由施工单位根据所定设备调整。

五、空调系统设计
本工程采用集中空调系统。
本工程为舒适性空调,夏季供冷,冬季供暖。本次空调范围总冷负荷为510 kW,总热负荷为250 kW;单位建筑面积冷负荷指标为90 W/m²;单位建筑面积热负荷指标为45 W/m²。
1. 空调冷源
空调冷源采用4 台模块式冷(热)水机组作为空调冷、热源;单体制冷量130 kW,制热量140 kW;总制冷量520 kW,总制热量560 kW。
2. 空调水系统
空调水系统,供回水温度为7/12℃,热水供、回水温度为45/40℃。冷冻水系统为二管制闭式机械循环布置,采用膨胀水箱补水。冷冻水系统采用同程布置。
3. 空调风系统
空调采用新风+风机盘管方式,送风方式为上送上回的方式。
4. 凝结水排放
(1)凝结水水平管管道坡度不小于5‰,坡向水流方向。
(2)凝结水排水排至厕所或机房地漏。

六、通风、排气系统
公共卫生间、杂物房、配电间等均设排气扇或小型通风系统,统一从侧墙排出或通过风井高处排出。

七、防排烟系统
(1)1~5 层走道采用机械排烟,排烟口为常闭多叶排烟口,排烟量按60 m³/(m²·h)设计,负担2 个以上防烟分区时按相邻2 个防烟分区之和最大值设计。外窗自然补风或机械补风,补风量不小于排烟量的50%,火灾时打开着火层走道排烟风口联动开启屋面排烟风机排烟。排烟风机的控制方式有3 种:现场手动开启方式;火灾自动报警系统联动自动开启方式,消防控制室手动开启方式。排烟风机入口处设有烟气温度超过280℃时,自动关闭的排烟防火阀,同时连锁关闭相应的排烟风机。火灾时,排烟风机及其软接头能在280℃时连续运行30min。
(2)封闭楼梯间采用自然排烟方式(五层外窗可开启有效面积大于2 m²,顶层不小于1 m²)。室内楼梯采有效开窗面积不小于1.2 m²。
(3)其余各房间采用自然排烟方式,储烟仓内排烟面积不小于地面的2%。
(4)平时通风,空调及防排烟风管穿越设置防火门的房间隔墙处设70℃关闭的防火阀,排烟风管穿越前述隔墙则设280℃关闭的防火阀。所有风、水管预留洞装修后用不燃材料填塞密封。风管过防火隔墙、楼板和防火墙的孔隙及其封堵材料封端。风管穿越防火隔墙、楼板和防火墙,穿越处风管上的防火阀、排烟防火阀两侧各2.0 m 范围内的风管应采用耐火风管或风管外壁应采取防火保护措施,且耐火极限不低于该防火分隔体的耐火极限。
(5)排烟机与风管采用耐高温的防火风管软接头连接,以达到防火要求。
(6)防排烟系统风机由两路电源供电,防排烟系统由消防控制室控制。火灾发生时,由消防控制室关断与消防无关的空调设备电源,开启防排烟系统。

八、防排烟系统控制
1. 防烟系统控制
机械加压送风系统应与火灾自动报警系统联动,其联动控制应符合现行国家标准《火灾自动报警系统设计规范》GB 50116 的有关规定。机械加压风机的启动应满足:(1)现场手动启动;(2)通过火灾自动报警系统自动启动;(3)消防控制室手动启动;(4)系统中任一常闭加压送风口开启时,加压风机应自动启动。
当防火分区内火灾确认后,应能在15s 内联动开启常闭加压送风口和加压送风机,并应满足下列要求:
(1)应开启该防火分区楼梯间的全部加压送风机;
(2)应开启该防火分区内着火层及其相邻上下两前室合用的常闭送风口,同时开启加压送风机。
2. 排烟系统控制
机械排烟系统应与火灾自动报警系统联动,其联动控制应符合现行国家标准《火灾自动报警系统设计规范》GB 50116 的有关规定。
排烟风机、补风机的启动应满足:(1)现场手动启动;(2)通过火灾自动报警系统自动启动;(3)消防控制室手动启动;(4)系统中任一排烟防火阀或排烟口开启时,排烟风机、补风机应能自动启动;(5)排烟防火阀在280℃时应自行关闭,并连锁关闭排烟风机及补风机。排烟口开启应有现场手动开启和现场开启功能。其开启信号应与排烟风机联动。火灾确认后,火灾自动报警系统应在15s 内联动开启相应防烟分区的全部排烟口、排烟阀、排烟风机和补风设施。30s 内自动关闭与消防无关的通风空调系统。

九、空调控制系统
(1)风冷热泵机组自配完善的控制系统。回水管安装电动蝶阀,与机组同开同关。空调水泵与风冷热泵机组一一对应,与风冷热泵同开同关。
(2)空调水系统设压差旁通控制,保证空调主机的最小水量。
(3)空调机组按比例积分控制,根据送风参数调节阀。
(4)风机盘管配冷暖型温控三速开关,温控开关的通断可控制风机盘管回水管上电动二通阀的开关。
(5)各房间在明显位置设置带有显示功能的房间温度测量仪表,并设有温度设定及调节功能的温控装置,根据建筑负荷的变化进行供冷与供暖,维持室内温度在设定值。

施工总说明

总则:本项目风井隔墙(除混凝土墙外)均为待管道施工后砌墙,加土建施工后影响管道安装的应优先于或同步土建进行管井内的管道施工。
风井内管道施工应按《通风与空调工程施工规范》GB 50738—2017、《通风与空调工程施工质量验收规范》GB 50243—2016 及有关规范进行,风管阀门均采用高气密型阀门。
未尽详之处按国家《通风与空调工程施工质量验收规范》GB 50243—2016、建筑防排烟系统技术标准 GB 51251—2017 及现行国家相关规范执行。
(1)空调及通风排烟风管采用镀锌铜板制作,厚度应符合下表规定。

类别圆形风管直径D 或矩形风管长边尺寸b	矩形风管(mm)	圆形风管(mm)	排烟风管/加压风管(mm)
D(b)≤320	0.5	0.5	0.75
320<D(b)≤450	0.6	0.6	0.75

续表

类别圆形风管直径D 或矩形风管长边尺寸b	矩形风管(mm)	圆形风管(mm)	排烟风管/加压风管(mm)
450<D(b)≤630	0.75	0.75	1.0
630<D(b)≤1000	0.75	0.75	1.0
1000<D(b)≤1250	1.0	1.0	1.2
1250<D(b)≤2000	1.2	1.2	1.5
D(b)>2000	1.2	1.5	1.5

吊顶内排烟风管应采用耐火极限不小于1h 的防火风管,外包50mm 厚玻璃棉隔热。设备房及车库内排烟风管耐火极限不小于0.5h。
(2)空调风管(未经冷热处理的新风吸入管除外)采用离心玻璃棉[λ≤0.034W/(m·K)]保温,防潮铝箔贴面,防火级别为A 级。保温厚度为:空调风管30mm。
(3)本设计选用的空调、通风以及制冷设备是根据具体设计资料来确定其安装、外形、定货时应严格按本设计要求参数进行。实际施工中设备安装、接管、配电及其调试等应按厂家随货提供的产品说明书进行。
(4)卫生间排气扇与排烟管之间的连接采用φ150 铝制波纹管,铝制波纹管长度不应大于2m。
(5)本工种所有水管采用钢管,当DN≤100mm 时,采用热镀锌钢管;当DN≥125mm 时,采用无缝钢管。
(6)冷冻水管、冷凝水管及管件均需保温,采用离心玻璃棉[λ≤0.034W/(m·K)]保温,防潮铝箔贴面,防火级别为A 级不燃。厚度选用如下:当20≤DN≤40 时厚度为25mm,当50≤DN≤80 时厚度为32mm,当100≤DN≤200 时厚度为38mm,当DN≥250 时厚度为44mm,冷凝水管保温厚度为19mm。
(7)所有空调机、风机与管道应与防火软接头相连。本工程的消声器应采用不燃材料制作。风管穿越建筑物变形缝空间时,应设置长度为200~300mm 的柔性短管;风管穿越建筑物变形墙体时,应设置钢管套管,风管与套管之间应采用柔性防水材料填塞密实。穿越建筑物变形缝墙体的风管两端外侧应设置长度为150~300mm 的柔性短管,距离变形缝墙体宜为150~200mm。水管穿越结构变形缝处设置金属柔性短管,金属柔性短管长度宜为150~300mm,并应满足结构变形的要求。柔性短管的保温性能应符合风管、水管系统功能要求。
(8)风管支吊架制作参照国标《金属、非金属风管支吊架》05R417—1《室内管道支吊架》制作,支吊架用膨胀螺栓现场锚固。消声器必须单独配置支吊架。风管的支吊架应避免在法兰、测量孔、调节阀门等部件处设置。施工过程中风管支吊架及风管的损伤处均应作防锈处理:先刷两道防锈漆,再刷两道调和漆。防烟风道、事防排烟风道、事故通风风道以及其排烟支吊架均应作抗震措施,具体布置按专业安装图纸设计完成。风道、空气调节风道的布置与敷设应符合下列规定:①风道不应穿越抗震缝。当必须穿越时,应在抗震缝两侧各装一个不燃型柔性软接头,软接头的防火性能应符合该风管系统功能要求;②风道穿越隔墙或楼板时,应设置套管,套管与管道间的缝隙,应填充柔性不燃耐火材料;③风道截面面积≥0.38m²和圆形直径≥0.70m 且风道可采用抗震吊架支承,风道抗震支吊架的设置和设计应符合GB 50981—2014 第8 章的规定。
(9)安装防火阀时,应要对其外观质量和动作的灵活性与可靠性进行检验,确定合格后方安装,防火阀的安装位置必须与设计相符,并尽量靠墙安装,气流方向必须与阀体上标志的箭头方向一致,严禁反向。防火阀应单独设置吊架支承。防火阀安装后,应做动作试验,并要求启闭灵活。有电信号输出装置的,还需做电信号通路检查。
(10)安装调节阀时必须注意将操作手柄配置在便于操作的部位。安装单位应根据调试要求在适当的部位配置测量孔。
(11)通风机应在停车状态下进行检验。
(12)所有空调机的进水管上设软接头、压力表、温度计、蝶阀,回水管上设软接头、压力表、温度计、比例积分阀柜控制器、蝶阀。
(13)水管安装前将内外表面清除干净再保温,无缝钢管刷防锈漆两道,调和漆两道。
(14)保温管道与支吊架接触处应加垫以免产生冷桥。
(15)在冷冻水系统的最低点设置放水阀。冷冻水供回水管最高处设置DN15 的自动排气阀,并在自动排气阀和水管之间设置DN15 闸阀,以便自动排气阀的拆装与检修。空调机组和新风机组的冷凝水应有≥60mm 高的水封。
(16)空调制冷水及冷却水系统的最大工作压力为0.4MPa,所有设备耐压能力不小于1.0MPa 的产品,所有管道及其附件均采用耐压能力不小于1.0MPa 的产品。冷凝管道、冷凝水系统可采用充水试验,无渗漏为合格。冷凝水系统回水管路及附件应采用承压不低于1.0MPa 的产品。请施工单位根据国家有关规范进行系统试压及冲洗,合格后再进行保温。
(17)所有设备基础均应待设备到货并核对尺寸无误后方可施工。
(18)需要调节的风阀、水阀等需要检修的设备及附件下部吊顶上预留600mm×600mm 的检修口。
(19)本说明未详尽处,应按《通风与空调工程施工质量验收规范》(GB 50243—2016)及《建筑节能工程施工质量验收标准》(GB 50411—2019)等国家有关规范及规定进行施工。

设 计		项目名称	2号办公楼	设计阶段	施工图
制 图				单 位	mm,m
审 核		图 名	设计与施工总说明	图 别	暖施
审 定				图 号	01

暖通图例

图例	名称
L-	冷水机组/风冷热泵编号
T-	冷却塔编号
QB-	冷却水泵编号
LB-	冷冻水泵编号
RB-	热水泵编号
P-	排风机编号
JY-	加压风机编号
PY-	排烟风机编号
P(Y)-	平时排风兼火灾排烟风机编号
S(B)-	平时进风兼火灾补风风机编号
S-	平时进风机编号
B-	火灾补风风机编号
FP-136	卧式暗装风机盘管
X30D	吊顶式新风机
	冷冻水供水管
	冷冻水回水管
	冷凝水管
—Pz—	膨胀管
—X—	泄水管
—G—	补水管
	水泵(系统图上表示)
	带表阀压力表(1.6MPa)
	带金属护套玻璃管温度计(0~50℃)
	橡胶软接头
	Y形过滤器
	截止阀
	蝶阀
	闸阀
	电动两通阀
	电动蝶阀(220V)

图例	名称
	水管止回阀
	平衡阀
	自力式流量控制阀
	倒流防止器
	不锈钢软接头
	离子精水处理仪
	水表
	能量计
	混流式风机
	柜式离心风机
FS(T)	方形散流器(带调节阀)
	侧送、侧回百叶风口
DB(T)	单层百叶风口(带调节阀)
SB(T)	双层百叶风口(带调节阀)
FYBY	防雨百叶风口(带过滤网)
ZCBY	自垂百叶风口
TXFK	条形风口
XLFK(T)	旋流风口(带调节阀)
HFK(F)	格栅回风口(带过滤网)
	轻质风管止回阀
70℃	70℃防火调节阀(常开)
280℃	280℃防火调节阀(常开)
	280℃排烟防火阀(常闭)
	70℃电动防火阀(常开,火灾电信号关闭)
	电动对开多叶调节阀(220V)
	阻抗复合式消声器(长1.0m)
	管式消声器(长1.0m)
	微穿孔板消声器弯头
	风管软接头
	手动对开调节阀
V20	排气扇(带止回装置)

图例	名称
500x200/-0.850	矩形风管及其顶标高
DN300.h1	水管管径及其中标高
	气流方向
	水流方向
i=0.01	坡度及坡向
GL-	供水立管
HL-	回水立管
NL-	冷凝水立管
SK	风口、阀门手动控制开关(距离地面1.5m)

节能设计说明

1.建筑节能设计指标一览表

序号	设计内容	节能指标	设计值
1	负荷计算	提供逐项逐时的冷负荷计算书	有
3	冷水机组的冷水供/回水温差	$\geq 5℃$	5℃
4	一般空调风管绝热层的热阻值	$\geq 0.81(m^2 \cdot K/W)$	$0.88(m^2 \cdot K/W)$

2. 风机的单位风量耗功率限值[$W/(m^3/h)$]

系统形式	Ws限值	设计值
机械通风系统	0.27	0.25
新风系统	0.24	
办公建筑定风量系统	0.27	
办公建筑变风量系统	0.29	
商业、酒店建筑全空气系统	0.30	

3.冷热水机组配备冷计量装置。

设 计		项目名称	2号办公楼	设计阶段	施工图
制 图				单 位	mm,m
审 核		图 名	暖通图例	图 别	暖施
审 定				图 号	02

风冷模块冷水机组性能参数表

序号	图中代号	设备名称	制冷量 (kW)	制热量 (kW)	供电要求 输入功率 (kW) 制冷	制热	电压 V	流量 (m³/h) 制冷	制热	承压能力 MPa	压降限值 MPa	冷媒	运行质量 kg	数量 台	备注
1	L-1~4	风冷模块冷水机组	130	140	38.5	40.4	380	22.4	22.4	1.0	<45	R134a	1060	4	带机房群控 机组配弹簧减振器

水泵性能参数表

序号	图中代号	设备名称	设备型式	流量 (m³/h)	扬程 (MPa)	供电要求 电量(kW)	电压(V)	转速 (rpm)	汽蚀余量 (MPa)	耐压要求 (MPa)	设计点效率 (%)	质量 (kg)	数量 (台)	备注
1	LB-1、2	冷冻水泵	立式屏蔽泵	98	0.30	15	380	1480	0.035	1.6	80	400	2	配变频控制柜、弹簧减振器,1用1备

吊顶空调机、新风机性能参数表

序号	图中代号	设备型式	冷量 kW	风量 m³/h	机外余压 Pa	供电要求 功率 W	电压 V	冷却盘管 空气进口温度(°C) 干球	湿球	水量 m³/h	噪声 dB(A)	数量 台	备注
1	X30D	吊顶式新风机	24	3000	250	1.1	380	34	28	4.1	55	4	
2	X40D	吊顶式新风机	30	4000	250	1.5	380	34	28	5.2	60	1	

注: 空调机组配比例积分电动调节阀(含温控器、风管式温度传感器)、平衡阀及控制箱。控制箱应满足机组风机与比例积分电动调节阀联锁启阀及国家规范、标准的要求。

风机盘管性能参数表

序号	图中代号	设备型式	冷量 W	风量 m³/h	机外余压 Pa	供电要求 功率 W	电压 V	冷却盘管 空气进口温度(°C) 干球	湿球	水量 m³/h	噪声 dB(A)	数量 台	备注
1	FP-34	卧式暗装	2550	340	30	39	220	27	19.5	0.44	40		风量、冷量均为高挡值
2	FP-51	卧式暗装	3550	510	30	53	220	27	19.5	0.61	40	7	
3	FP-68	卧式暗装	4330	680	30	72	220	27	19.5	0.74	42	5	
4	FP-85	卧式暗装	5200	850	30	83	220	27	19.5	0.89	44	82	
5	FP-102	卧式暗装	6100	1020	30	107	220	27	19.5	1.05	45	35	
6	FP-136	卧式暗装	8200	1360	30	142	220	27	19.5	1.41	45	37	
7	FP-170	卧式暗装	9800	1700	30	183	220	27	19.5	1.63	48	8	
8	FP-204	卧式暗装	11190	2040	30	217	220	27	19.5	1.97	48	9	

注:配电动二通阀(含温控器)、平衡阀。风量、冷量均为高挡值;配回风箱;出厂时厂家应按设计要求整定电动阀与平衡阀,确保各机组总水压降一致。表中性能为高挡时的数据。

排烟、排风、补风风机

设备编号	位置	服务区域	类型	数量	风机资料 风量 (m³/h)	全压 (Pa)	风机效率 (%)	噪声 (dB)	电动机资料 电动机功率 (kW)	电力供应 (V/P/Hz)	转速 (rpm)	安装方式	备注
P-B-1	-1层风机房	车库通风	高效混流风机	1	10000	450	80	83	4.0	380/3/50	1450	吊装	
PY-W-1	屋面风机房	走道	高温排烟风机	1	32000	900	80	88	11	380/3/50	1450	吊装	
P-B-2	-1层风机房	水泵房通风	高效混流风机	1	4000	420	80	89	1.1	380/3/50	1450	吊装	
P-B-3	-1层风机房	配电房通风	高效混流风机	1	4500	350	80	89	1.1	380/3/50	1450	吊装	
P-B-4	发电机房	发电机房通风	高效混流风机	1	4500	350	80	89	1.1	380/3/50	1450	吊装	
P-1	电梯机房、卫生间	电梯机房、卫生间	壁式排气扇	13	1200	50	80	65	0.1	220/1/50	600	吊装	入口设镀锌铁丝防护网,出口设防雨百叶
P-2	卫生间	卫生间	壁式排气扇	1	600	50	80	65	0.05	220/1/50	600	吊装	入口设镀锌铁丝防护网,出口设防雨百叶

设 计		项目名称	2号办公楼	设计阶段	施工图
制 图		单 位	mm,m		
审 核		图 名	设备表	图 别	暖施
审 定				图 号	03

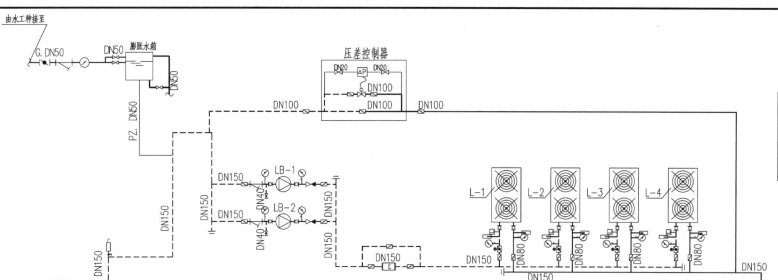

空气处理机组配管明细表

图中代号	冷冻水接管 规格(mm)	冷凝水接管 规格(mm)	冷冻水电动 二通阀(mm)
X30D	DN40	DN32	DN40
X40D	DN50	DN32	DN50

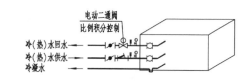

空调机组接管示意图

风机盘管配置一览表(适用带回风箱风机盘管)

风机盘管规格	冷冻水供水、回水管径		电动二通阀 一台	门铰式百叶风口 (带调风阀)	双层百叶风口 (接侧送风口)	送风管截面(接下送风口)		方形散流器规格(喉部)	
	一台	二台				第一段	第二段	一个	两个
FP-34	DN20	DN20	DN20	450X250	480X120	480X120	—	240X240	—
FP-51	DN20	DN20	DN20	450X250	480X120	480X120	—	240X240	—
FP-68	DN20	DN25	DN20	600X250	600X120	600X120	—	270X270	—
FP-85	DN20	DN25	DN20	700X250	720X120	720X120	—	300X300	—
FP-102	DN20	DN25	DN20	800X250	840X120	840X120	—	330X330	—
FP-136	DN20	DN32	DN20	1000X250	1080X120	1080X120	—	360X360	—
FP-170	DN20	DN32	DN20	1200X250	1200X120	1200X120	630X120	420X420	300X300
FP-204	DN20	DN40	DN20	1400X250	1440X120	1440X120	800X120	450X450	330X330
FP-238	DN20	DN40	DN20	1600X250	1650X120	1650X120	1000X120	500X500	360X360

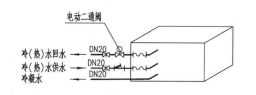

风机盘管接管示意图

空调水系统图

设　计		项目名称	2号办公楼	设计阶段	施工图
制　图				单　位	mm,m
审　核		图　名	空调水系统图	图　别	暖施
审　定				图　号	04

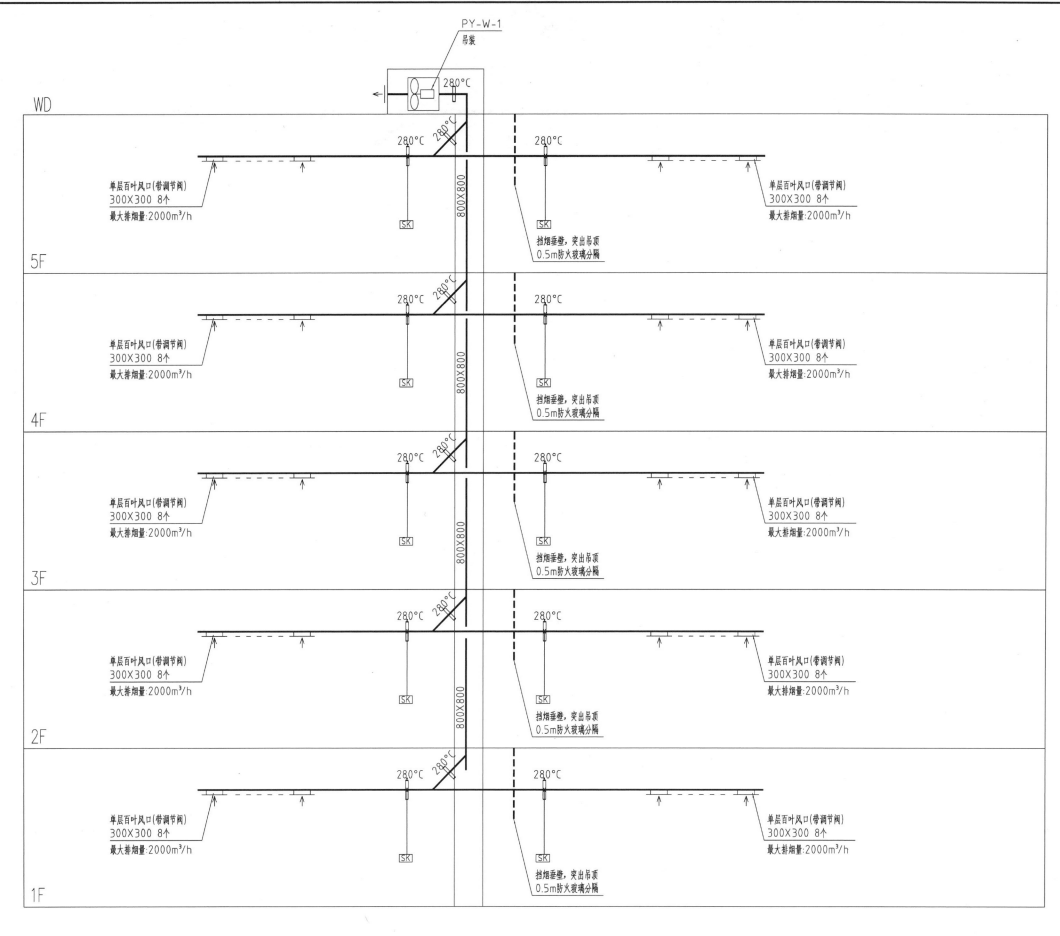

PY-W-1
吊装

280℃

WD

5F

280℃   280℃   280℃

单层百叶风口(带调节阀)
300X300 8个
最大排烟量:2000m³/h

800X800

SK   SK

单层百叶风口(带调节阀)
300X300 8个
最大排烟量:2000m³/h

挡烟垂壁,突出吊顶
0.5m防火玻璃分隔

4F

280℃   280℃   280℃

单层百叶风口(带调节阀)
300X300 8个
最大排烟量:2000m³/h

800X800

SK   SK

单层百叶风口(带调节阀)
300X300 8个
最大排烟量:2000m³/h

挡烟垂壁,突出吊顶
0.5m防火玻璃分隔

3F

280℃   280℃   280℃

单层百叶风口(带调节阀)
300X300 8个
最大排烟量:2000m³/h

800X800

SK   SK

单层百叶风口(带调节阀)
300X300 8个
最大排烟量:2000m³/h

挡烟垂壁,突出吊顶
0.5m防火玻璃分隔

2F

280℃   280℃   280℃

单层百叶风口(带调节阀)
300X300 8个
最大排烟量:2000m³/h

800X800

SK   SK

单层百叶风口(带调节阀)
300X300 8个
最大排烟量:2000m³/h

挡烟垂壁,突出吊顶
0.5m防火玻璃分隔

1F

走道排烟系统图

设 计		项目名称	2号办公楼	设计阶段	施工图
制 图				单 位	暖通、汽
审 核		图 名	走道排烟系统图	图 别	暖施
审 定				图 号	05

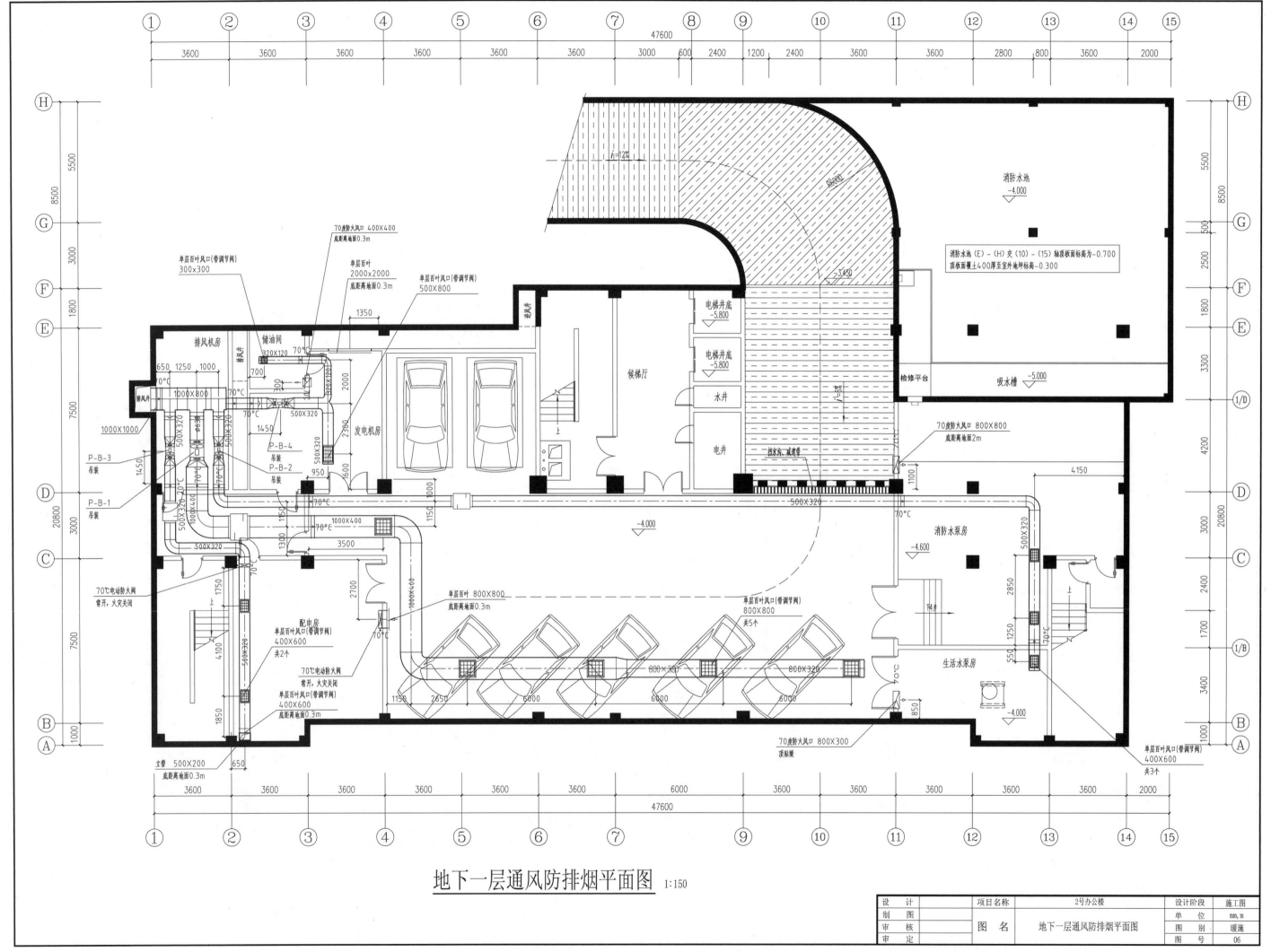

地下一层通风防排烟平面图 1:150

设 计		项目名称	2号办公楼	设计阶段	施工图
制 图				单 位	mm, m
审 核		图 名	地下一层通风防排烟平面图	图 别	暖施
审 定				图 号	06

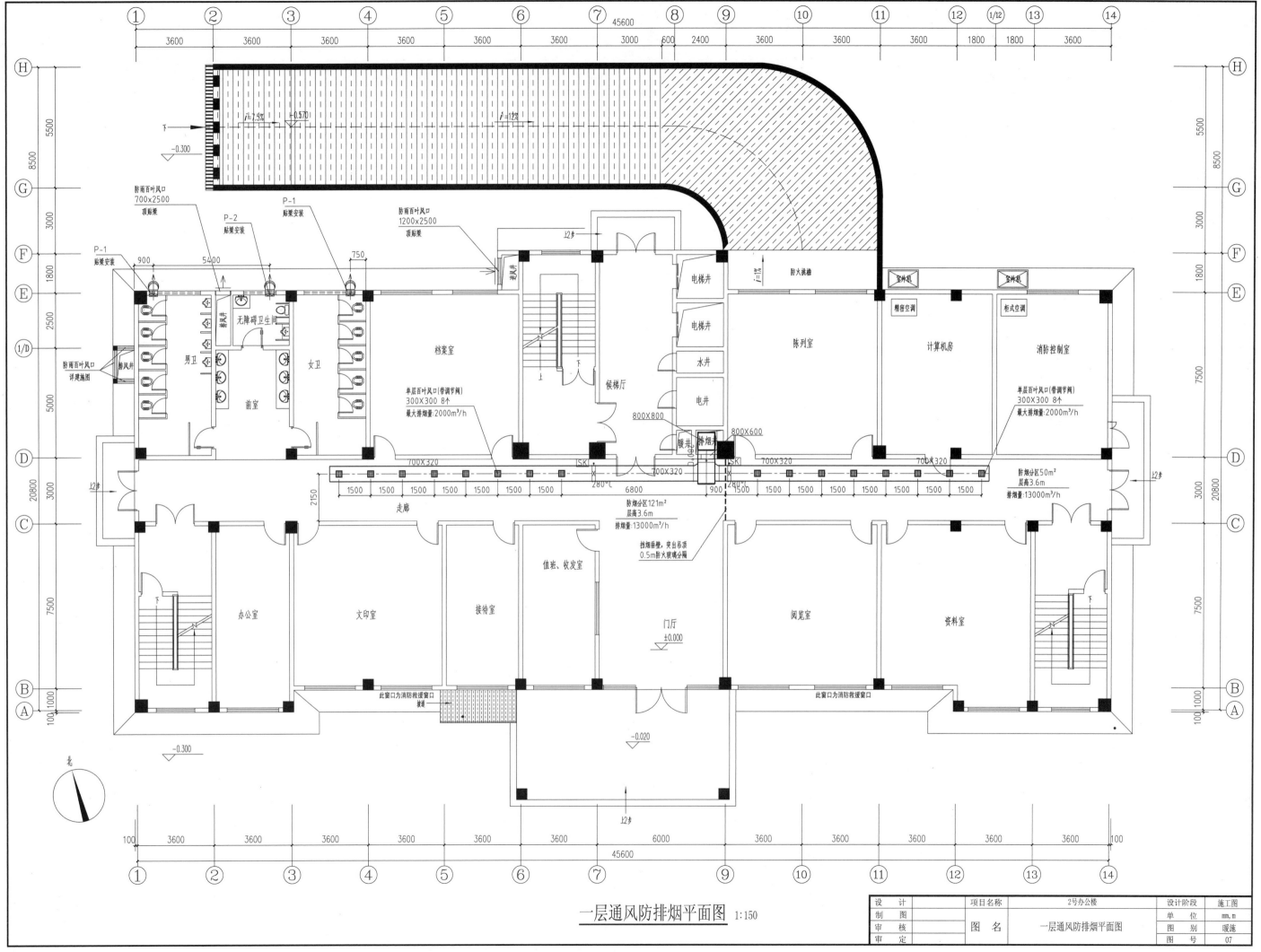

一层通风防排烟平面图 1:150

设　计		项目名称	2号办公楼	设计阶段	施工图
制　图				单　位	mm, m
审　核		图　名	一层通风防排烟平面图	图　别	暖施
审　定				图　号	07

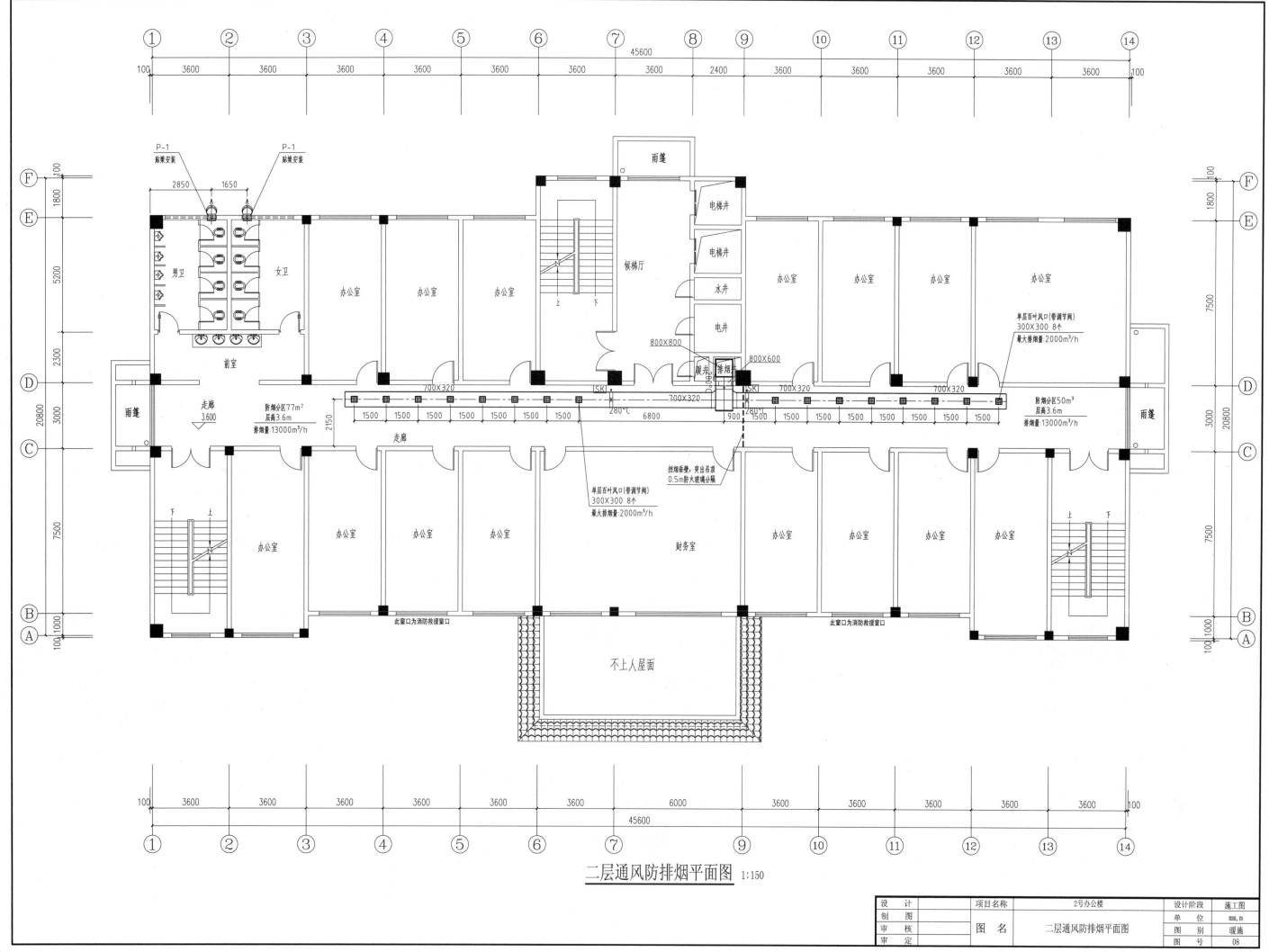

二层通风防排烟平面图 1:150

设 计		项目名称	2号办公楼	设计阶段	施工图
制 图				单 位	mm，m
审 核		图 名	二层通风防排烟平面图	图 别	暖施
审 定				图 号	08

48

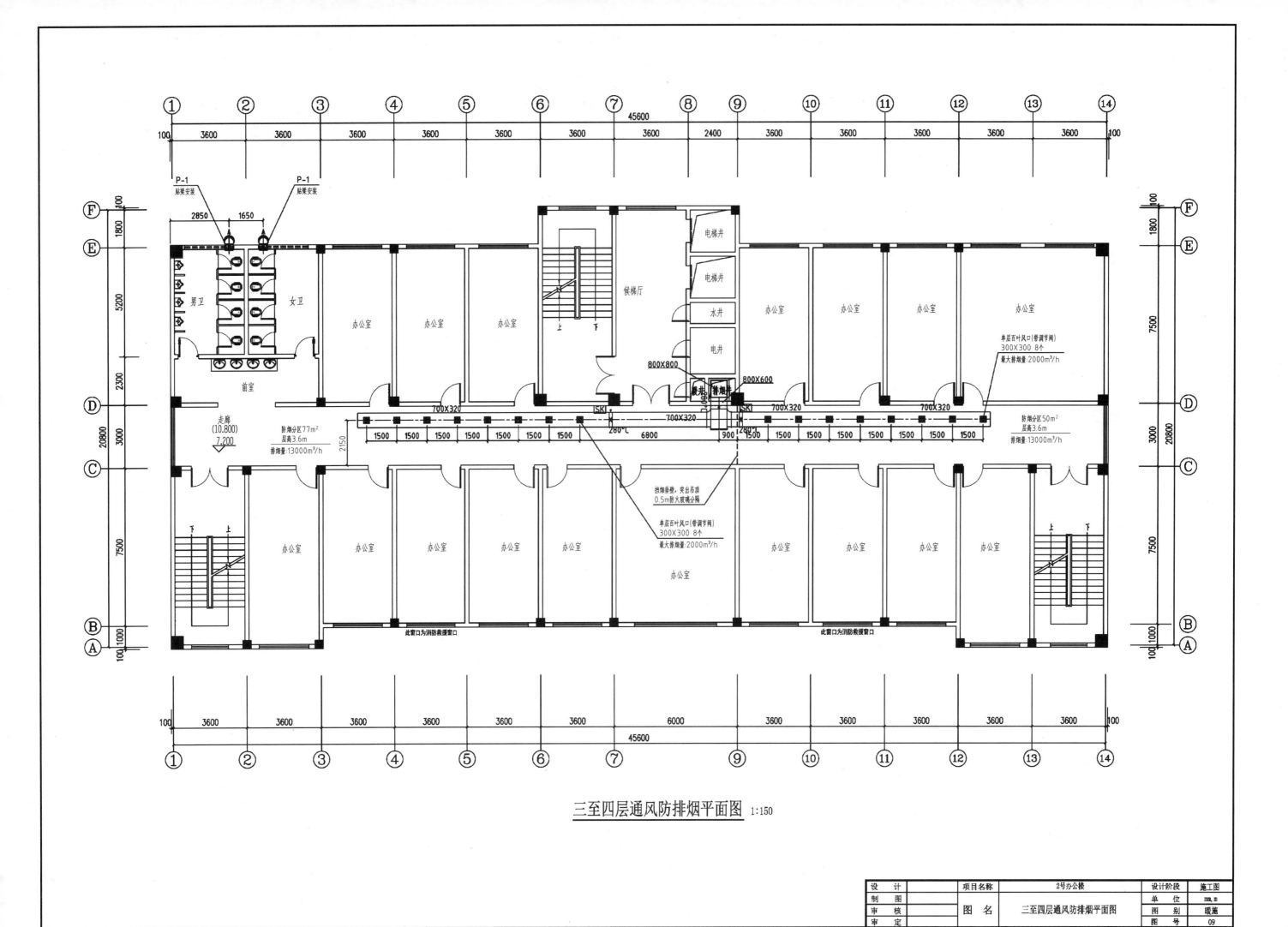

三至四层通风防排烟平面图 1:150

设 计		项目名称	2号办公楼	设计阶段	施工图
制 图				单 位	mm, m
审 核		图 名	三至四层通风防排烟平面图	图 别	暖施
审 定				图 号	09

49

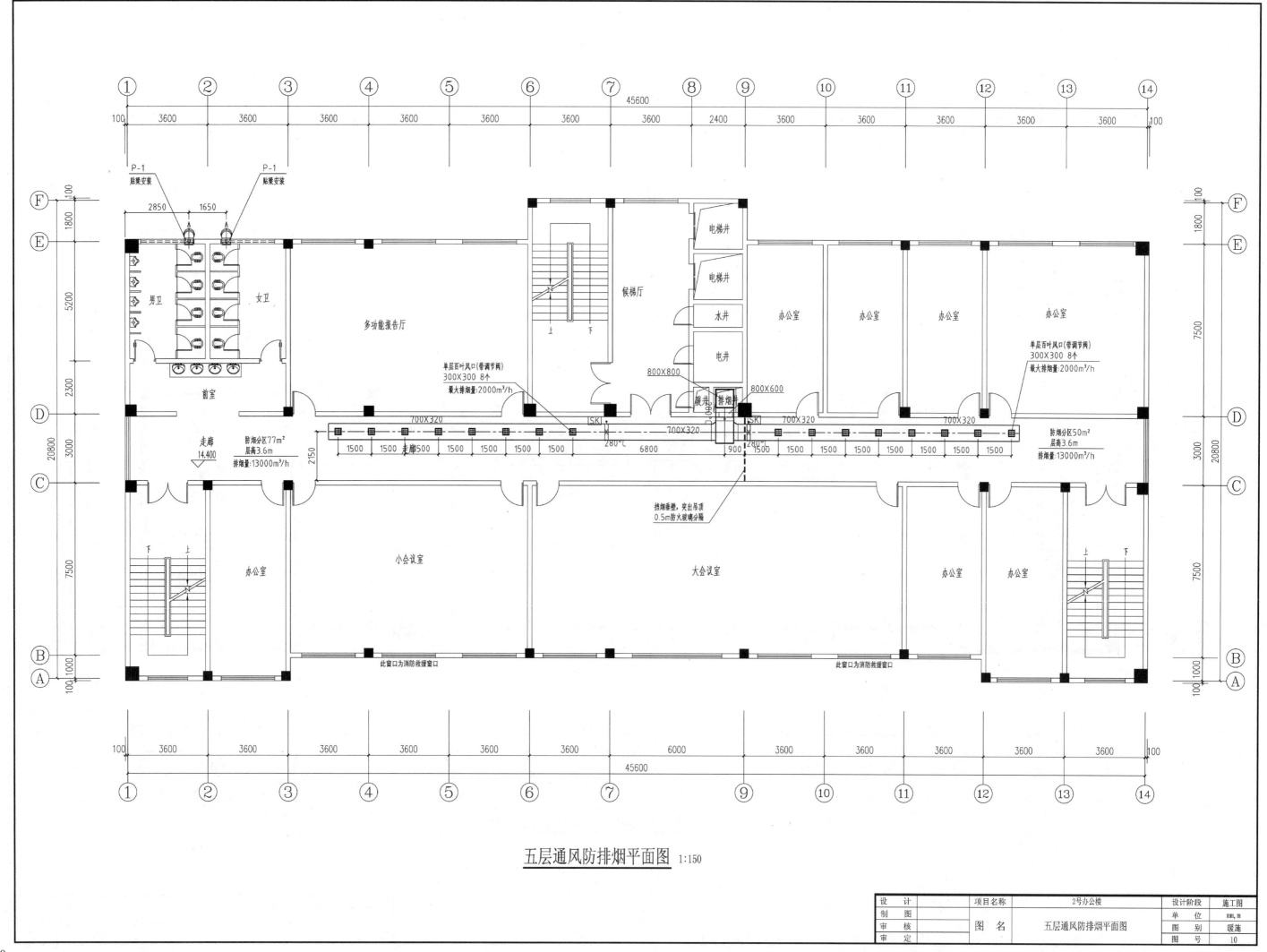

五层通风防排烟平面图 1:150

设 计		项目名称	2号办公楼	设计阶段	施工图
制 图				单 位	暖施
审 核		图 名	五层通风防排烟平面图	图 别	暖施
审 定				图 号	10

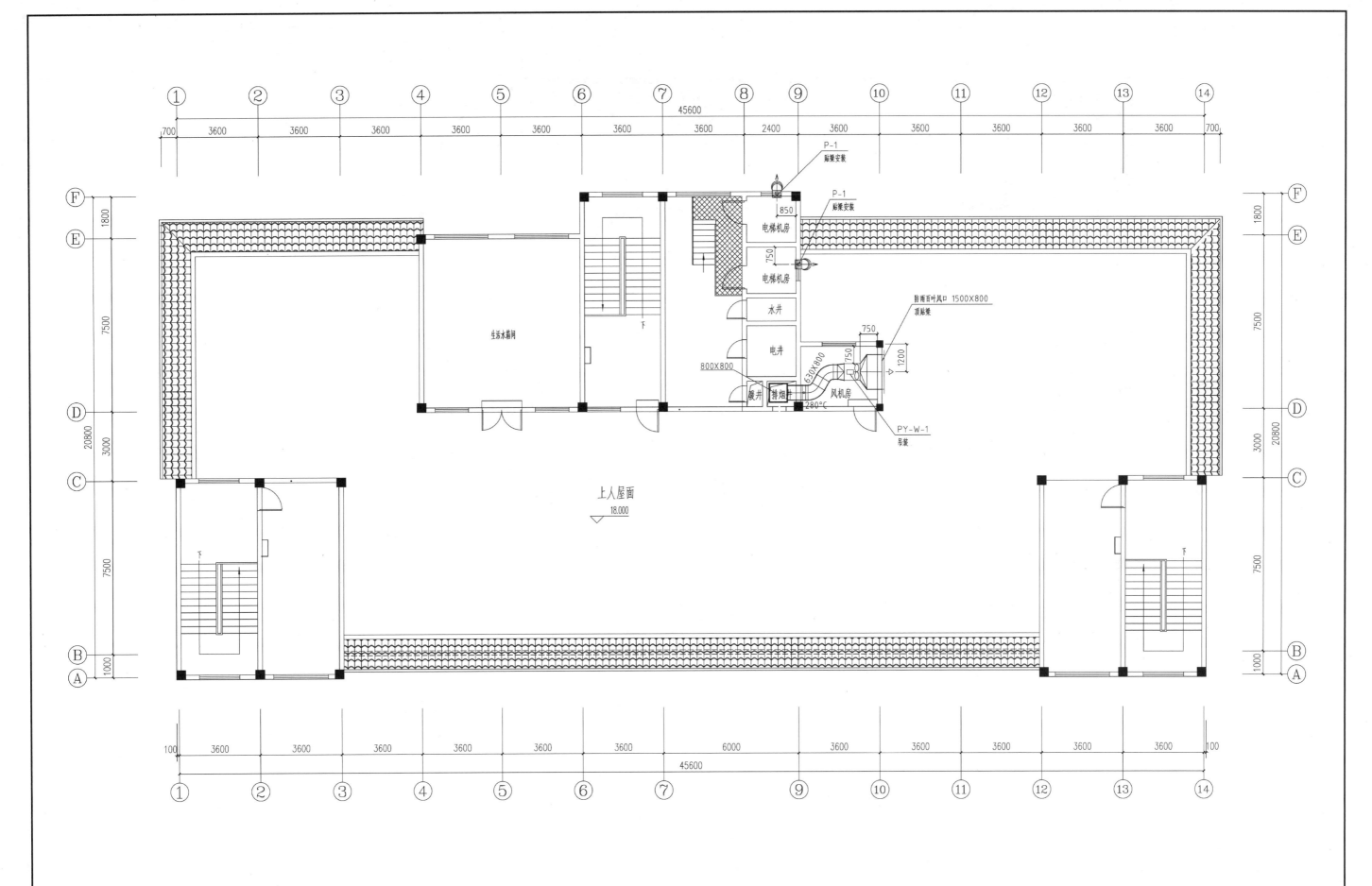

屋面层通风防排烟平面图 1:150

设　计		项目名称	2号办公楼	设计阶段	施工图
制　图				单　位	mm, m
审　核		图　名	屋面层通风防排烟平面图	图　别	暖施
审　定				图　号	11

51

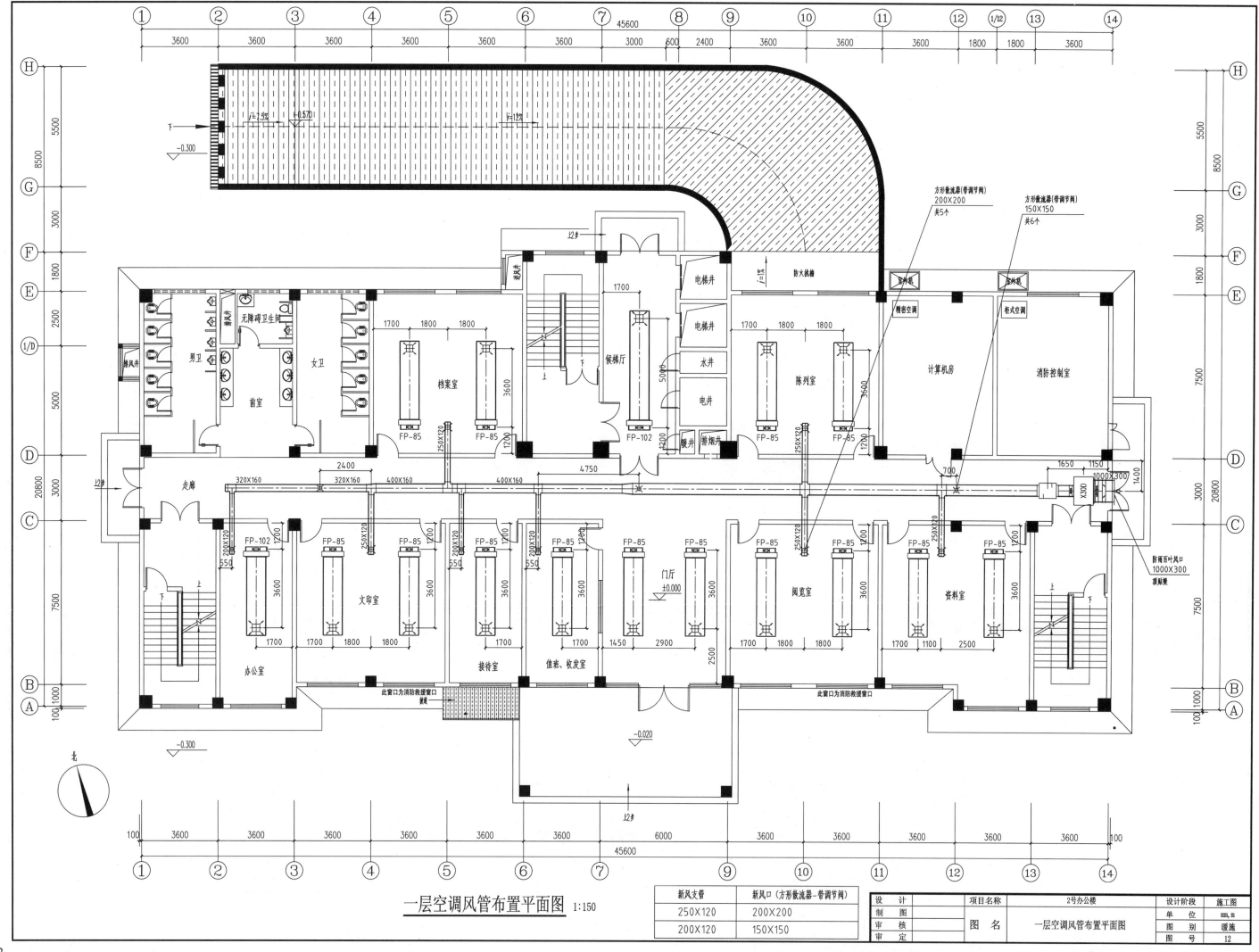

一层空调风管布置平面图 1:150

新风支管	新风口（方形散流器-带调节阀）
250×120	200×200
200×120	150×150

设 计		项目名称	2号办公楼	设计阶段	施工图
制 图				单 位	mm，m
审 核		图 名	一层空调风管布置平面图	图 别	暖施
审 定				图 号	12

52

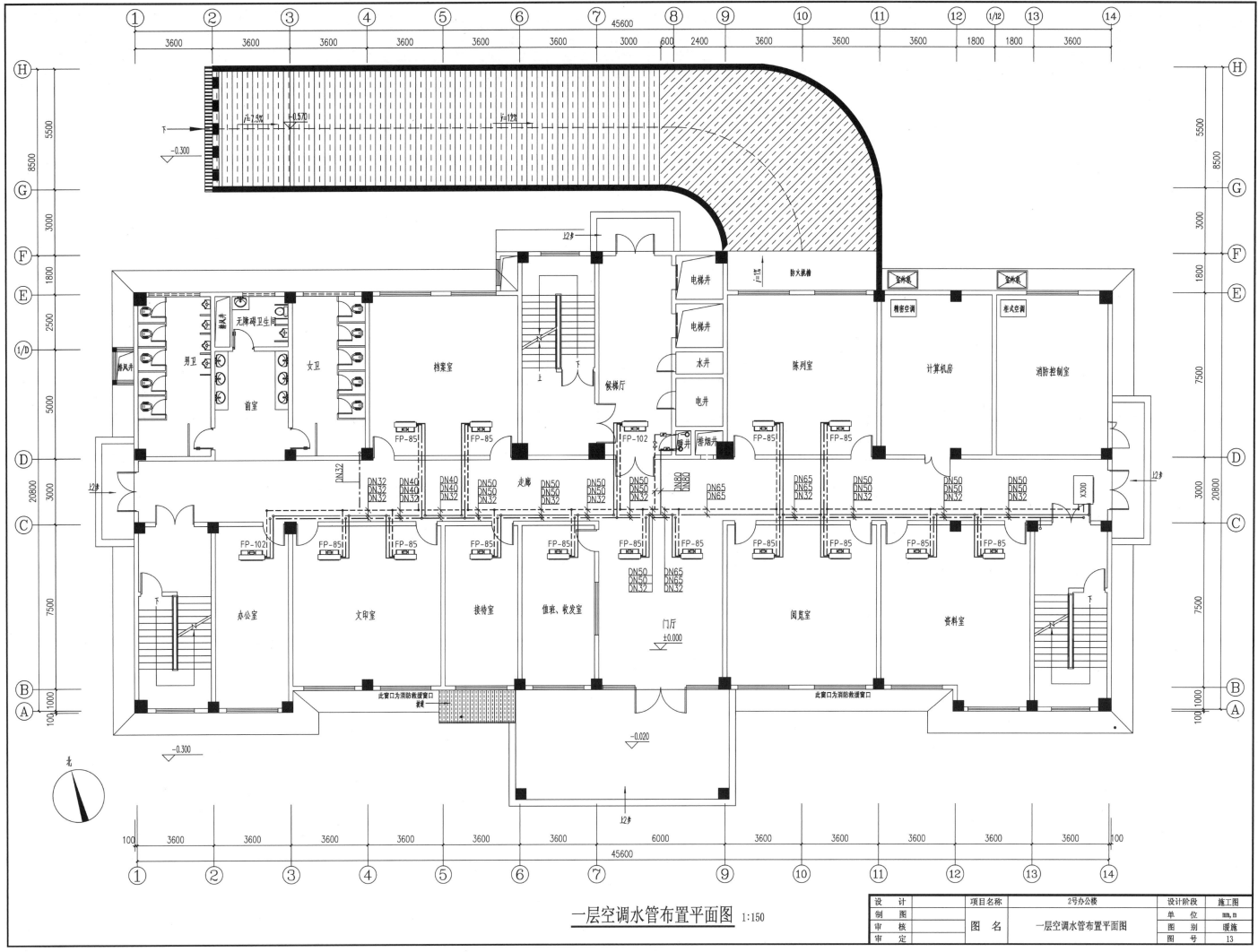

一层空调水管布置平面图 1:150

设 计		项目名称	2号办公楼	设计阶段	施工图
制 图				单 位	mm, m
审 核		图 名	一层空调水管布置平面图	图 别	暖施
审 定				图 号	13

53

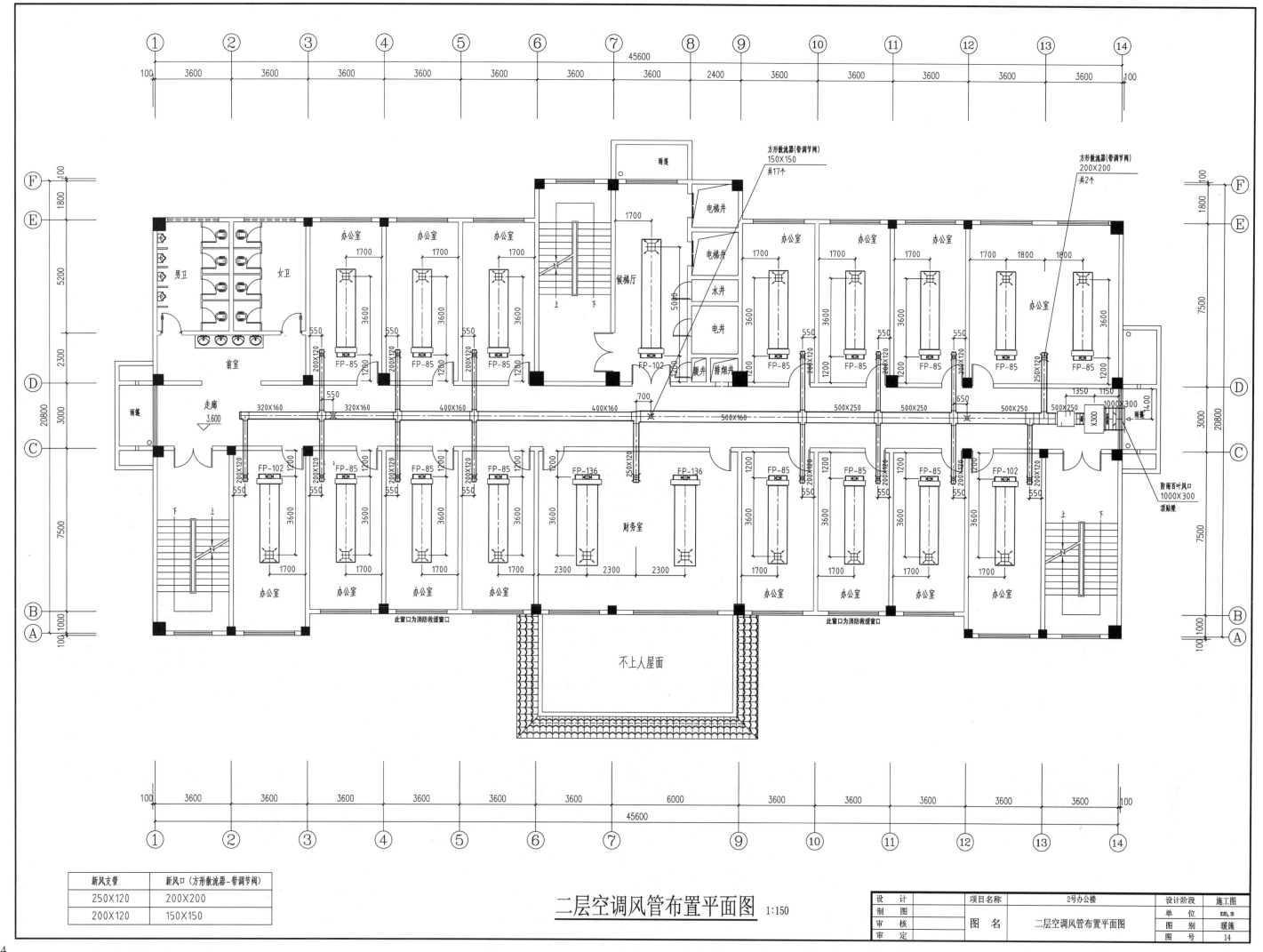

二层空调风管布置平面图 1:150

新风支管	新风口(方形散流器-带调节阀)
250×120	200×200
200×120	150×150

设 计		项目名称	2号办公楼	设计阶段	施工图
制 图				单 位	暖施
审 核		图 名	二层空调风管布置平面图	图 别	暖施
审 定				图 号	14

54

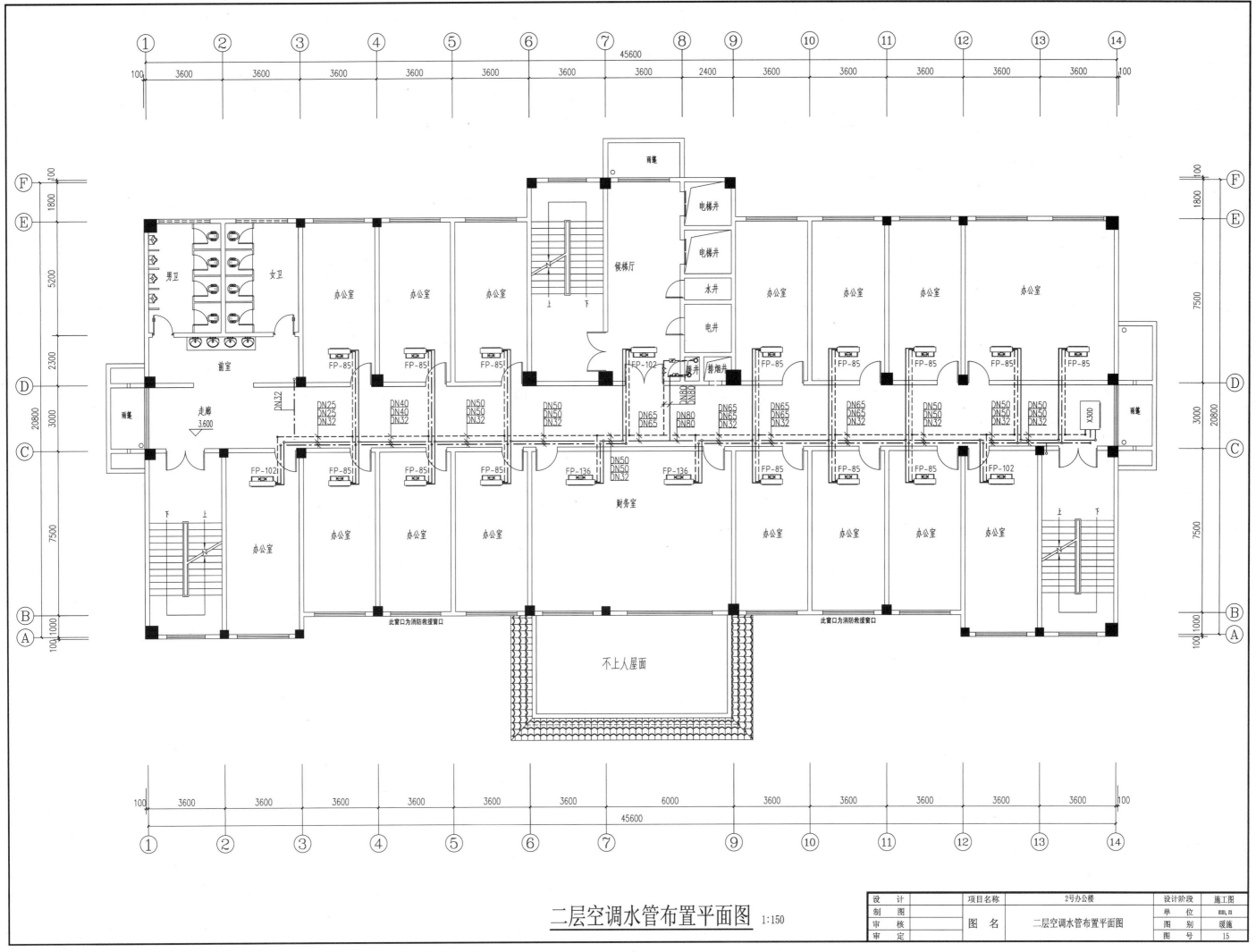

二层空调水管布置平面图 1:150

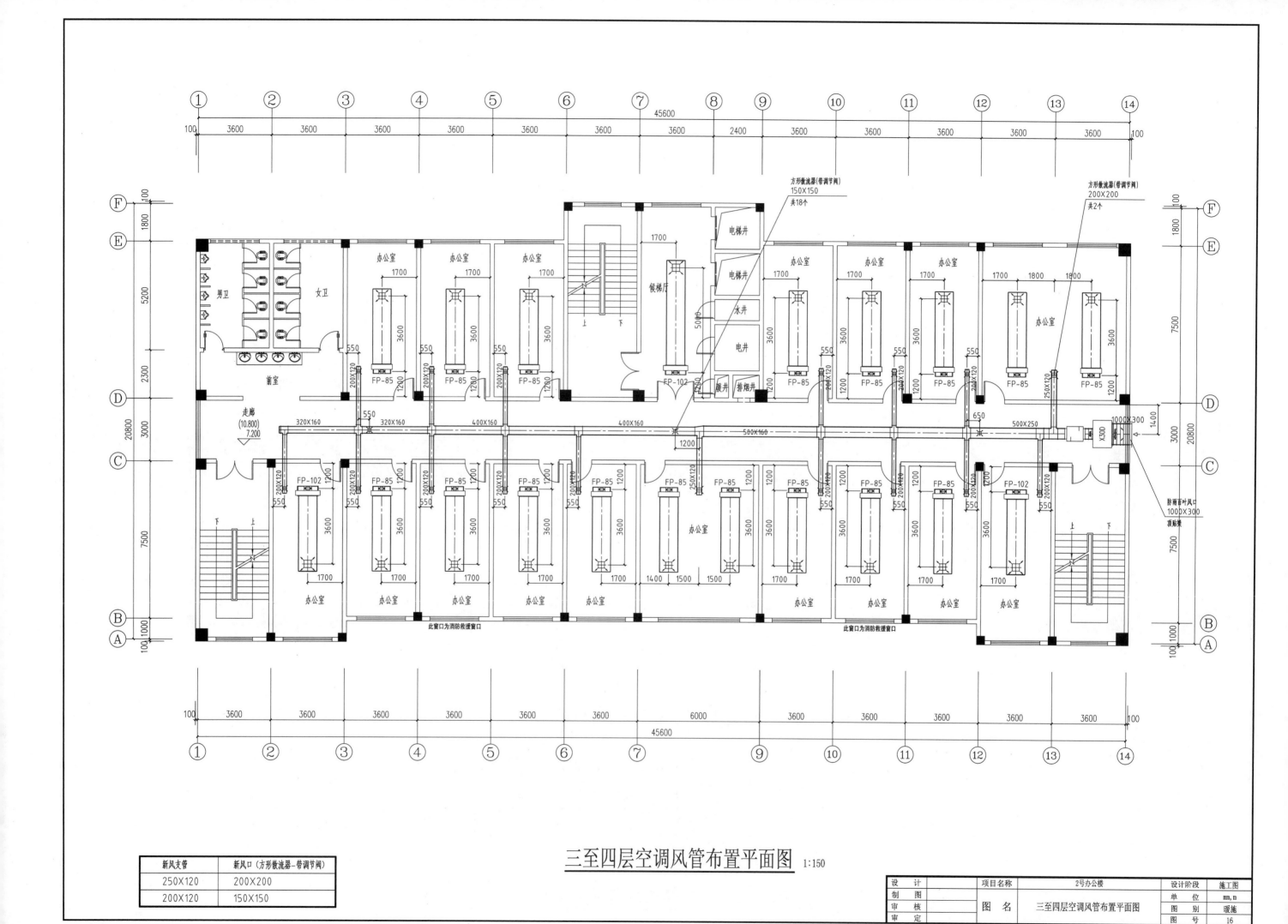

三至四层空调风管布置平面图 1:150

新风支管	新风口(方形散流器-带调节阀)
250X120	200X200
200X120	150X150

设　计		项目名称	2号办公楼	设计阶段	施工图
制　图				单　位	■■,■
审　核		图　名	三至四层空调风管布置平面图	图　别	暖施
审　定				图　号	16

56

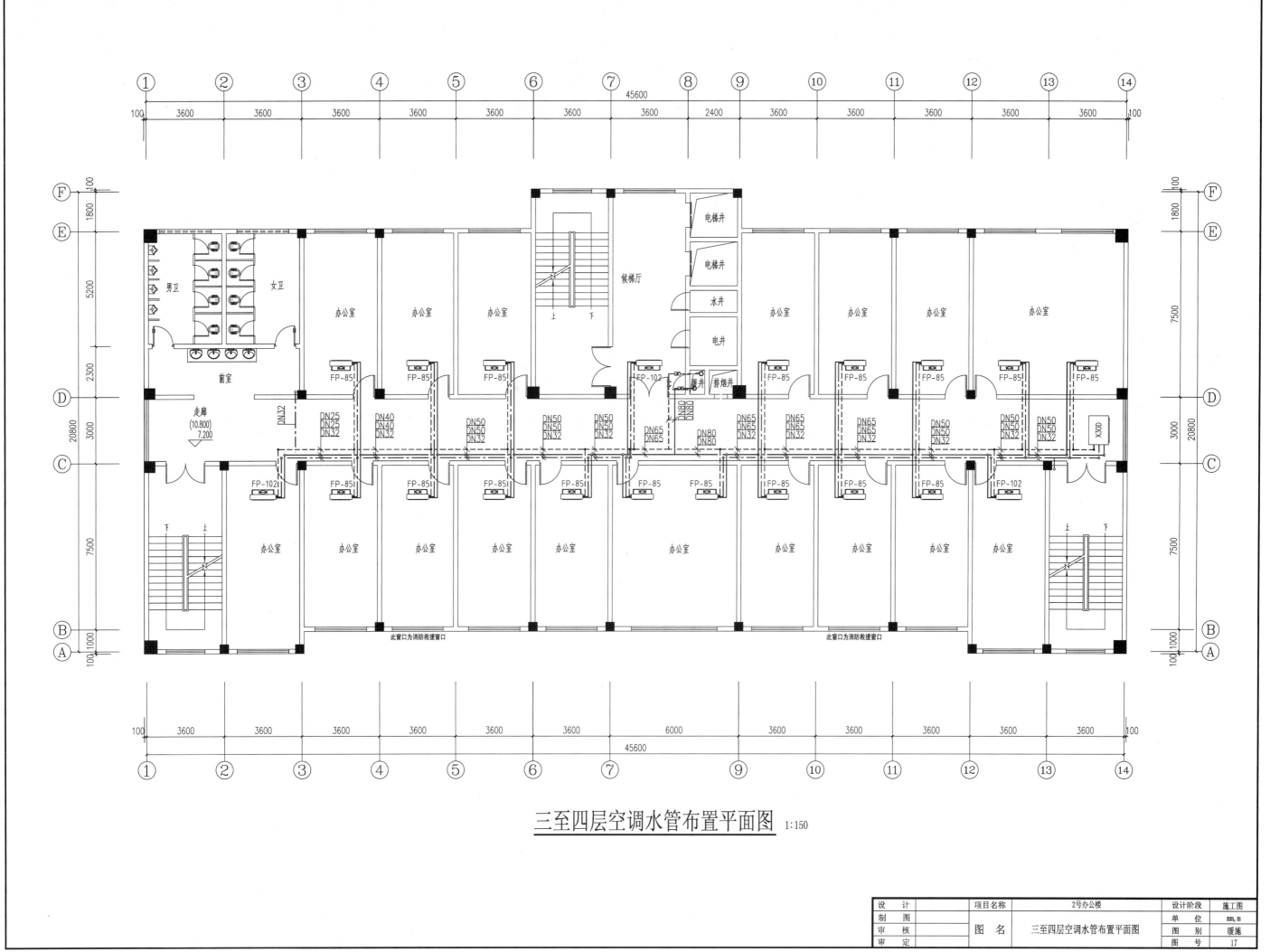

三至四层空调水管布置平面图 1:150

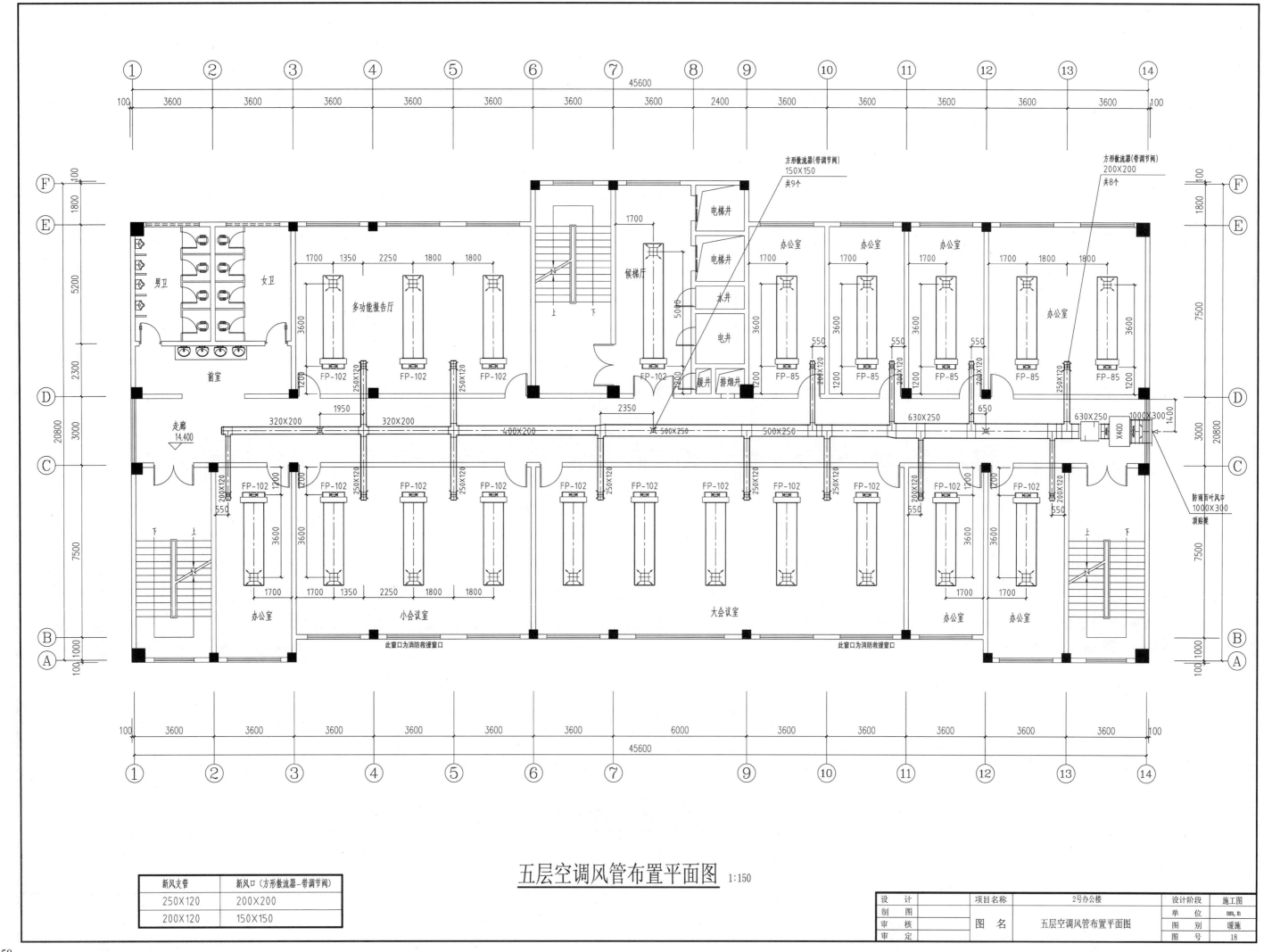

五层空调风管布置平面图 1:150

新风支管	新风口(方形散流器-带调节阀)
250×120	200×200
200×120	150×150

设　计		项目名称	2号办公楼	设计阶段	施工图
制　图				单　位	mm, m
审　核		图　名	五层空调风管布置平面图	图　别	暖施
审　定				图　号	18

58

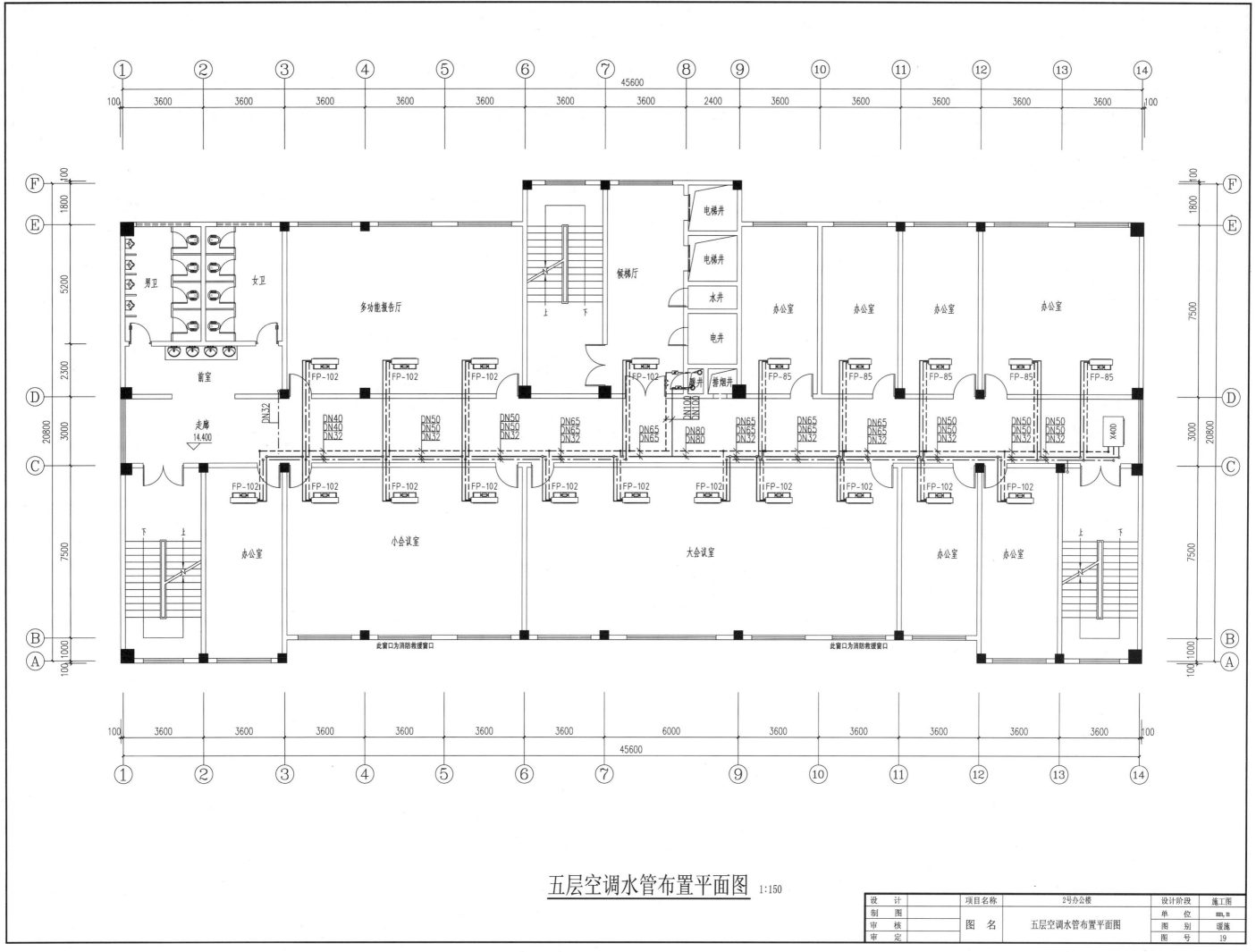

五层空调水管布置平面图 1:150

设 计		项目名称	2号办公楼	设计阶段	施工图
制 图				单 位	mm,m
审 核		图 名	五层空调水管布置平面图	图 别	暖施
审 定				图 号	19

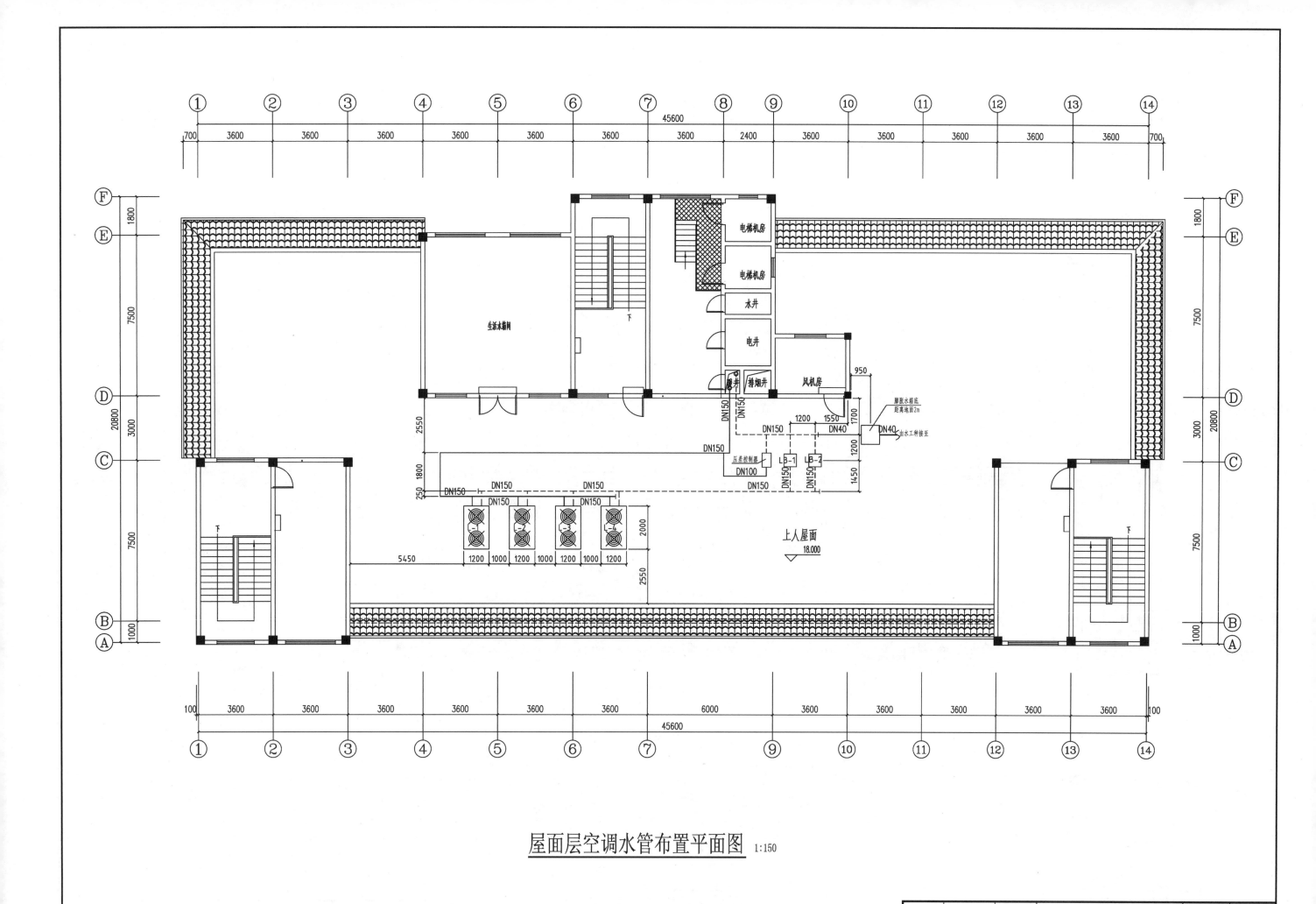

屋面层空调水管布置平面图 1:150

设　计		项目名称	2号办公楼	设计阶段	施工图
制　图				单　位	㎜,m
审　核		图　名	屋面层空调水管布置平面图	图　别	暖施
审　定				图　号	20

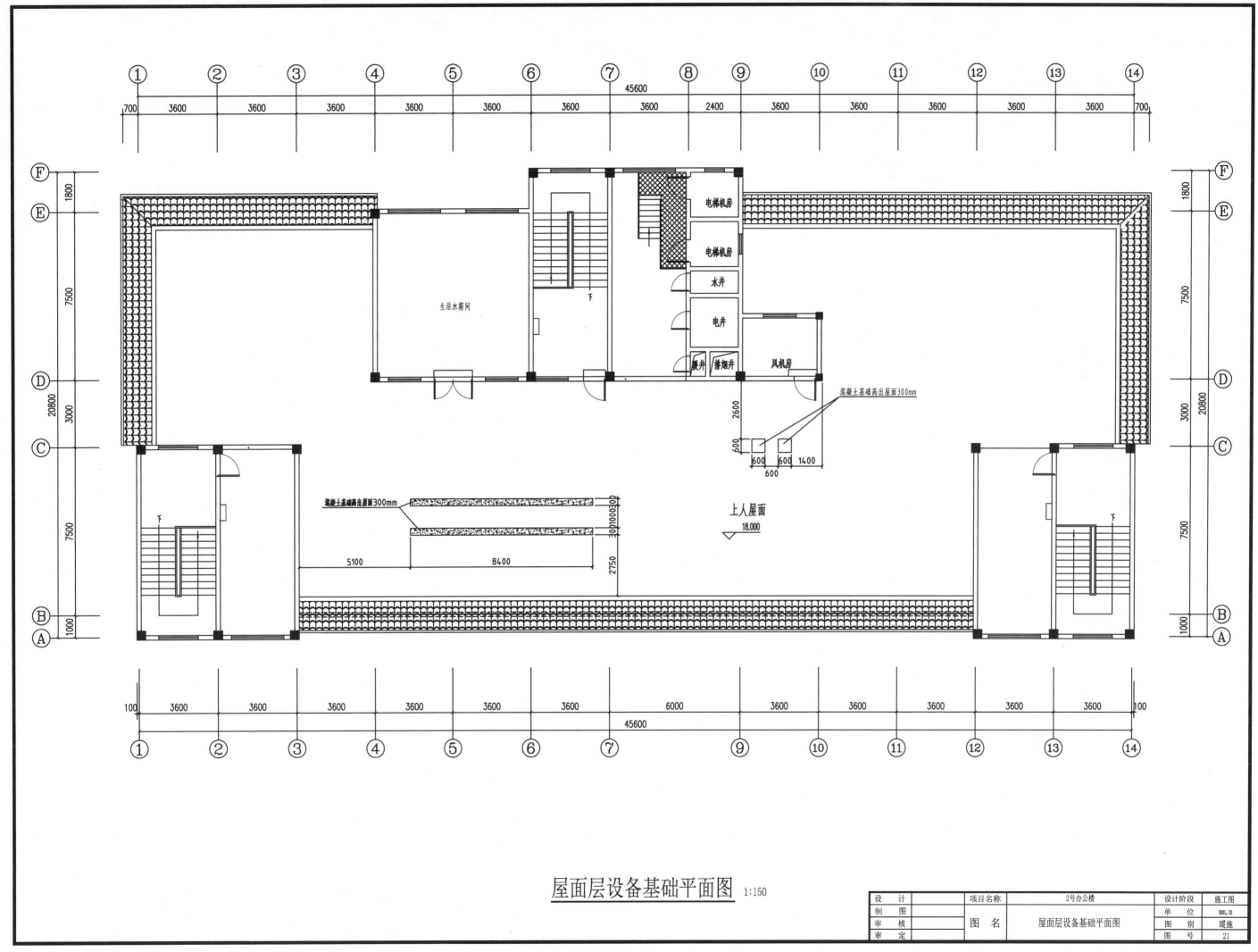

屋面层设备基础平面图 1:150

设 计		项目名称	2号办公楼	设计阶段	施工图
制 图				单 位	mm,m
审 核		图 名	屋面层设备基础平面图	图 别	暖施
审 定				图 号	21

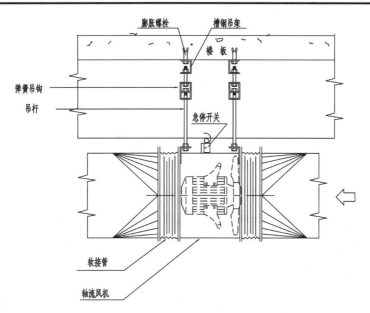

轴流风机安装详图

设备转速 RPM	设备质量 (kg/台)	支架规格		吊杆规格	吊架规格		膨胀螺栓	
							规格	个数
≥480	130~260	50x37x4.5	槽钢	ø10	50x37x4.5	槽钢	M12	4
≥480	230~460	50x37x4.5	槽钢	ø12	50x37x4.5	槽钢	M16	4
≥480	400~800	63x40x4.8	槽钢	ø16	63x40x4.8	槽钢	M16	4
≥480	700~1400	63x40x4.8	槽钢	ø16	63x40x4.8	槽钢	M16	4

说明:
1. 所有木框应涂沥青防虫防腐。
2. 所有支吊铁件应除锈后涂防锈漆两遍, 调和漆一遍。
3. 弹簧减振器应采用合适产品, 设备到货后应提供设备重量及转速, 做进一步核实。

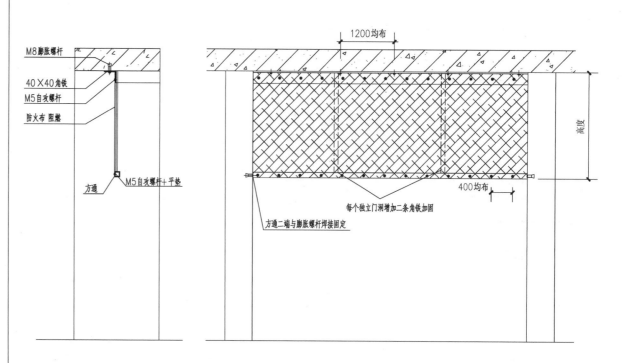

挡烟垂壁安装示意图

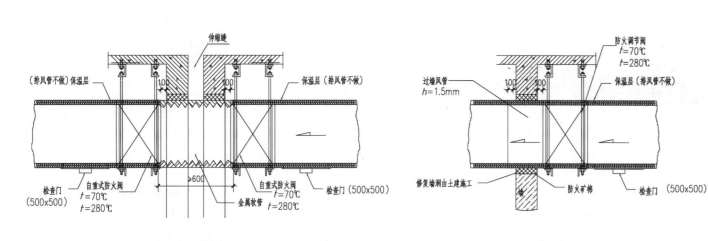

穿伸缩缝风管防火阀安装图　　　**穿墙风管(连防火调节阀)安装图**

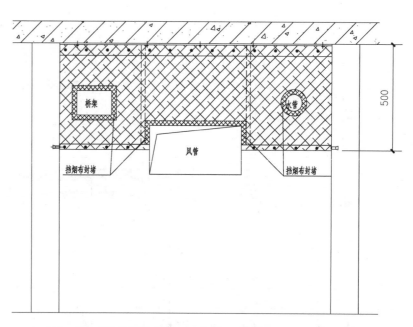

注: 风管、水管、桥架遇到需穿越挡烟垂壁时直穿, 洞口应用防火板或挡烟布等封堵。

风管、水管、桥架穿挡烟垂壁做法示意图

安装示意图(一)

设　计		项目名称	2号办公楼	设计阶段	施工图
制　图				单　位	mm, m
审　核		图　名	安装示意图(一)	图　别	暖施
审　定				图　号	22

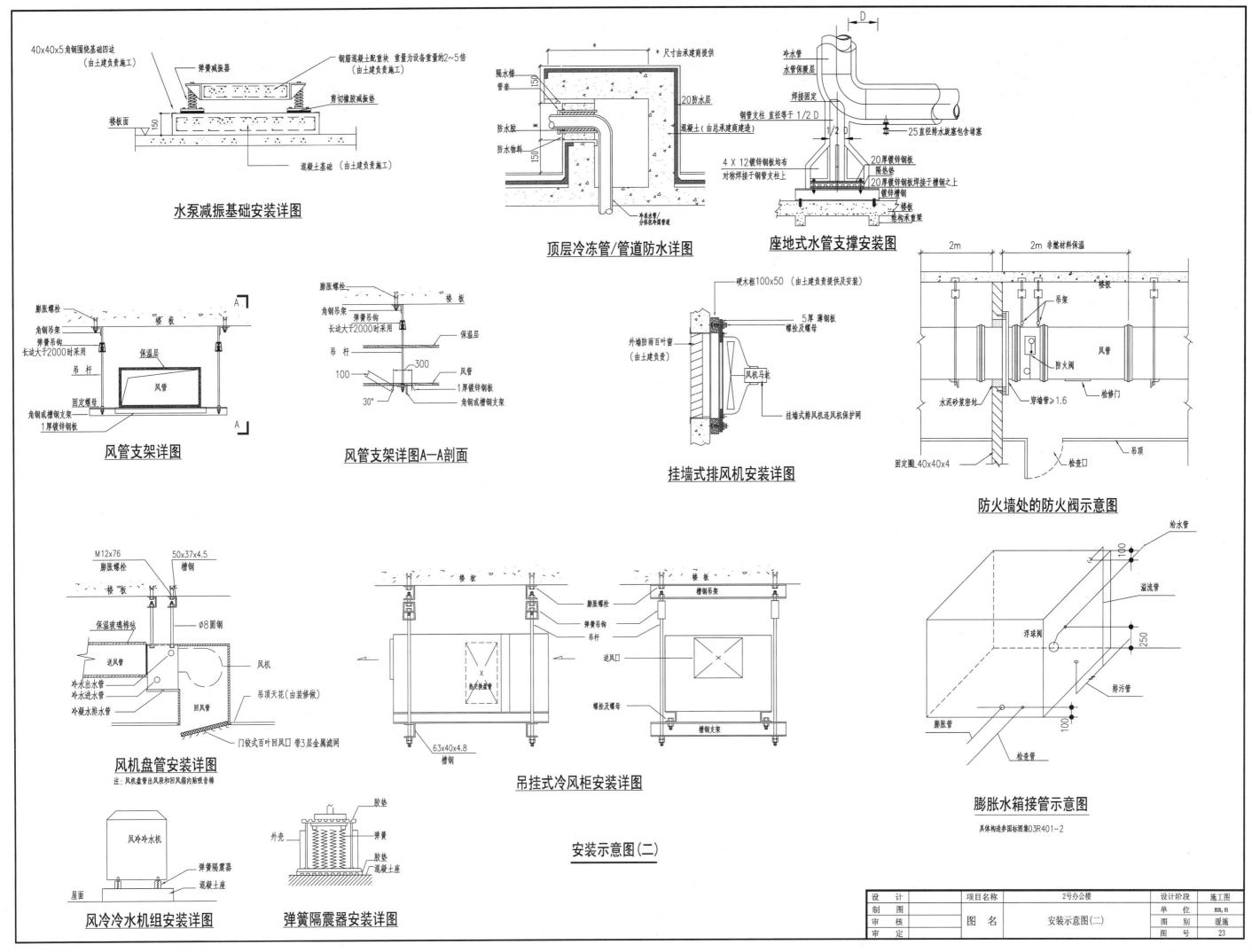

水泵减振基础安装详图

顶层冷冻管/管道防水详图

座地式水管支撑安装图

风管支架详图

风管支架详图A—A剖面

挂墙式排风机安装详图

防火墙处的防火阀示意图

风机盘管安装详图
注：风机盘管出风段和回风箱内贴吸音棉

吊挂式冷风柜安装详图

膨胀水箱接管示意图
具体构造参国标图集03R401-2

风冷冷水机组安装详图

弹簧隔震器安装详图

安装示意图(二)

设　计		项目名称	2号办公楼	设计阶段	施工图
制　图				单　位	mm,m
审　核		图　名	安装示意图(二)	图　别	暖施
审　定				图　号	23

63

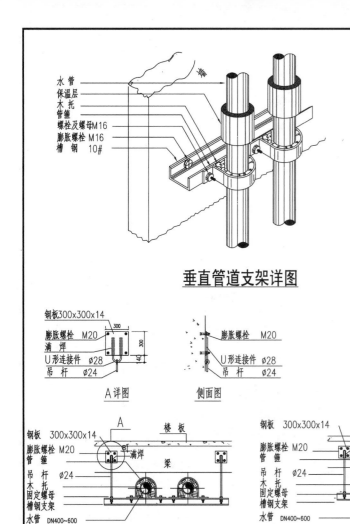

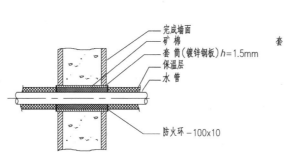

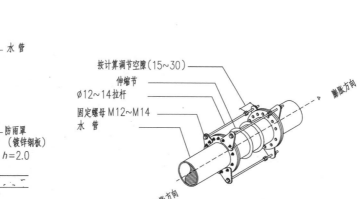

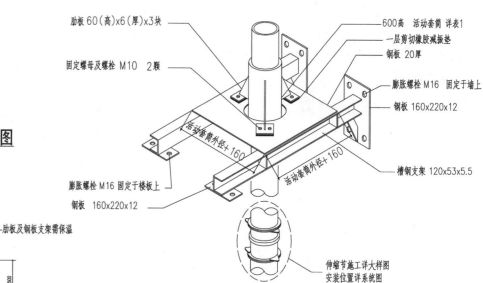

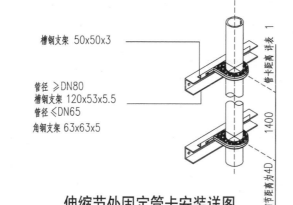

垂直管道支架详图

水管穿墙详图

水管穿楼板详图

制冷机房水管地面支架详图

制冷机房水管支架

制冷机房沿柱或剪力墙边水管支架

水管穿屋面施工详图

立式/水平式伸缩节安装图

活动支架安装详图

水管支架 详表2

伸缩节处固定管卡安装详图

固定管卡安装详图

说明：
固定管卡安装位置应现场定，
一般间距为 20~35。

说明：
1. 所有木框应涂沥青防虫防腐。
2. 所有支吊架件应除锈后涂防锈漆两遍，调和漆一遍。
3. 其他吊装方法详图集S161。

表1　垂直管管卡间距及活动套筒规格

水管直径	最大管卡间距	套筒规格 保温	套筒规格 不保温	水管直径	最大管卡间距	套筒规格 保温	套筒规格 不保温
DN15	1.8m			DN150	4.3m	D325x8	D219x6
DN20	2.1m			DN200	4.6m	D377x9	D273x7
DN25	2.4m			DN250	5.0m	D426x9	D325x8
DN40	2.7m			DN300	5.2m	D478x9	D377x9
DN50	3.0m	D168x5	D76x4	DN350	5.5m	D529x9	D426x9
DN65	3.4m	D219x6	D89x4	DN400	5.5m	D630x10	D478x9
DN80	3.4m	D273x8	D108x4	DN500	5.5m	D720x10	D720x9
DN100	3.7m	D273x8	D133x4				
DN125	4.0m	D325x8	D159x5				

表2　水平安装水管管箍及支架一览表

水管直径	支架距离(m)	支架规格		管箍（扁钢）	管箍（圆钢）	吊杆规格	膨胀螺栓 规格	膨胀螺栓 个数	吊架规格
DN20~25	2	25x25x3	角钢	−25x4	φ8	φ10	M12	2	80x43x5 槽钢
DN32~40	3	40x40x4	角钢	−30x4	φ8	φ10	M12	2	80x43x5 槽钢
DN50~100	3	40x40x4	角钢	−40x4	φ12	φ12	M16	2	80x43x5 槽钢
DN125~150	3.5	50x50x5	角钢	−50x6	φ14	φ14	M16	2	100x48x5.3 槽钢
DN200~350	3.5	100x63x8	角钢	−60x8	φ16	φ20	M16	2	160x63x6.5 槽钢
DN400~500	3.5	180x70x9	槽钢	−80x10	φ20	φ20	M16	8	

安装示意图(三)

设　计		项目名称	2号办公楼	设计阶段	施工图
制　图				单　位	mm，m
审　核		图　名	安装示意图(三)	图　别	暖施
审　定				图　号	24

第 1 页，共 1 页

建设单位				工程名称 xxx公司	2号办公楼	设计阶段 施工图		施工图	出图日期 2019.12	电气	工程号	电施1-目录	

页码	图号	图纸名称	图幅	页码	图号	图纸名称	图幅
66	电施1-01	电气施工设计总说明(一)	A3	93	电施1-28	二层插座平面图	A3
67	电施1-02	电气施工设计总说明(二)	A3	94	电施1-29	三至四层插座平面图	A3
68	电施1-03	电气设备材料表　高压配电系统图	A3	95	电施1-30	五层插座平面图	A3
69	电施1-04	低压配电系统图(一)	A3	96	电施1-31	屋面层插座平面图	A3
70	电施1-05	低压配电系统图(二)	A3	97	电施1-32	地下一层动力平面图	A3
71	电施1-06	低压配电系统图(三)	A3	98	电施1-33	一层动力平面图	A3
72	电施1-07	低压配电系统图(四)	A3	99	电施1-34	二层动力平面图	A3
73	电施1-08	配电房接线平面图	A3	100	电施1-35	三至四层动力平面图	A3
74	电施1-09	配电房大样图	A3	101	电施1-36	五层动力平面图	A3
75	电施1-10	配电干线图	A3	102	电施1-37	屋面层动力平面图	A3
76	电施1-11	配电系统图(一)	A3	103	电施1-38	屋顶动力平面图	A3
77	电施1-12	配电系统图(二)	A3				
78	电施1-13	配电系统图(三)	A3				
79	电施1-14	配电系统图(四)	A3				
80	电施1-15	配电系统图(五)	A3				
81	电施1-16	配电系统图(六)	A3				
82	电施1-17	配电系统图(七)	A3				
83	电施1-18	配电系统图(八)	A3				
84	电施1-19	配电系统图(九)	A3				
85	电施1-20	地下一层照明平面图	A3				
86	电施1-21	一层照明平面图	A3				
87	电施1-22	二层照明平面图	A3				
88	电施1-23	三至四层照明平面图	A3				
89	电施1-24	五层照明平面图	A3				
90	电施1-25	屋面层照明平面图	A3				
91	电施1-26	地下一层插座平面图	A3				
92	电施1-27	一层插座平面图	A3				

一、工程概况

本工程为2号办公楼,用地位于南方xx市,总建筑面积5672m²,其中:地上面积为4643m²,地下室面积为1029m²。本工程地下1层,地上1~5层为办公,局部6层为出屋面楼梯间、电梯机房及设备用房,建筑高度为18.3m,地下部分为车库、设备房。

二、设计依据

国家现行有关电气设计规范及地区性规定:

(1)建筑设计防火规范 GB 50016—2014(2018年版)

(2)民用建筑电气设计标准(GB 51348—2019)

(3)汽车库、修车库、停车场设计防火规范(GB 50067—2014)

(4)供配电系统设计规范(GB 50052—2009)

(5)低压配电设计规范(GB 50054—2011)

(6)建筑物防雷设计规范(GB 50057—2010)

(7)建筑照明设计标准(GB 50034—2013)

(8)火灾自动报警系统设计规范(GB 50116—2013)

(9)公共建筑节能设计标准(GB 50189—2015)

三、设计范围

(1)电气施工设计总说明及变配电系统(电施1—图册)

(2)消防电气系统(电施2—图册)

(3)防雷接地(电施3—图册)

四、供配电系统

1. 负荷等级

本工程为I类地下停车库,其中消防设备(消防泵、喷淋泵、防排烟风机等)、生活供水设备、消防排污泵、消防值班室、计算机房、安防用电、应急照明、主要通道疏散照明等均为二级负荷。

2. 负荷计算

(1)三级负荷 268.32kW。

(2)二级负荷 195.02kW。

3. 本工程由市电引来一路10kV电源。

4. 变配电系统

(1)高压配电系统

①变配所10kV母线为单母线分段接线,10kV配电设备采用金属铠装手车式开关柜,高压短路器采用真空开关器。真空断路器采用弹簧储能操作机构,操作电源采用交流220V。

②继电保护及信号装置的设置:本工程10kV电源系统中性点不接地系统。10kV进出线的继电保护采用综合保护继电器实现,进线设过流及速断保护。变压器设过流、速断及高温报警,超高温跳闸保护。

③电能计量:本工程采用高压计量方式,在变电所内设高压计量柜;动力设备用电采用低压计量,设低压计量柜。

(2)变压器的选择

①本工程总变压器容量为400kV·A。在地下室设置配电房,内设一台400kV·A干式变压器供所有负荷用电。

②变压器选用Dyn11型环氧树脂浇注干式变压器柜,外壳防护等级IP20,带强迫风冷。

(3)低压配电系统

①低压采用单母线分段接线,低压配电装置采用抽出式低压开关柜。

②低压主进断路器设过载长延时、短路短延时保护,联络断路器设过载长延时、短路短延时、短路瞬时保护。其他低压出线断路器设过载长延时、短路瞬时脱扣器。

③本工程在变配电所低压侧设功率因数集中自动补偿装置,电容器采用自动循环投切方式,要求补偿后的功率因数不小于0.9。要求所有LED灯,气体放电灯均在就地加高效高品质节能型电感镇流器和就地补偿电容,补偿后的功率因数不小于0.9。

(4)自备柴油发电机系统

为保证二级负荷用电,本设计在地下室设发电机房,内设一柴油发电机组103kW(常用)/116kW(备用)作为应急电源。

五、动力配电及控制

①本工程低压配电系统采用放射式与树干式相结合的方式。对于大容量负荷或重要负荷如:冷冻站、水泵房、电梯机房、消防值班室、等采用放射式供电;对于一般负荷采用树干式与放射式相结合的供电方式。

②消防负荷及重要负荷:消防水泵、排烟风机、正压风机、消防电梯、消防中心、生活水泵、排水泵、弱电机房、客梯电力等采用双电源供电并在末端互投。

六、照明配电系统

①照明配电按楼层及防火分区划分,每个防火分区设专用公共照明配电箱及应急照明箱。

②商铺、商场按规范要求预留足够电量及配电箱位置,待二次装修时做深化设计。

③照明采用放射式及树干式相结合的供电方式。

④应急照明:本工程在地下室、主楼每三层设应急照明箱;采用双电源在竖井内敷设,树干-放射式供电并在末端自投。

⑤按规范要求设置自带蓄电池的出口指示灯、疏散指示灯,要求其连续供电时间大于30min。

⑥室外照明预留电源,具体设计由专业公司负责。

七、电气节能及环保措施

①照明节能控制:本工程照明依据《建筑照明设计标准》GB 50034—2013版进行设计,尽量采用高效节能型LED灯和其他节能型光源,灯具大部分采用一灯几控方式,楼梯等场所灯具采用声光定时节能开关控制,要求甲方进行二次装修时在照明光源、容量配置上应严格执行上述国家标准,具体如下表所示:

序号	场所	照度标准值 (lx)	功率密度值 (W/m²)	显色指数 Ra	备注
01	走道,门厅	100	≤3.5	≥80	
02	水泵房	100	≤3.5	≥60	
03	风机房	100	≤3.5	≥60	a.需二次装修的场所在照度满足标准值的情况下,功率密度值不应大于国家规范要求标准值;
04	办公室	300	≤8	≥80	b.需二次装修的场所所选用的灯具的显色指数Ra均应满足本表值;
05	会议室	300	≤8	≥80	
06	阅览室	300	≤8	≥80	c.本工程所选的LED灯均为三基色LED灯,均配高效高品质节能型电感镇流器。
07	消防控制室	300	≤8	≥80	
08	计算机房	500	≤13.5	≥80	

②设备节能控制:本工程采用低能耗的干式电力变压器以减少电能损耗,备用柴油发电机组设于地下室,选低噪声设备,并在设计安装中采取消音、减振措施,机房内采用吸音材料及隔音门窗,使噪声控制在国家规定的标准范围内。

③配电节能控制:本工程除消防设备用电配电箱以外,所有配电箱、控制箱均预留智能控制接口,以便于满足节能经济考核指标控制要求。

④分类计量节能控制:本工程对风机、水泵、电梯、公共照明、空调及信息中心机房等用电进行分类设计计量电度表,以便于控制节能经济考核指标。

八、设备安装

①变压器选用SCB10干式变压器,带强制风冷系统,并设温度监测及报警装置,并配有防护等级不低于IP20的金属保护罩,施工时金属外壳应可靠接地。干式变压器的安装参照国标图集99D201—2的相关规定及生产厂家提供的样本进行施工。

②高压开关柜选用KYN型手车式开关柜;直流屏采用免维护铅酸电池组成套柜,信号屏与之配套;低压开关柜采用MNS(BWL3)抽出式,母线选密集型铜母线(4+1);其安装参照国标图集17D201—4的相关规定及生产厂家提供的样本说明安装。

③自启动柴油发电机组参照国标图集15D202相关规定及生产厂家提供的样本说明安装。由厂家配套提供相应的消音装置及减振装置(此部分未在平面图中表示)。

④配电室、机房、竖井内的照明配电箱、控制箱均为明装,其余为暗装。应急照明配电箱箱体、消防专用配电箱均应设明显标志,并做防水处理。

九、电缆导线的选型及敷设

①10kV电源电缆由供电部门决定,高压电缆选用YJV22铜芯电力电缆。

②低压电缆,一般负荷选用交联电缆。消防负荷选用交联耐火电缆。

③电缆桥架均采用防火涂封闭式电缆桥架。电缆敷设于桥架上,敷设在同一桥架内的一、二级负荷的双电源用隔板分开。

④双电源互投输出线选用铜芯导线或电缆,至污水泵出线选用防水电缆,穿SC管暗敷;其余支线出线均采用WDZ—YJ—450V/750V导线。

⑤普通控制线选KVV电缆,消防控制线为NHKVV型。

⑥所有暗敷的消防管线,保护层的厚度均应大于30mm;明敷时应涂防火涂料保护。

⑦火灾时使用的所有应急照明的线路,采用耐火型电缆(WDZN—YJV—1KV)或导线(WDZN—BYJ)。

设 计		项目名称	2号办公楼	设计阶段	施工图
制 图				单 位	mm,m
审 核		图 名	电气施工设计总说明(一)	图 别	电气
审 定				图 号	电施1—01

电气施工设计总说明(二)

十、应急照明

1.本项目消防应急照明和疏散指示系统按照集中控制型系统进行设计。应急照明控制器设置在消控室内。建筑内消防应急照明和灯光疏散指示标志灯的电源为市政电源＋柴油发电机电源＋集中电源蓄电池组。应急照明配电箱及应急照明集中电源的额定输出电压值不大于DC36V；应急照明控制器、应急照明集中电源、应急照明配电箱及消防疏散指示标志和消防应急照明灯具应符合现行国家标准《消防安全标志》GB 13495和《消防应急照明和疏散指示系统》GB 17945的相关规定。采用蓄电池作为疏散照明的备用电源时，在非点亮状态下，不得中断蓄电池的充电电源。疏散照明应在消防控制室集中手动、自动控制。不得利用切断消防电源的方式直接强启疏散照明灯。

(1)灯具的选择

①本子项选用节能光源的A型灯具。消防应急照明灯具的光源色温不低于2700K；

②灯具的蓄电池电源宜优先选用安全性高、不含重金属等对环境有害物质的蓄电池。

③灯具面板和灯罩材料应符合下列规定：

a.除地面上设置的标志灯的面板可以采用厚度4mm及以上的钢化玻璃外，设置在距地面1m及以下的标志灯的面板或灯罩不应采用易碎材料或玻璃材质；

b.在顶棚、疏散路径上方设置的灯具的面板或灯罩不应采用玻璃材质。

(2)消防应急(疏散)照明灯应设置在墙面或顶棚上，设置在顶棚上的疏散照明灯不应采用嵌入式安装方式。灯具选择、安装位置及灯具间距以满足地面水平最低照度为准；疏散走道、楼梯间的地面水平最低照度，按中心线对称50%的走廊宽度为准；大面积场所疏散走道的地面水平最低照度，按中心线对称疏散走道宽度均匀满足50%范围为准。

(3)疏散指示标志灯在顶棚安装时，不应采用嵌入式安装方式。安全出口标志灯，应安装在疏散口的内侧上方，底边距地不宜低于2.0m；疏散走道的疏散指示标志灯具，应在走道及转角处离地面1.0m以下墙面上、柱上或地面上设置，采用顶装方式时，底边距地宜为2.0～2.5m。设在墙面上、柱上的疏散指示标志灯具间距在直行段为垂直视觉时不应大于20m，侧向视觉时不应大于10m；对于袋形走道，不应大于10m。交叉通道及转角处宜在正对疏散走道的中心的垂直视觉范围内安装，在转角处安装时距角边不应大于1m。

(4)标志灯应选择持续型灯具。

(5)火灾状态下，灯具光源应急点亮、熄灭的相应时间不应大于5s；

(6)蓄电池组达到使用寿命周期后标称的剩余容量应保证持续放电时间不小于1.5h，其中在非火灾状态下，系统主电源断电后，灯具持续应急点亮时间不大于0.5h(点亮时间达到0.5h后，应自动熄灭)，保证系统启动后，在蓄电池电源供电时的持续工作时间不应少于1.0h。初装容量应满足GB17945等国家现行规范的规定。

(7)火灾时，火灾自动报警系统强制点亮疏散照明，疏散照明灯具所选用的开关具有消防强启功能。

(8)本子项在楼梯间及其前室、消防电梯间的前室或合用前室、走道、高低压配电房、消防控制室、柴油发电机房等处设置疏散照明，楼梯间每层设置指示该楼层的楼层标志灯。照度要求为：疏散走道、高低压配电房、消防控制室、柴油发电机房不低于1.0lx，楼梯间、前室或合用前室不低于5.0lx，地下室不低于3lx。在高压配电房、低压配电房、柴油发电机房、消防泵房、消防风机房、消防控制室等火灾时仍需正常工作的消防设备房设置备用照明，其作业面的最低照度不低于正常照明的照度。

(9)本子项在安全出口的正上方，疏散走道及其转角处等场所设置方向标志灯。疏散走道及其转角处设置的疏散指示标志灯具位于距地面高度1.0m以下的墙面或地面上。方向标志灯箭头应按照疏散指示方案指向疏散方向，并导向安全出口。方向标志灯的标志面与疏散方向垂直时，灯具的设置间距不应大于20m；对于袋形走道，不大于10m；在走道转角区，不大于1.0m。

2.系统配电的设计

(1)系统配电根据系统的类型、灯具的设置部位、灯具的供电方式进行设计。灯具的电源由主电源和蓄电池电源组成。本子项采用集中电源供电方式，集中电源的额定输出电压不大于DC36V。灯具的供电与电源转换应符合下列规定：灯具的主电源和蓄电池电源应由集中电源提供，灯具主电源和蓄电池电源在集中电源内部实现输出转换后由同一配电回路为灯具供电；

(2)应急照明配电箱或集中电源的输入及输入回路中不应设置剩余电流动作保护器，输出回路严禁接入系统以外的开关装置、插座及其他负载。

(3)应急照明控制器及集中控制型通信系统

①本项目设置应急照明控制器。起集中控制功能的应急照明控制器设置在消防控制室内，其他应急照明控制器设置在电气竖井、配电间等场所。应急照明控制器的主电源由消防电源供电；控制器的自带蓄电池电源应至少使控制器在主电源中断后工作3h。应急照明控制器选择能接收火灾报警控制器或消防联动控制器干接点信号或DC24V信号接口的产品。应急照明控制器采用通信协议与消防联动控制器通信时，应选择与消防联动控制器的通信接口和通信协议的兼容性满足现行国家标准《火灾自动报警系统组件兼容性要求》GB22134有规定的产品。在电气竖井，选择防护等级不低于IP33的产品。控制器的蓄电池电源优先选用安全性高、不含重金属等对环境有害物质的蓄电池。

②任一台应急照明控制器直接控制灯具的总数量不应大于3200只。

③应急照明控制器的控制、显示功能应符合下列规定：

a.应能接收、显示、保持火灾报警控制器的火灾报警输出信号。具有两种及以上疏散指示方案场所中设置的应急照明控制器还应能接收、显示、保持消防联动控制器发出的火灾报警区域信号或联动控制信号。

b.应能按预设逻辑自动、手动控制系统的应急启动；起集中控制功能的应急照明控制器还应能按预设逻辑自动、手动控制其他应急照明控制器配接系统设备的应急启动，并符合《消防应急照明和疏散指示系统技术标准》GB51309-2018第3.6.10-3.6.12条的规定。

c.应能接收、显示、保持其配接灯具、集中电源的工作状态信息；起集中控制功能的应急照明控制器还应能接收、显示、保持其他应急照明控制器及其配接的灯具、集中电源或应急照明配电箱的工作状态信息。

(4)控制设计

设置在消防控制室内的应急照明控制器对整个系统起集中控制功能。应急照明控制器通过集中电源连接灯具，并控制灯具的应急启动、蓄电池电源的转换。集中电源与灯具的通信中断时，非持续型灯具的光源应急点亮，持续型灯具的光源由节电点亮模式转入应急点亮模式；应急照明控制器与集中电源的通信中断时，集中电源应连锁控制其配接的非持续型照明灯的光源应急点亮，持续型灯具的光源由节电点亮模式转入应急点亮模式。

①非火灾状态下，系统正常工作模式的设计应符合下列规定：

a.应保持主电源为灯具供电；

b.系统内所有非持续型照明灯应保持熄灭状态，持续型照明灯的光源应保持节电点亮模式；

c.标志灯的工作状态应符合下列规定：具有一种疏散指示方案的区域，区域内所有标志灯的光源应按该区域疏散方案保持节电点亮模式；需要借用相邻防火分区疏散的防火分区内相关标志灯的光源应按该区域可借用相邻防火分区疏散工况条件对应的疏散指示方案保持节电点亮模式；

②在非火灾状态下，系统主电源断电后，系统的控制设计应符合下列规定：

a.集中电源应连锁控制其配接的非持续型照明灯的光源应急点亮、持续型灯具的光源由节电点亮模式转入应急点亮模式；灯具应急点亮时间应符合设计文件的规定，且不应超过0.5h。

b.系统主电源恢复后，集中电源或应急照明配电箱应连锁控制其配接灯具的光源恢复原工作状态；或灯具持续点亮时间达到设计文件规定的时间，且系统主电源仍未恢复供电时，集中电源或应急照明配电箱应连锁控制其配接灯具的光源熄灭。

③在非火灾状态下，任一防火分区、楼层的正常照明电源断电后，系统的控制设计应符合下列规定：

a.为该区域内设置灯具供电的集中电源或应急照明配电箱在主电源供电状态下，连锁控制其配接的非持续型照明灯的光源应急点亮、持续型灯具的光源由节电点亮模式转入应急点亮模式；

b.该区域正常照明电源恢复供电后，集中电源或应急照明配电箱应连锁控制其配接的灯具的光源恢复原工作状态。

④火灾状态下的系统控制

火灾确认后，应急照明控制器应能按预设逻辑手动、自动控制系统的应急启动。

a.应由火灾报警控制器或消防联动控制器(联动型)的火灾报警输出信号作为系统自动应急启动的触发信号；

b.应急照明控制器接收到火灾报警控制器的火灾报警输出信号后，应自动执行以下控制操作：

控制系统所有非持续型照明灯的光源应急点亮，持续型灯具的光源由节电点亮模式转入应急点亮模式；集中电源应保持主电源输出，待接收到其主电源断电信号后，自动转入蓄电池电源输出；应急照明配电箱应保持主电源输出，待接收到其主电源断电信号后，自动切断主电源输出。

c.控制系统所有非持续型照明灯的光源应急点亮，持续型灯具的光源由节电点亮模式转入应急点亮模式；

d.集中电源转入蓄电池电源输出应应急照明配电箱切断主电源输出。

(5)施工及验收的要求

①系统的施工，应按批准的工程设计文件和施工技术标准进行。

②方向标志灯当安装在蔬散走道、通道的地面上时；标志灯应安装在蔬散走道、通道的中心位置；标志灯的所有金属构件应采用耐腐蚀

十一、补充说明

①图中漏电断路器的漏电动作电流为$I\Delta n$=30mA.

②所有配电箱均将N母线与PE母线，并严格分开。

③图中配电箱(柜)的尺寸标注为宽x高x厚(mm)；本设计尺寸仅为参考尺寸，实际施工中应以产品最终订货尺寸为主。

④所有电气孔洞在施工安装完毕后应作防火封堵。以上未详部分应按照国家有关的规程规范以及施工验收规范进行施工。

十二、消防电气系统施工设计说明(详见电施2一图册)

十三、图例:具体定位见各平面图纸

十四、配电箱编号:(例:AW-4四层电表箱)

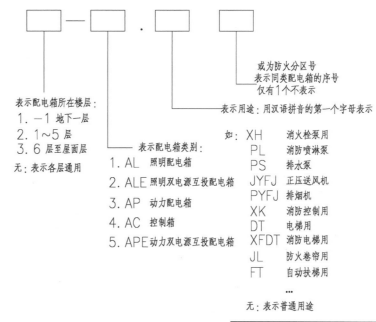

表示配电箱所在楼层
1. -1 地下一层
2. 1～5 层
3. 6 层至屋面层
无:表示各层通用

表示配电箱类别:
1. AL 照明配电箱
2. ALE 照明电源互投配电箱
3. AP 动力配电箱
4. AC 控制箱
5. APE 动力双电源互投配电箱

表示用途:用汉语拼音的第一个字母表示
如: XH 消火栓泵用
PL 消防喷淋泵用
PS 排水泵
JYFJ 正压送风机
PYFJ 排烟机
XK 消防控制用
DT 电梯用
XFDT 消防电梯用
JL 防火卷帘用
FT 自动扶梯用
……
无:表示普通用途

或为防火分区号
表示同类配电箱的序号
仅有一个不表示

设 计		项目名称	2号办公楼	设计阶段	施工图
制 图				单 位	mm,m
审 核		图 名	电气施工设计总说明(二) 应急疏散设备材料表	图 别	电气
审 定				图 号	电施1-02

电气设备材料表

序号	图例	名称	规格	单位	数量	备注
1		走道照明配电箱	详系统图	台	1	详系统图
2		照明配电箱	详系统图	台	9	详系统图
3		双电源切换箱	详系统图	台	2	详系统图
4		动力照明、配电、控制箱	详系统图	台	6	详系统图
5		屏、台、箱、柜	详系统图	台	3	详系统图
6		多种电源配电箱	详系统图	台	15	详系统图
7		箱、屏、柜	详系统图	台	7	详系统图
8		14W三管高效节能格栅LED灯	LED ~220V 3×14W	盏	55	嵌入吊顶
9		带蓄电池的双管格栅LED灯	LED ~220V 2×24W 应急时间不小于3小时	盏	3	嵌入吊顶
10		28W双管高效节能格栅LED灯	LED ~220V 2×28W	盏	201	嵌入吊顶
11		吸顶灯	LED ~220V 1×14W	盏	7	吸顶
12		隔爆灯	LED ~220V 1×14W	盏	1	吸顶
13		井道灯	电梯厂家自理	盏	按实计	
14		紫外消毒灯	90W	盏	4	
15		自带蓄电池的单管高效节能LED灯	LED ~220V 1×24W 应急时间不小于3h	盏	12	嵌入吊顶
16		墙上座灯	LED ~220V 1×14W	盏	12	底边距地2.5m墙上明装
17		带人体感应开关的吸顶灯	LED ~220V 1×24W	盏	44	吸顶
18		28W单管高效节能LED灯	LED ~220V 1×28W	盏	15	底边距地2.5m吊装
19		清扫插座	~220V 16A	个	2	底边距地0.3m墙上暗装
20		空调插座	~220V 16A	个	2	底边距地2.5m墙上暗装
21		烘手器插座	~220V 16A	个	9	底边距地1.3m墙上暗装
22		地面插座	~220V 16A	个	30	
23		安全型二三孔暗装插座	~220V 10A	个	269	底边距地0.3m墙上暗装
24		双控开关	~220V 10A	个	4	底边距地1.3m墙上暗装
25		风机盘管温控开关	~220V 10A	个	75	底边距地1.3m墙上暗装
26		三联开关	~220V 10A	个	55	底边距地1.3m墙上暗装
27		四联开关	~220V 10A	个	13	底边距地1.3m墙上暗装
28		开关	~220V 10A	个	36	底边距地1.3m墙上暗装
29		双联开关	~220V 10A	个	23	底边距地1.3m墙上暗装
30		风机盘管	详暖施图	台	75	
31		排气扇	详暖施图	台	15	
32		水位仪	详水施图	台	7	
33		干式变压器	SCB10-400/10 Dyn11 AN/AF IP20	套	1	带风冷系统
34		高压开关柜	KYN44A-12 12kV 630A	套	3	见系统图
35		低压配电柜	GCK抽屉柜	套	6	见系统图
36		柴油发电机组	116DGEA 配PCC智能型数码控制屏	套	1	
37		排烟管		m	按实计	
38		密集型母线槽	CCX1-800A/4-IP40	m	按实计	
39		槽式电缆桥架	防火型封闭式100×50	m	按实计	
40		槽式电缆桥架	防火型封闭式200×100	m	按实计	
41		槽式电缆桥架	防火型封闭式250×100	m	按实计	
42		槽式电缆桥架	防火型封闭式300×100	m	按实计	
43		高压电力电缆	YJV22-8.7/15KV 3×70mm²	m	按实计	
44		电力电缆	WDZ-YJV-1KW 3×50+2×16mm²	m	按实计	
45		电力电缆	WDZ-YJV-1KW 5×10mm²	m	按实计	
46		电力电缆	WDZ-YJV-1KW 4×150+1×95mm²	m	按实计	
47		电力电缆	WDZ-YJV-1KW 4×70+1×35mm²	m	按实计	
48		电力电缆	WDZ-YJV-1KW 4×50+1×25mm²	m	按实计	
49		电力电缆	WDZ-YJV-1KW 3×25+2×16mm²	m	按实计	
50		电力电缆	YJV-1KW 5×10mm²	m	按实计	
51		电力电缆	YJV-1KW 4×25+1×16mm²	m	按实计	
52		电力电缆	YJV-1KW 4×35+1×16mm²	m	按实计	
53		电力电缆	YJV-1KW 4×50+1×25mm²	m	按实计	
54		电力电缆	YJV-1KW 4×70+1×35mm²	m	按实计	
55		电力电缆	YJV-1KW 4×120+1×70mm²	m	按实计	
56		电力电缆	YJV-1KW 4×95+1×50mm²	m	按实计	
57		钢管	SC40、50、65	m	按实计	
58		紧定式钢管	JDG16、20、25、32	m	按实计	
59		PC管	PC20、25、32	m	按实计	

注：本材料表仅供参考，不做购买使用。

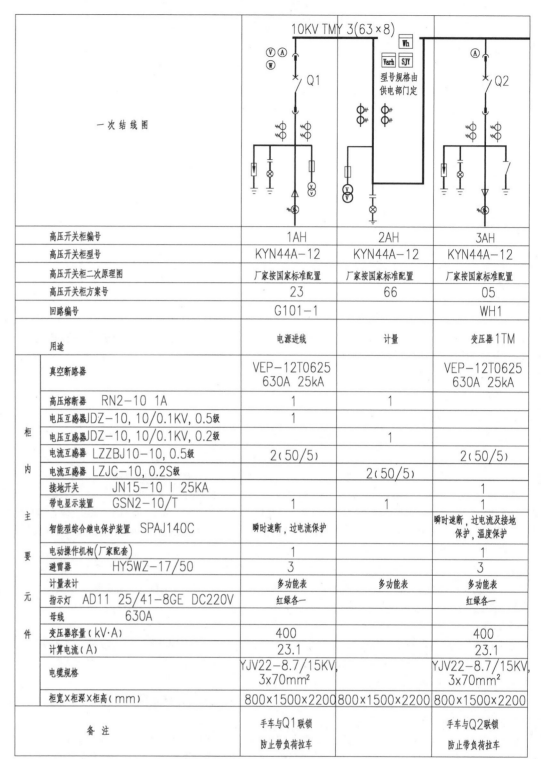

一次结线图

10KV TMY 3(63×8)

高压开关柜编号	1AH	2AH	3AH
高压开关柜型号	KYN44A-12	KYN44A-12	KYN44A-12
高压开关柜二次原理图	厂家按国家标准配置	厂家按国家标准配置	厂家按国家标准配置
高压开关柜方案号	23	66	05
回路编号	G101-1		WH1
用途	电源进线	计量	变压器1TM

		1AH	2AH	3AH
柜内主要元件	真空断路器	VEP-12T0625 630A 25kA		VEP-12T0625 630A 25kA
	高压熔断器 RN2-10 1A	1	1	
	电压互感器 JDZ-10, 10/0.1KV, 0.5级	1		
	电压互感器 JDZ-10, 10/0.1KV, 0.2级		1	
	电流互感器 LZZBJ10-10, 0.5级	2(50/5)		2(50/5)
	电流互感器 LZJC-10, 0.2S级		2(50/5)	
	接地开关 JN15-10 I 25KA			1
	带电显示装置 GSN2-10/T	1	1	1
	智能型综合电继电保护装置 SPAJ140C	瞬时速断、过电流保护		瞬时速断、过电流及接地保护、温度保护
	电动操作机构(厂家配套)	1		1
	避雷器 HY5WZ-17/50	3		3
	计量表计	多功能表	多功能表	多功能表
	指示灯 AD11 25/41-8GE DC220V	红绿各一		红绿各一
	母线 630A			
变压器容量（kV·A）		400		400
计算电流（A）		23.1		23.1
电缆规格		YJV22-8.7/15KV, 3×70mm²		YJV22-8.7/15KV, 3×70mm²
柜宽×柜深×柜高（mm）		800×1500×2200	800×1500×2200	800×1500×2200
备注		手车与Q1联锁 防止带负荷拉车		手车与Q2联锁 防止带负荷拉车

高压配电系统图

高压系统注：

1. 本变配电系统一路10kV高压电源进线从市政10kV高压引来。
2. 高压侧主结线采用单母线分段运行方式，交流操作，电源进线柜及各出线柜均装设一套SPAJ智能型综合电继电保护装置，综合继电保护装置安装在开关柜上。
3. 电源进线设过流保护及电流延时速断保护，出线柜设过流保护及电流速断保护，变压器侧单相接地信号装置、超温跳闸及报警装置。各继电保护，控制信号均由柜上的智能型综合电继电保护装置实现。继电保护应符合国家相关标准。
4. 计量柜上电流互感器变比由当地供电部门设定。
5. 以上各开关柜均具有"五防"功能。

设 计		项目名称	2号办公楼	设计阶段	施工图
制 图		图 名	电气设备材料表 高压配电系统图	单 位	mm,m
审 核				图 别	电气
审 定				图 号	电施-03

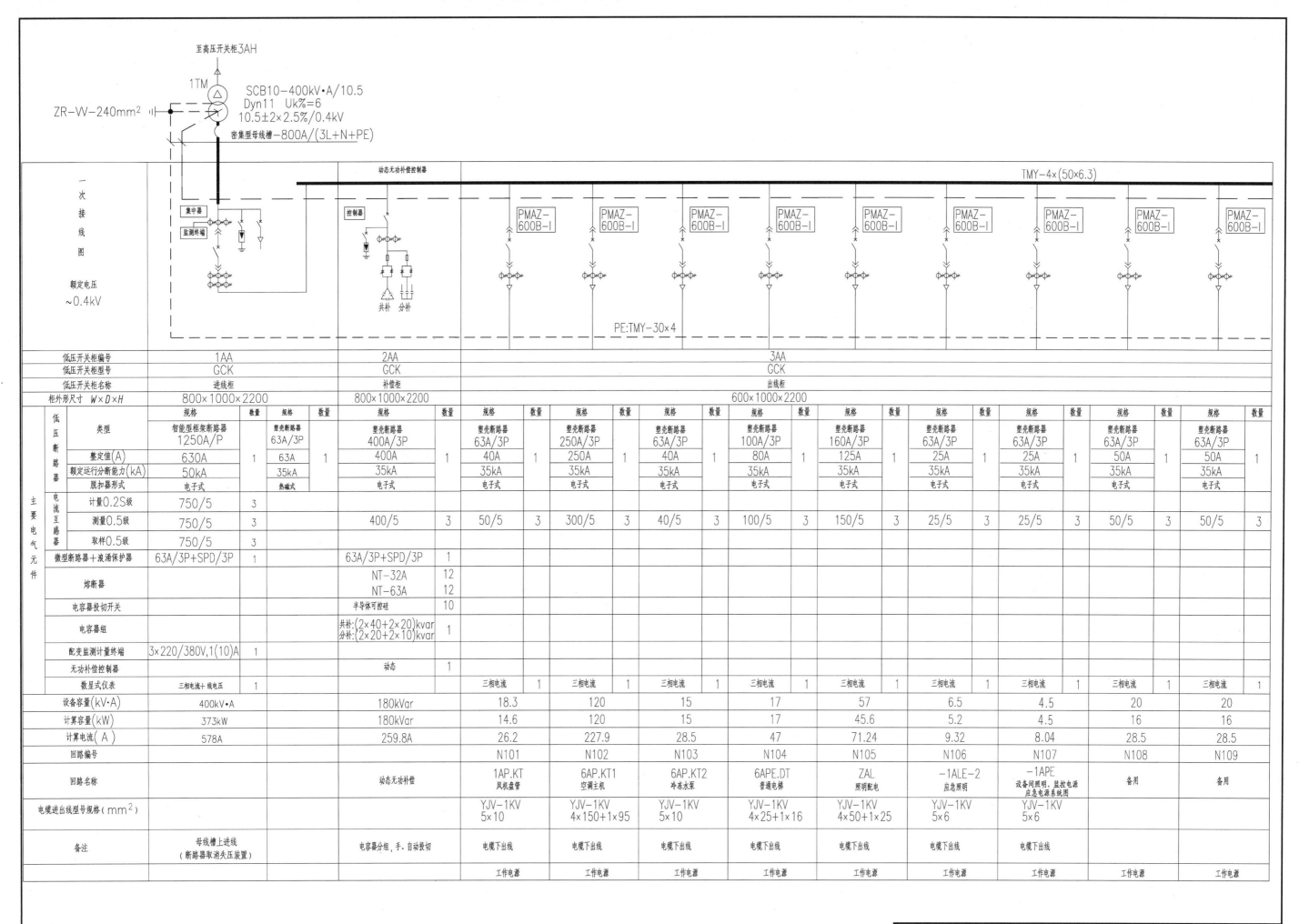

一次接线图

额定电压 ~0.4kV

至高压开关柜3AH
1TM SCB10-400kV·A/10.5 Dyn11 Uk%=6 10.5±2×2.5%/0.4kV
ZR-VV-240mm²
密集型母线槽-800A/(3L+N+PE)
动态无功补偿控制器 TMY-4x(50×6.3)
集中器 监测终端 控制器 共补 分补
PMAZ-600B-I
PE:TMY-30×4

低压开关柜编号	1AA	2AA	3AA								
低压开关柜型号	GCK	GCK	GCK								
低压开关柜名称	进线柜	补偿柜	出线柜								
柜外形尺寸 W×D×H	800×1000×2200	800×1000×2200	600×1000×2200								

主要电气元件

类型	规格	数量	规格	数量	规格	数量	规格	数量	规格	数量	规格	数量	规格	数量	规格	数量	规格	数量	规格	数量	规格	数量
低压断路器	智能型框架断路器 1250A/P	1	塑壳断路器 63A/3P	1	塑壳断路器 400A/3P	1	塑壳断路器 63A/3P	1	塑壳断路器 250A/3P	1	塑壳断路器 63A/3P	1	塑壳断路器 100A/3P	1	塑壳断路器 160A/3P	1	塑壳断路器 63A/3P	1	塑壳断路器 63A/3P	1	塑壳断路器 63A/3P	1
整定值(A)	630A	1	63A	1	400A	1	40A	1	250A	1	40A	1	80A	1	125A	1	25A	1	25A	1	50A	1
额定运行分断能力(kA)	50kA		35kA		35kA		35kA		35kA		35kA		35kA		35kA		35kA		35kA		35kA	
脱扣器形式	电子式		热磁式		电子式		电子式		电子式		电子式		电子式		电子式		电子式		电子式		电子式	
电流互感器 计量0.2S级	750/5	3																				
测量0.5级	750/5	3			400/5	3	50/5	3	300/5	3	40/5	3	100/5	3	150/5	3	25/5	3	25/5	3	50/5	3
取样0.5级	750/5	3																			50/5	3
微型断路器+浪涌保护器	63A/3P+SPD/3P	1			63A/3P+SPD/3P	1																
熔断器					NT-32A	12																
					NT-63A	12																
电容器投切开关					半导体可控硅	10																
电容器组					共补:(2×40+2×20)kvar 分补:(2×20+2×10)kvar	1																
配变监测计量终端	3×220/380V,1(10)A	1																				
无功补偿控制器					动态	1																
数显式仪表	三相电流+电压	1					三相电流	1	三相电流	1	三相电流	1	三相电流	1	三相电流	1	三相电流	1	三相电流	1	三相电流	1

设备容量(kV·A)	400kV·A		180kVar	18.3	120	15	17	57	6.5	4.5	20	20
计算容量(kW)	373kW		180kVar	14.6	120	15	17	45.6	5.2	4.5	16	16
计算电流(A)	578A		259.8A	26.2	227.9	28.5	47	71.24	9.32	8.04	28.5	28.5
回路编号				N101	N102	N103	N104	N105	N106	N107	N108	N109
回路名称			动态无功补偿	1AP.KT 风机盘管	6AP.KT1 空调主机	6AP.KT2 冷冻水泵	6APE.DT 普通电梯	ZAL 照明配电	-1ALE-2 应急照明	-1APE 设备间照明、监控电源 应急电源系统图	备用	备用
电缆进出线型号规格(mm²)				YJV-1KV 5×10	YJV-1KV 4×150+1×95	YJV-1KV 5×10	YJV-1KV 4×25+1×16	YJV-1KV 4×50+1×25	YJV-1KV 5×6	YJV-1KV 5×6		
备注	母线槽上进线(断路器取消失压装置)		电容器分组,手、自动投切	电缆下出线	电缆下出线	电缆下出线	电缆下出线	电缆下出线	电缆下出线	电缆下出线		
				工作电源	工作电源	工作电源	工作电源	工作电源	工作电源	工作电源	工作电源	工作电源

设 计		项目名称	2号办公楼	设计阶段	施工图
制 图				单 位	mm,m
审 核		图 名	低压配电系统图(一)	图 别	电气
审 定				图 号	电施1-04

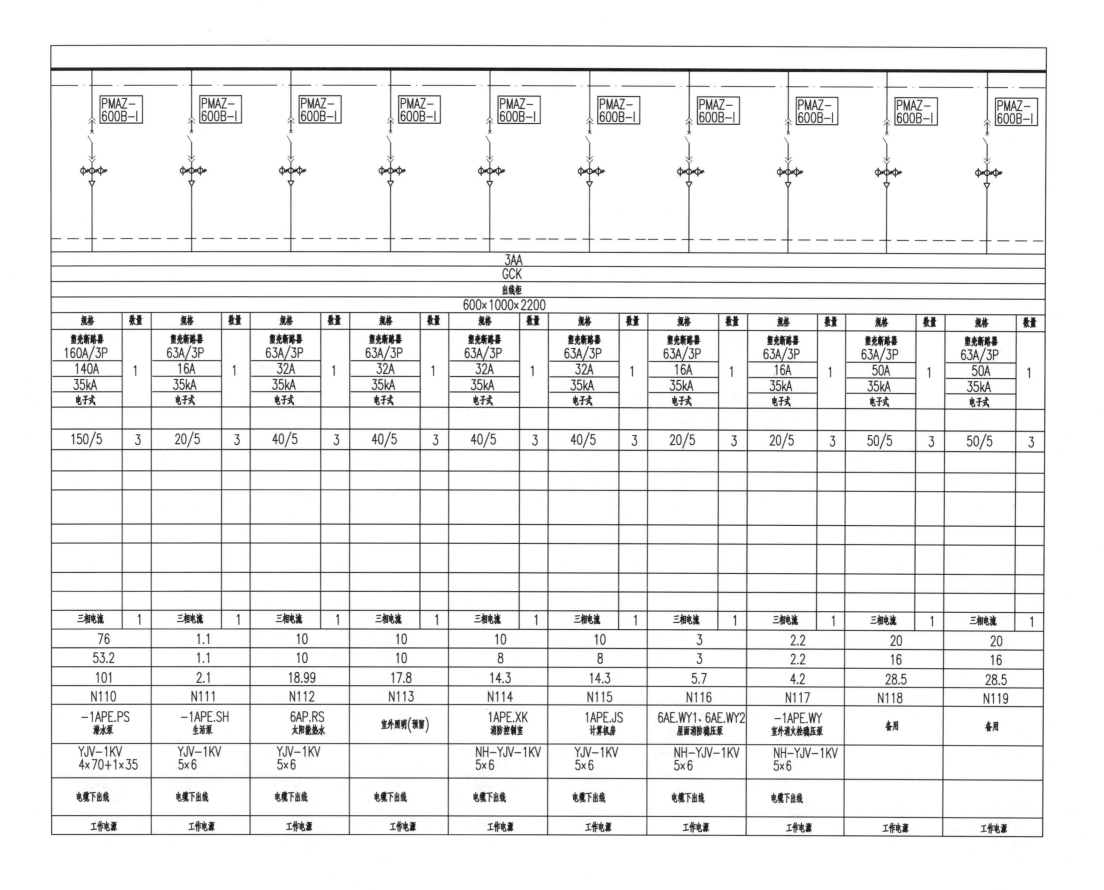

规格	数量	规格	数量	规格	数量	规格	数量	规格	数量	规格	数量	规格	数量	规格	数量	规格	数量	规格	数量
PMAZ-600B-I		PMAZ-600B-I		PMAZ-600B-I		PMAZ-600B-I		PMAZ-600B-I		PMAZ-600B-I		PMAZ-600B-I		PMAZ-600B-I		PMAZ-600B-I		PMAZ-600B-I	
塑壳断路器 160A/3P 140A 35kA 电子式	1	塑壳断路器 63A/3P 16A 35kA 电子式	1	塑壳断路器 63A/3P 32A 35kA 电子式	1	塑壳断路器 63A/3P 32A 35kA 电子式	1	塑壳断路器 63A/3P 32A 35kA 电子式	1	塑壳断路器 63A/3P 32A 35kA 电子式	1	塑壳断路器 63A/3P 16A 35kA 电子式	1	塑壳断路器 63A/3P 16A 35kA 电子式	1	塑壳断路器 63A/3P 50A 35kA 电子式	1	塑壳断路器 63A/3P 50A 35kA 电子式	1
150/5	3	20/5	3	40/5	3	40/5	3	40/5	3	40/5	3	20/5	3	20/5	3	50/5	3	50/5	3
三相电流	1	三相电流	1	三相电流	1	三相电流	1	三相电流	1	三相电流	1	三相电流	1	三相电流	1	三相电流	1	三相电流	1
76		1.1		10		10		10		10		3		2.2		20		20	
53.2		1.1		10		10		8		8		3		2.2		16		16	
101		2.1		18.99		17.8		14.3		14.3		5.7		4.2		28.5		28.5	
N110		N111		N112		N113		N114		N115		N116		N117		N118		N119	
-1APE.PS 潜水泵		-1APE.SH 生活泵		6AP.RS 太阳能热水		室外照明(预留)		1APE.XK 消防控制室		1APE.JS 计算机房		6AE.WY1、6AE.WY2 屋面消防稳压泵		-1APE.WY 室外消火栓稳压泵		备用		备用	
YJV-1KV 4×70+1×35		YJV-1KV 5×6		YJV-1KV 5×6				NH-YJV-1KV 5×6		YJV-1KV 5×6		NH-YJV-1KV 5×6		NH-YJV-1KV 5×6					
电缆下出线		电缆下出线		电缆下出线		电缆下出线		电缆下出线		电缆下出线		电缆下出线		电缆下出线					
工作电源		工作电源		工作电源		工作电源		工作电源		工作电源		工作电源		工作电源		工作电源		工作电源	

3AA
GCK
出线柜
600×1000×2200

设　计		项目名称	2号办公楼	设计阶段	施工图
制　图				单　位	mm,m
审　核		图　名	低压配电系统图(二)	图　别	电气
审　定				图　号	电施1-05

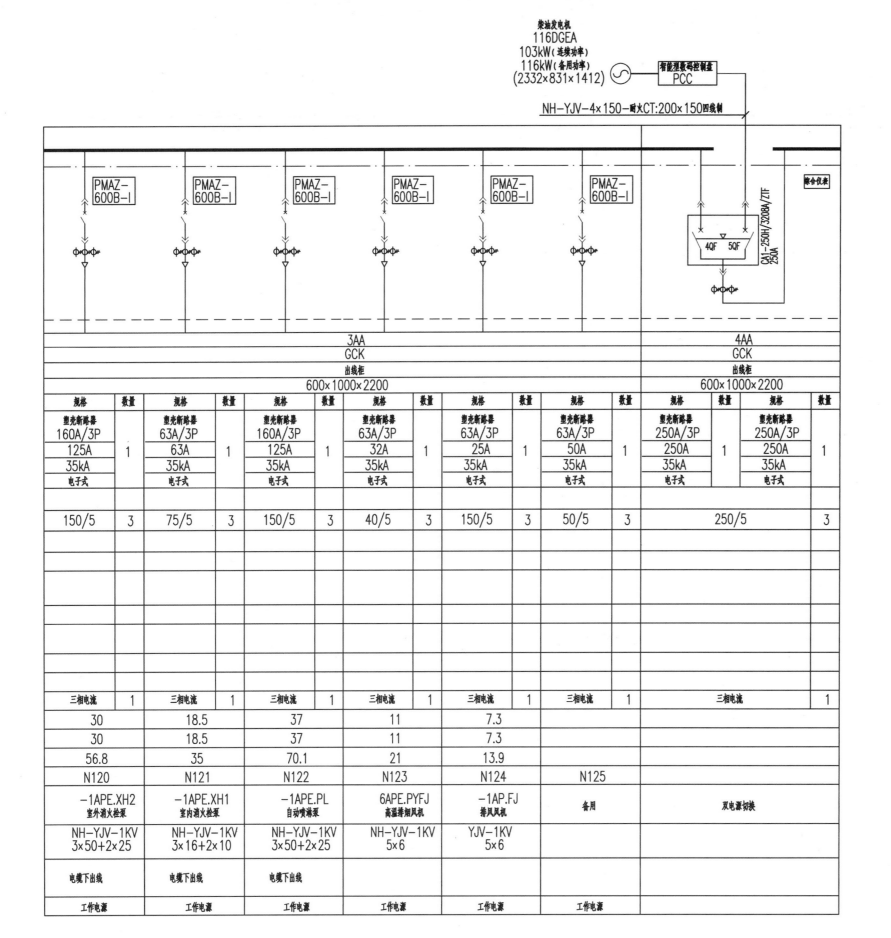

柴油发电机
116DGEA
103kW（连续功率）
116kW（备用功率）
(2332×831×1412)

智能型数码控制箱
PCC

NH-YJV-4×150-耐火CT:200×150四线制

| | PMAZ-600B-I | PMAZ-600B-I | PMAZ-600B-I | PMAZ-600B-I | PMAZ-600B-I | PMAZ-600B-I | | 综合仪表 |

4QF 5QF

CA1-250H/3208A/ZTF
250A

3AA	4AA
GCK	GCK
出线柜	出线柜
600×1000×2200	600×1000×2200

规格	数量	规格	数量	规格	数量	规格	数量	规格	数量	规格	数量	规格	数量	规格	数量
塑壳断路器 160A/3P 125A 35kA 电子式	1	塑壳断路器 63A/3P 63A 35kA 电子式	1	塑壳断路器 160A/3P 125A 35kA 电子式	1	塑壳断路器 63A/3P 32A 35kA 电子式	1	塑壳断路器 63A/3P 25A 35kA 电子式	1	塑壳断路器 63A/3P 50A 35kA 电子式	1	塑壳断路器 250A/3P 250A 35kA 电子式	1	塑壳断路器 250A/3P 250A 35kA 电子式	1
150/5	3	75/5	3	150/5	3	40/5	3	150/5	3	50/5	3	250/5			3
三相电流	1	三相电流	1	三相电流	1	三相电流	1	三相电流	1	三相电流	1	三相电流			1
30		18.5		37		11		7.3							
30		18.5		37		11		7.3							
56.8		35		70.1		21		13.9							
N120		N121		N122		N123		N124		N125					
-1APE.XH2 室外消火栓泵		-1APE.XH1 室内消火栓泵		-1APE.PL 自动喷淋泵		6APE.PYFJ 高温排烟风机		-1AP.FJ 排烟风机		备用		双电源切换			
NH-YJV-1KV 3×50+2×25		NH-YJV-1KV 3×16+2×10		NH-YJV-1KV 3×50+2×25		NH-YJV-1KV 5×6		YJV-1KV 5×6							
电缆下出线		电缆下出线		电缆下出线											
工作电源		工作电源		工作电源		工作电源		工作电源		工作电源					

设 计		项目名称	2号办公楼	设计阶段	施工图
制 图				单 位	mm,m
审 核		图 名	低压配电系统图(三)	图 别	电气
审 定				图 号	电施-06

设计阶段 施工图

低压配电系统图 — TMY-4×(30×4)

5AA GCK 出线柜 600×1000×2200 ｜ 6AA GCK 出线柜 600×1000×2200

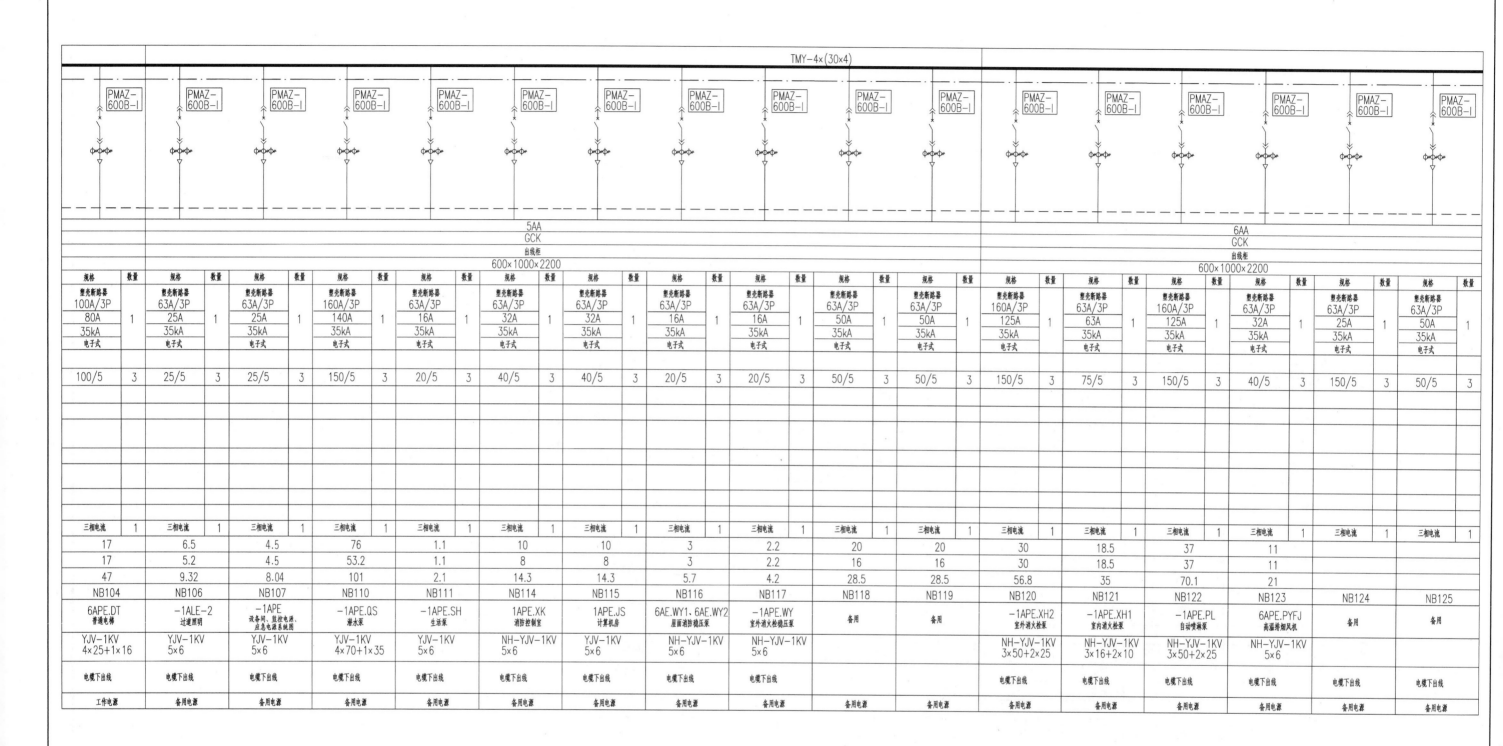

项目	1	2	3	4	5	6	7	8	9	10	11	12	13	14	15	16	17
开关	PMAZ-600B-I	PMAZ-600B-I	PMAZ-600B-I	PMAZ-600B-I	PMAZ-600B-I	PMAZ-600B-I	PMAZ-600B-I	PMAZ-600B-I	PMAZ-600B-I	PMAZ-600B-I	PMAZ-600B-I	PMAZ-600B-I	PMAZ-600B-I	PMAZ-600B-I	PMAZ-600B-I	PMAZ-600B-I	PMAZ-600B-I
塑壳断路器	100A/3P 80A 35kA 电子式	63A/3P 25A 35kA 电子式	63A/3P 25A 35kA 电子式	160A/3P 140A 35kA 电子式	63A/3P 16A 35kA 电子式	63A/3P 32A 35kA 电子式	63A/3P 32A 35kA 电子式	63A/3P 16A 35kA 电子式	63A/3P 16A 35kA 电子式	63A/3P 50A 35kA 电子式	63A/3P 50A 35kA 电子式	160A/3P 125A 35kA 电子式	63A/3P 63A 35kA 电子式	160A/3P 125A 35kA 电子式	63A/3P 32A 35kA 电子式	63A/3P 25A 35kA 电子式	63A/3P 50A 35kA 电子式
数量	1	1	1	1	1	1	1	1	1	1	1	1	1	1	1	1	1
电流互感器	100/5	25/5	25/5	150/5	20/5	40/5	40/5	20/5	20/5	50/5	50/5	150/5	75/5	150/5	40/5	150/5	50/5
数量	3	3	3	3	3	3	3	3	3	3	3	3	3	3	3	3	3
三相电流	三相电流	三相电流	三相电流	三相电流	三相电流	三相电流	三相电流	三相电流	三相电流	三相电流	三相电流	三相电流	三相电流	三相电流	三相电流	三相电流	三相电流
	17	6.5	4.5	76	1.1	10	10	3	2.2	20	20	30	18.5	37	11		
	17	5.2	4.5	53.2	1.1	8	8	3	2.2	16	16	30	18.5	37	11		
	47	9.32	8.04	101	2.1	14.3	14.3	5.7	4.2	28.5	28.5	56.8	35	70.1	21		
回路编号	NB104	NB106	NB107	NB110	NB111	NB114	NB115	NB116	NB117	NB118	NB119	NB120	NB121	NB122	NB123	NB124	NB125
用途	6APE.DT 普通电梯	-1ALE-2 过道照明	-1APE 设备间、垃圾房、应急电源系统间	-1APE.QS 潜水泵	-1APE.SH 生活泵	1APE.XK 消防控制室	1APE.JS 计算机房	6AE.WY1、6AE.WY2 屋面消防稳压泵	-1APE.WY 室外消火栓泵	备用	备用	-1APE.XH2 室外消火检泵	-1APE.XH1 室内消火栓泵	-1APE.PL 自动喷淋泵	6APE.PYFJ 高温排烟风机	备用	备用
电缆	YJV-1KV 4×25+1×16	YJV-1KV 5×6	YJV-1KV 5×6	YJV-1KV 4×70+1×35	YJV-1KV 5×6	NH-YJV-1KV 5×6	YJV-1KV 5×6	NH-YJV-1KV 5×6	NH-YJV-1KV 5×6			NH-YJV-1KV 3×50+2×25	NH-YJV-1KV 3×16+2×10	NH-YJV-1KV 3×50+2×25	NH-YJV-1KV 5×6		
敷设	电缆下出线	电缆下出线	电缆下出线	电缆下出线	电缆下出线	电缆下出线	电缆下出线	电缆下出线	电缆下出线			电缆下出线	电缆下出线	电缆下出线	电缆下出线	电缆下出线	电缆下出线
电源	工作电源	备用电源	备用电源	备用电源	备用电源	备用电源	备用电源	备用电源	备用电源	备用电源	备用电源	备用电源	备用电源	备用电源	备用电源	备用电源	备用电源

设　计		项目名称	2号办公楼	设计阶段	施工图
制　图				单　位	mm,m
审　核		图　名	低压配电系统图(四)	图　别	电气
审　定				图　号	电施1-07

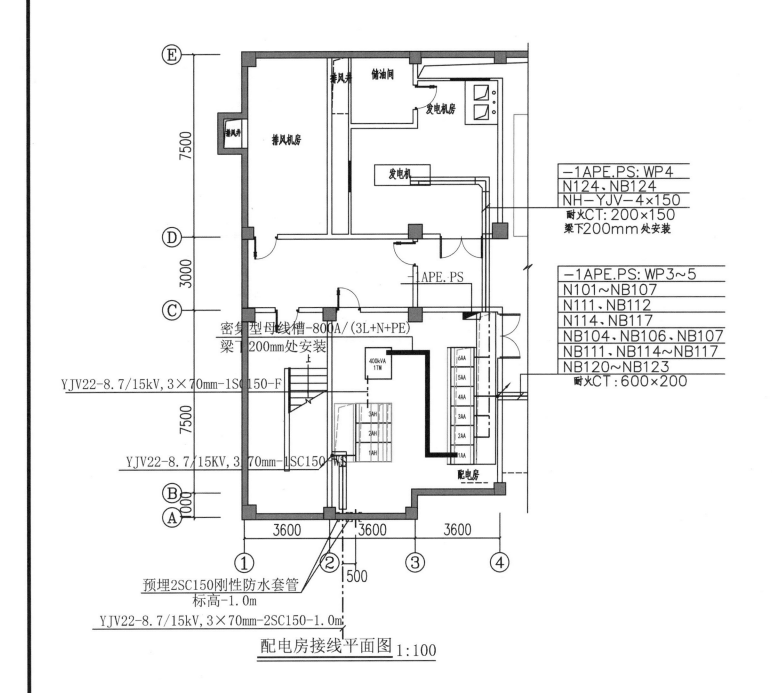

-1APE.PS:WP4
N124、NB124
NH-YJV-4×150
耐火CT:200×150
梁下200mm处安装

-1APE.PS:WP3~5
N101~NB107
N111、NB112
N114、NB117
NB104、NB106、NB107
NB111、NB114~NB117
NB120~NB123
耐火CT:600×200

密集型母线槽-800A/(3L+N+PE)
梁下200mm处安装

YJV22-8.7/15kV,3×70mm-1SC150-F

YJV22-8.7/15KV,3×70mm-1SC150-WS

预埋2SC150刚性防水套管
标高-1.0m
YJV22-8.7/15kV,3×70mm-2SC150-1.0m

配电房接线平面图 1:100

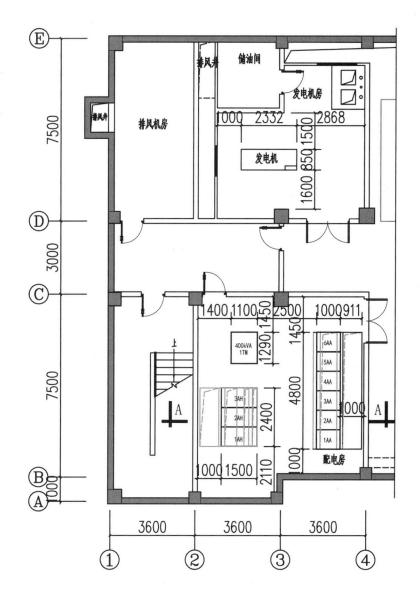

配电房大样图一 1:100

设　计		项目名称	2号办公楼	设计阶段	施工图
制　图				单　位	mm,m
审　核		图　名	配电房接线平面图	图　别	电气
审　定				图　号	电施-08

73

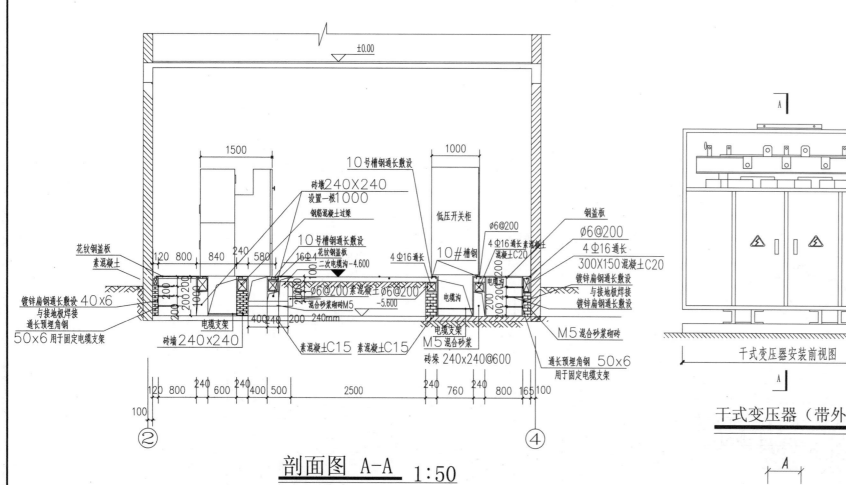

剖面图 A-A 1:50

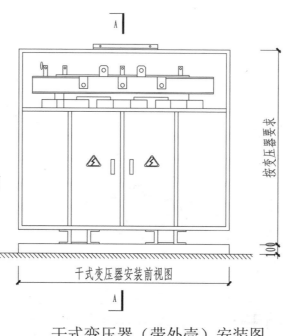

干式变压器（带外壳）安装图

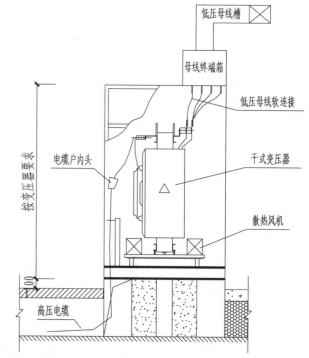

干式变压器（带外壳）安装A-A视图（母线上出）

变压器防护外壳间的最小净距表(m)

项目	变压器容量(kV·A) 尺寸	100~1000	1250~2500
变压器侧面具有P2X防护等级及以上的金属外壳	A	0.6	0.8
变压器侧面具有P3X防护等级及以上的金属外壳	A	可贴邻布置	可贴邻布置
考虑变压器外壳之间有一台变压器拉出防护外壳	B*	变压器宽度b+0.6	变压器宽度b+0.6
不考虑变压器外壳之间有一台变压器拉出防护外壳	B	1.0	1.2

注：当变压器外壳的门为不可拆卸式时，其B值应是门扇的宽度c加变压器宽度b之和再加0.3m。

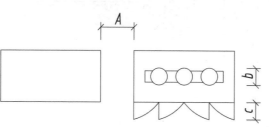

多台干式变压器之间 A 值

多台干式变压器之间 B 值

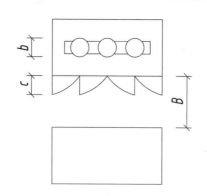

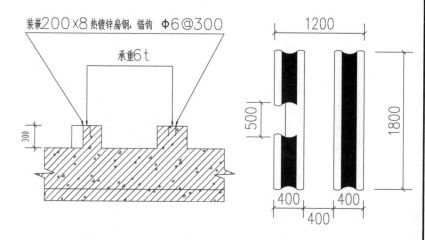

干式变压器（母线上出）基础

安装要求:

1. 选用变压器为带防护外壳的干式变压器，变压器底座应配置橡胶减振器或阻尼弹簧减振器；变压器低压侧接线端子、低压母线槽软连接需加热缩式绝缘外套。

2. 电房内所有电气设备及构架均须接地，并有可靠的接地线，接地电阻要求4Ω以下（地网用16mm直径镀锌圆钢）。

3. 变压器基础长度可根据实际尺寸修改。

设 计		项目名称	2号办公楼	设计阶段	施工图
制 图				单 位	mm,m
审 核		图 名	配电房大样图	图 别	电气
审 定				图 号	电施1-09

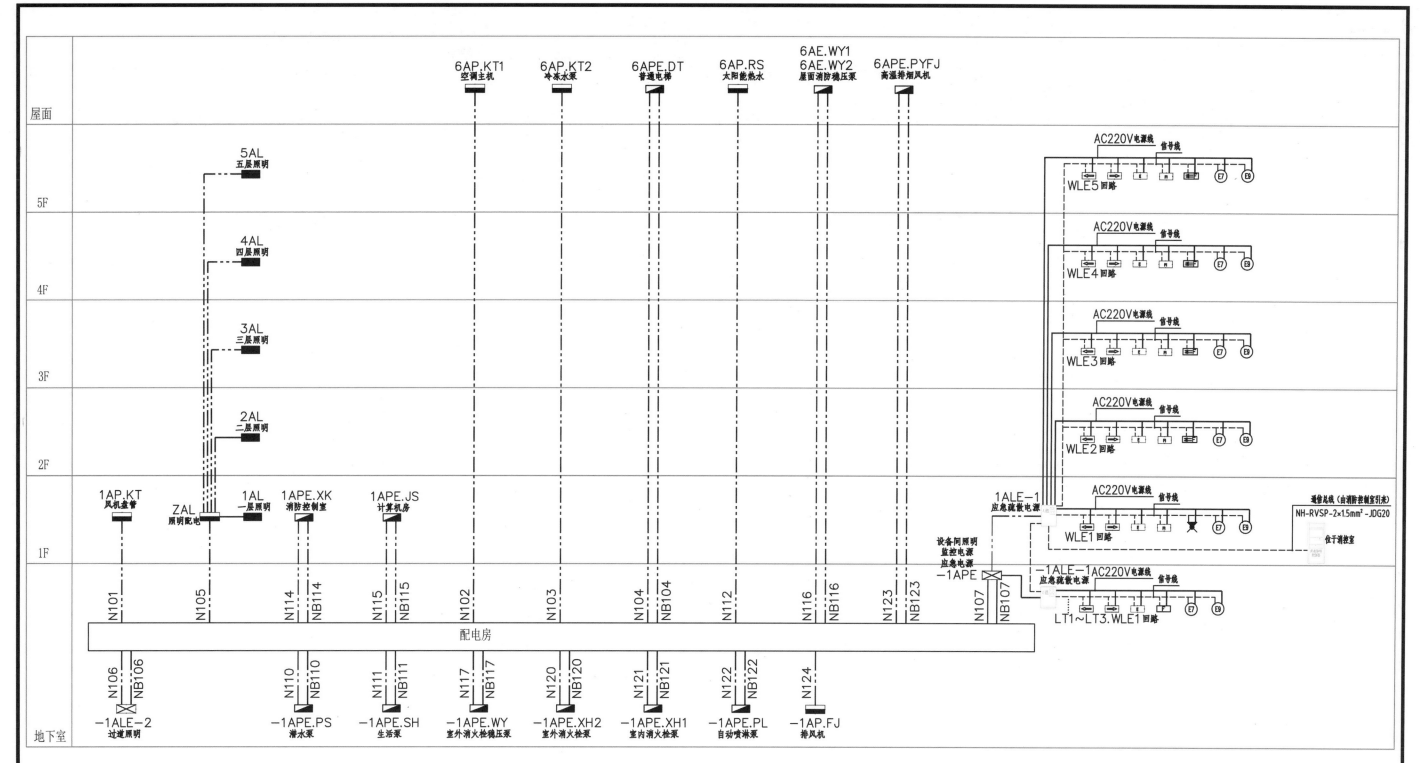

配电干线图

序号	图形符号	名称	规格	类型	数量	单位	安装方式	功能参数	备注
1		应急照明控制器	600×600×1800	主控	1	台	消控室-落地安装	远程监控、消防联动、火灾信息中心接入、人机操作、故障监测等	型号：8N8100
2		A型应急照明集中电源	500×220×690-1kW (1kW)；T≥30min，IP30	区域控	2	台	底边距地1.5米或以系统图注明为准	应急供电及控制、通信	型号：8N8136-1kW
3		集中电源疏散照明灯（A型 壁挂）	单挂安装 1×7W/DC36V Φ>400lm，LED光源	A型	4	盏	底边距地2.3m安装	应急照明、通信、强制点亮	不带蓄电池
4	⑰	集中电源疏散照明灯（A型 吸顶）	单挂安装 1×7W/DC36V Φ>980lm，LED光源	A型	72	盏	于走道、楼梯间等人员通行场所、吸顶安装	应急照明、通信、强制点亮	不带蓄电池
5	⑲	集中电源疏散照明灯（A型 吸顶）	单挂安装 1×9W/DC36V Φ>980lm，LED光源	A型	7	盏	于走道、楼梯间等人员通行场所、吸顶安装	应急照明、通信、强制点亮	不带蓄电池
6		疏散出口标志灯	单挂安装 LED光源 1W/DC36V，配不燃灯罩	A型	39	个	底边距门洞0.2m暗装	通信、常亮、颜闪	不带蓄电池
7		疏散方向标识	单挂安装 LED光源 1W/DC36V，配不燃灯罩	A型	37	个	底边距地0.5m壁挂	通信、常亮、颜闪	不带蓄电池
8		楼层显示灯	单挂安装 LED光源 1W/DC36V，配不燃灯罩	A型	21	个	底边距地2.2m壁挂	通信、常亮	不带蓄电池
9		双面多信息复合标志灯	单挂安装 LED光源 1W/DC36V，配不燃灯罩	A型	12	个	底边距地2.2m壁挂	通信、常亮	不带蓄电池

应急疏散设备材料表

设 计		项目名称	2号办公楼	设计阶段	施工图
制 图				单 位	mm,m
审 核		图 名	配电干线图	图 别	电气
审 定				图 号	电施1-10

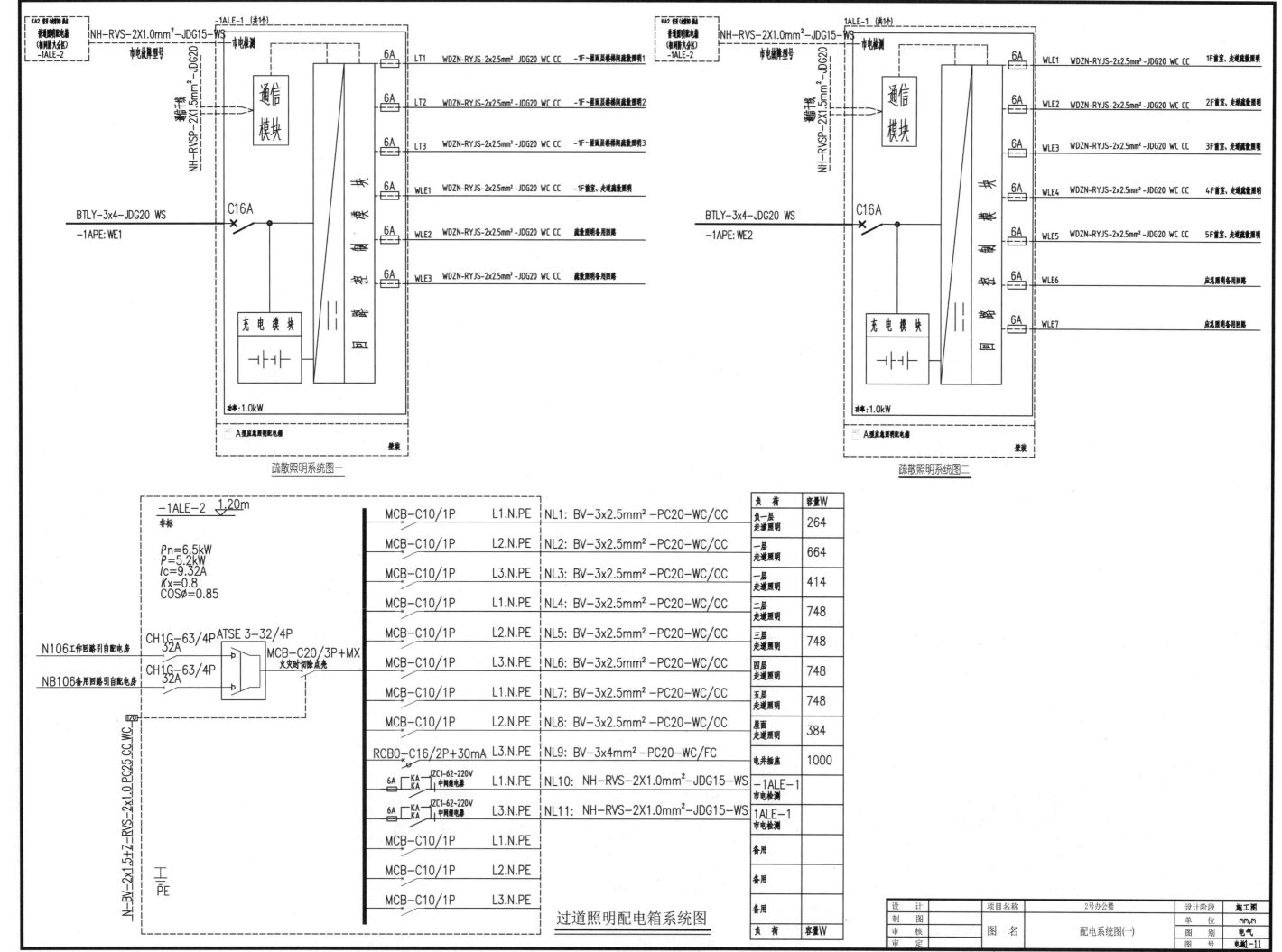

疏散照明系统图一

疏散照明系统图二

过道照明配电箱系统图

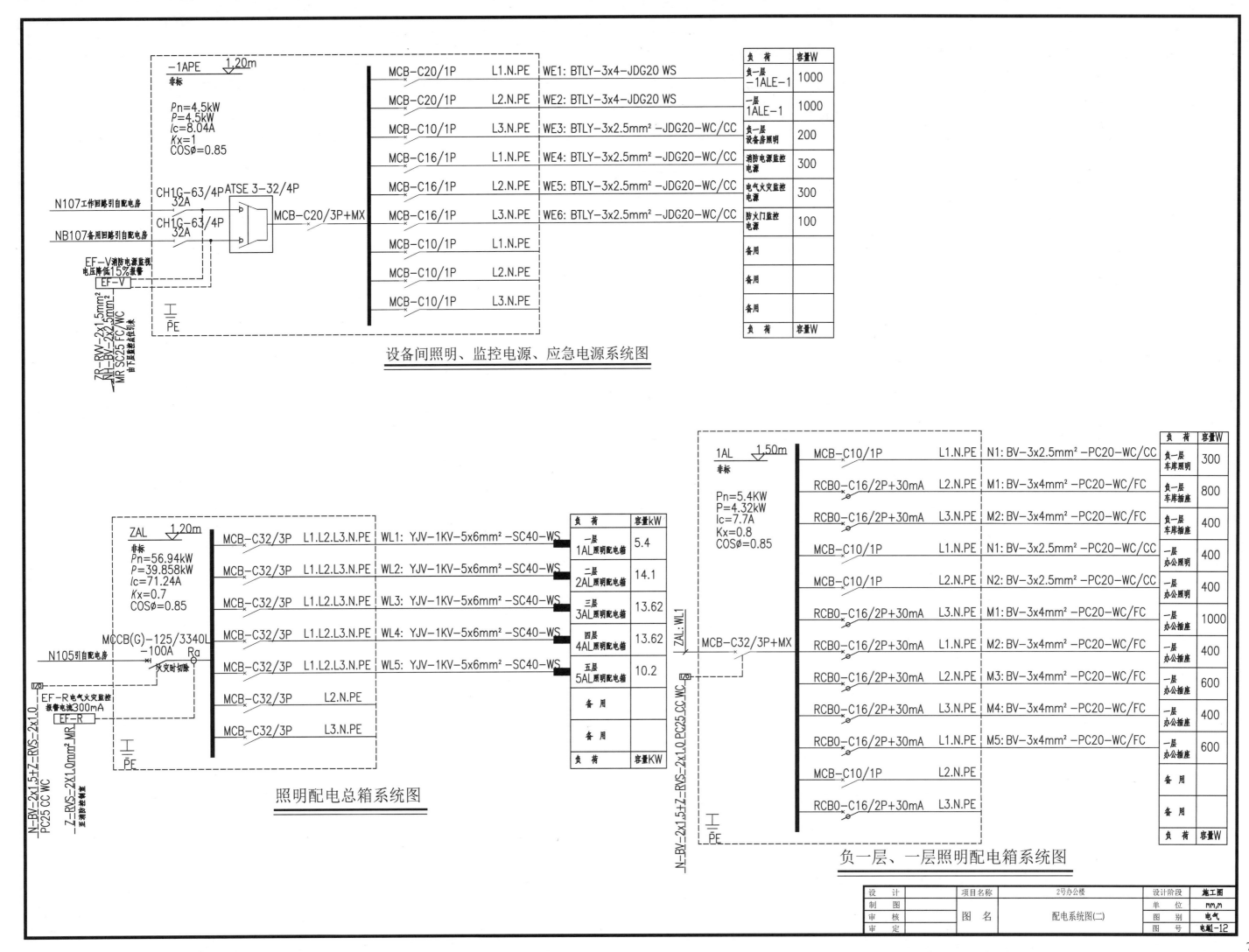

设备间照明、监控电源、应急电源系统图

照明配电总箱系统图

负一层、一层照明配电箱系统图

设 计		项目名称	2号办公楼	设计阶段	施工图
制 图				单 位	mm,m
审 核		图 名	配电系统图(二)	图 别	电气
审 定				图 号	电施-12

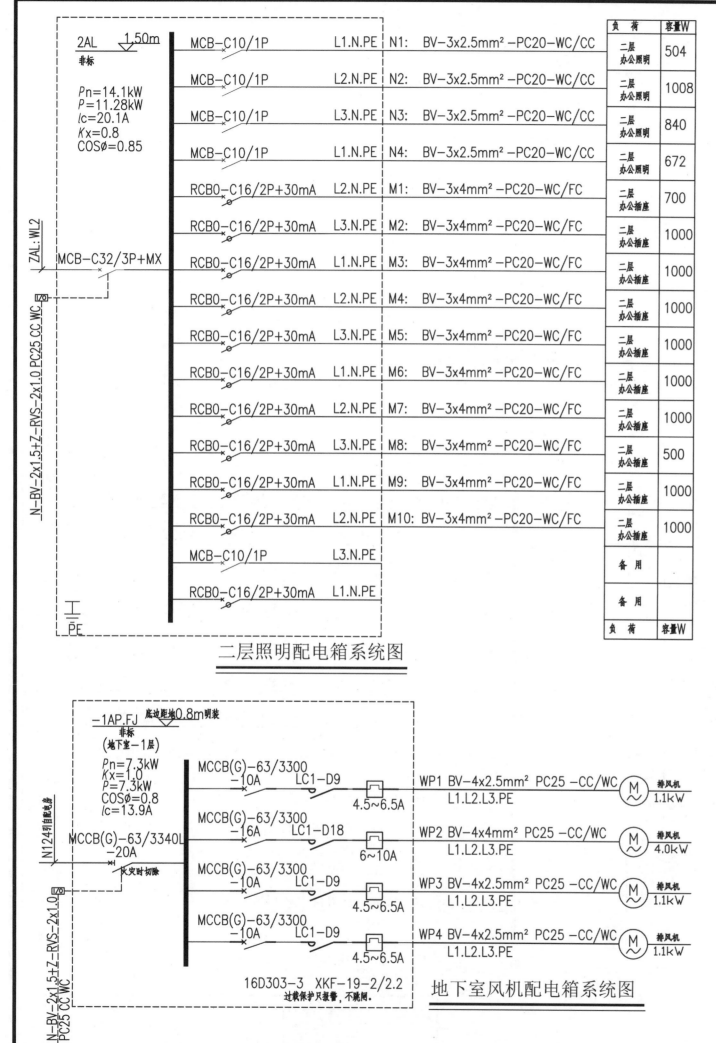
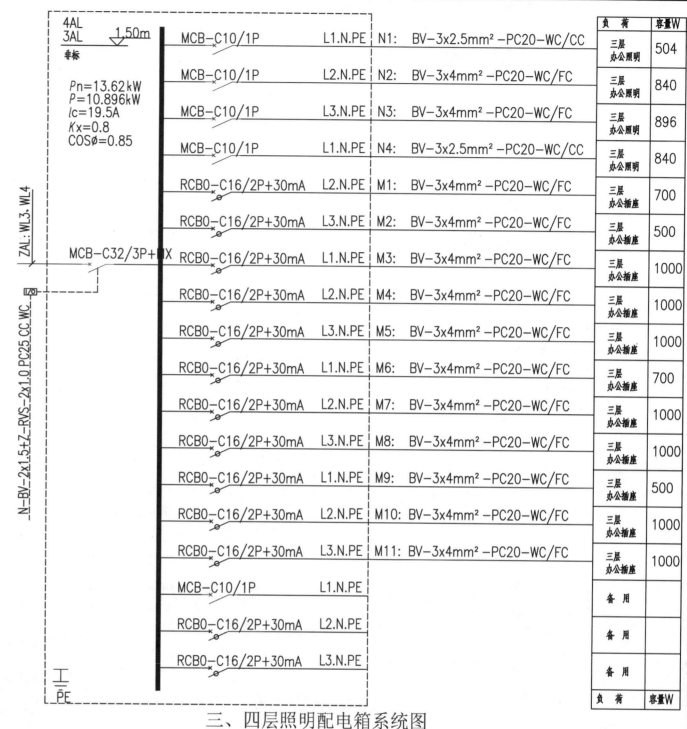

二层照明配电箱系统图

三、四层照明配电箱系统图

16D303-3 XKF-19-2/2.2
过载保护只报警,不跳闸。

地下室风机配电箱系统图

设　计		项目名称	2号办公楼	设计阶段	施工图
制　图				单　位	mm,m
审　核		图　名	配电系统图(三)	图　别	电气
审　定				图　号	电施1-13

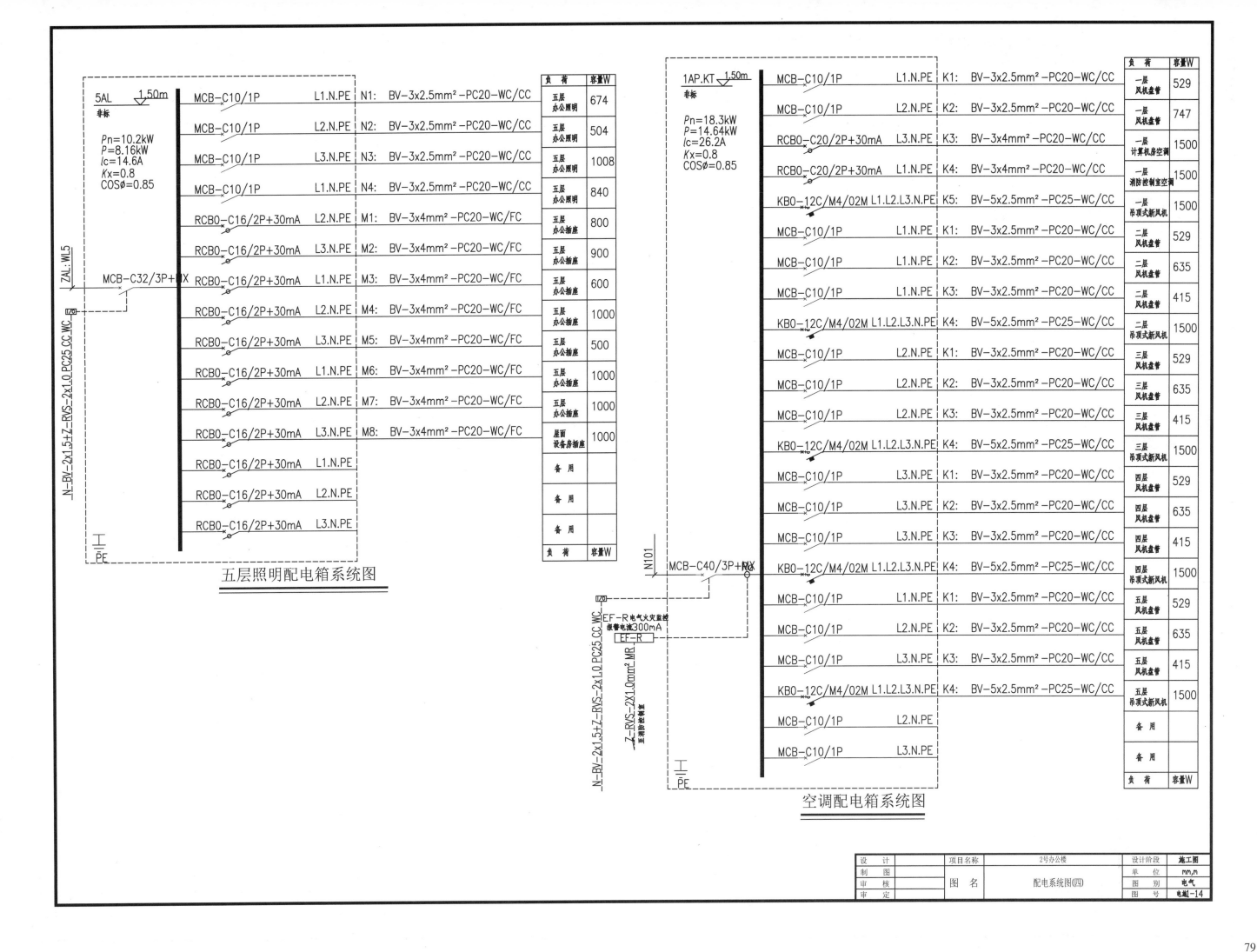

五层照明配电箱系统图

空调配电箱系统图

设　计		项目名称	2号办公楼	设计阶段	施工图
制　图				单　位	mm,m
审　核		图　名	配电系统图(四)	图　别	电气
审　定				图　号	电施1-14

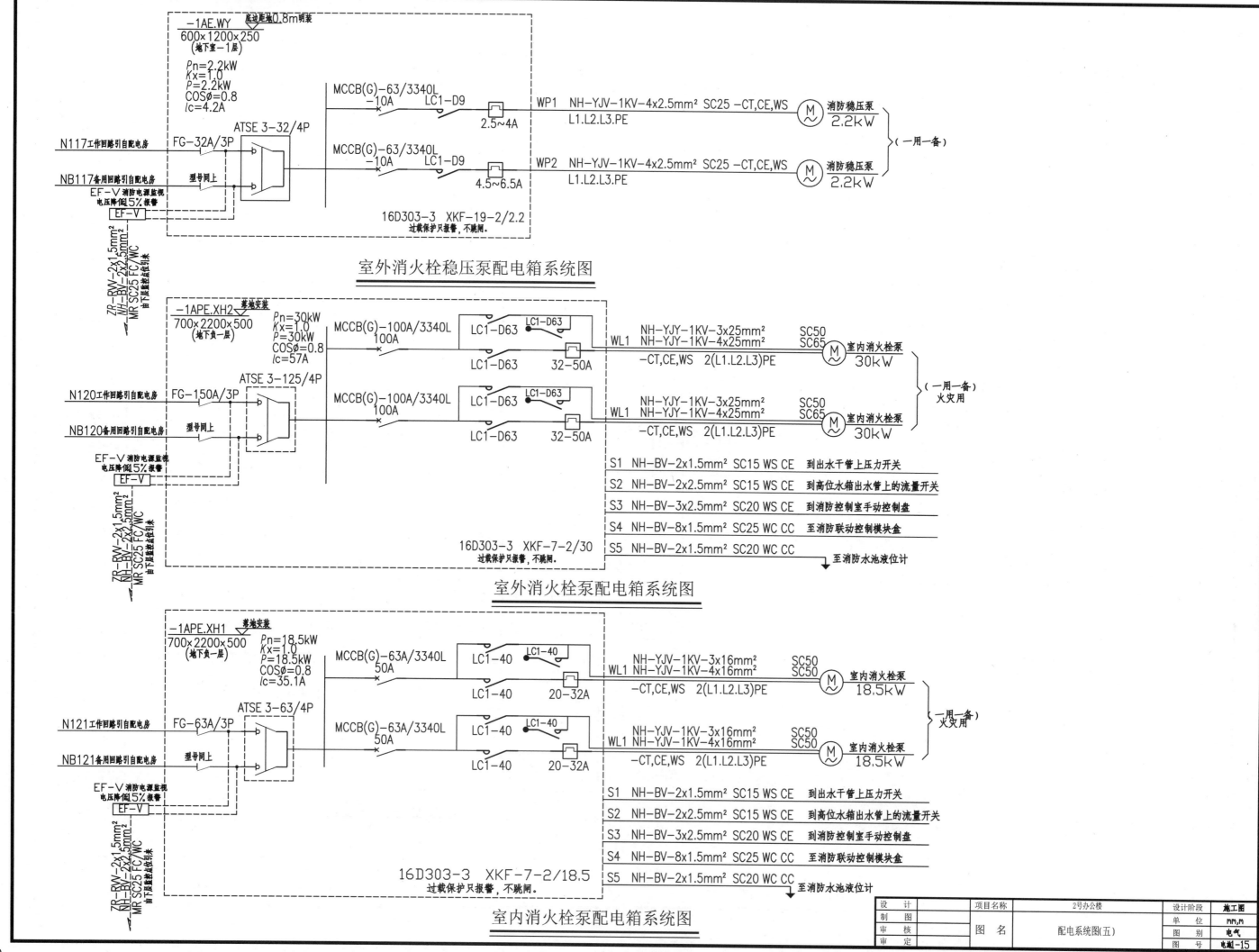

室外消火栓稳压泵配电箱系统图

室外消火栓泵配电箱系统图

室内消火栓泵配电箱系统图

设 计		项目名称	2号办公楼	设计阶段	施工图
制 图				单 位	mm,m
审 核		图 名	配电系统图(五)	图 别	电气
审 定				图 号	电施-15

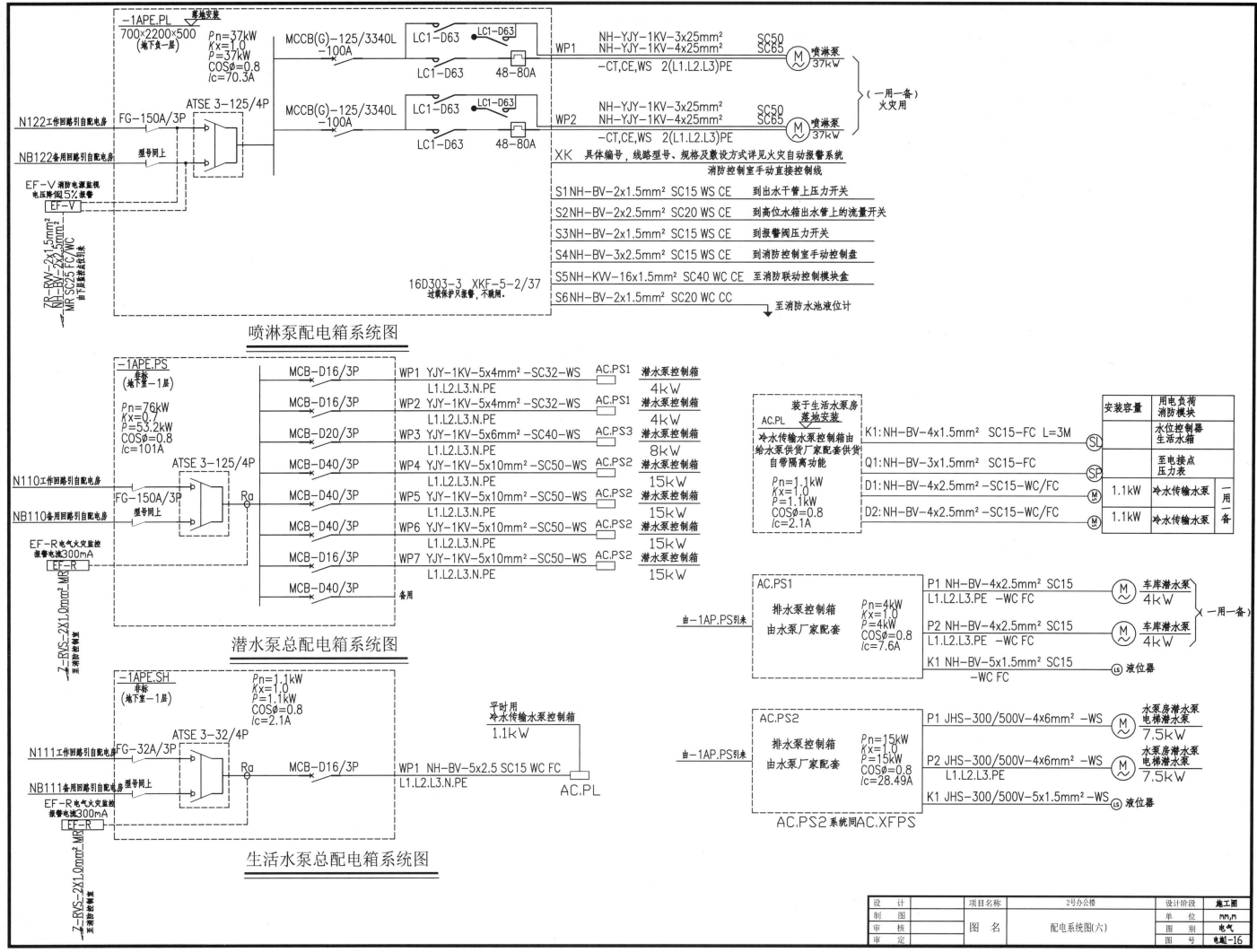

喷淋泵配电箱系统图

潜水泵总配电箱系统图

生活水泵总配电箱系统图

AC.PS2系统同AC.XFPS

	安装容量	用电负荷
		消防模块
		水位控制器
		生活水箱
		至电接点
		压力表
	1.1kW	冷水传输水泵
	1.1kW	冷水传输水泵

设 计		项目名称	2号办公楼	设计阶段	施工图
制 图				单 位	mm,m
审 核		图 名	配电系统图(六)	图 别	电气
审 定				图 号	电施-16

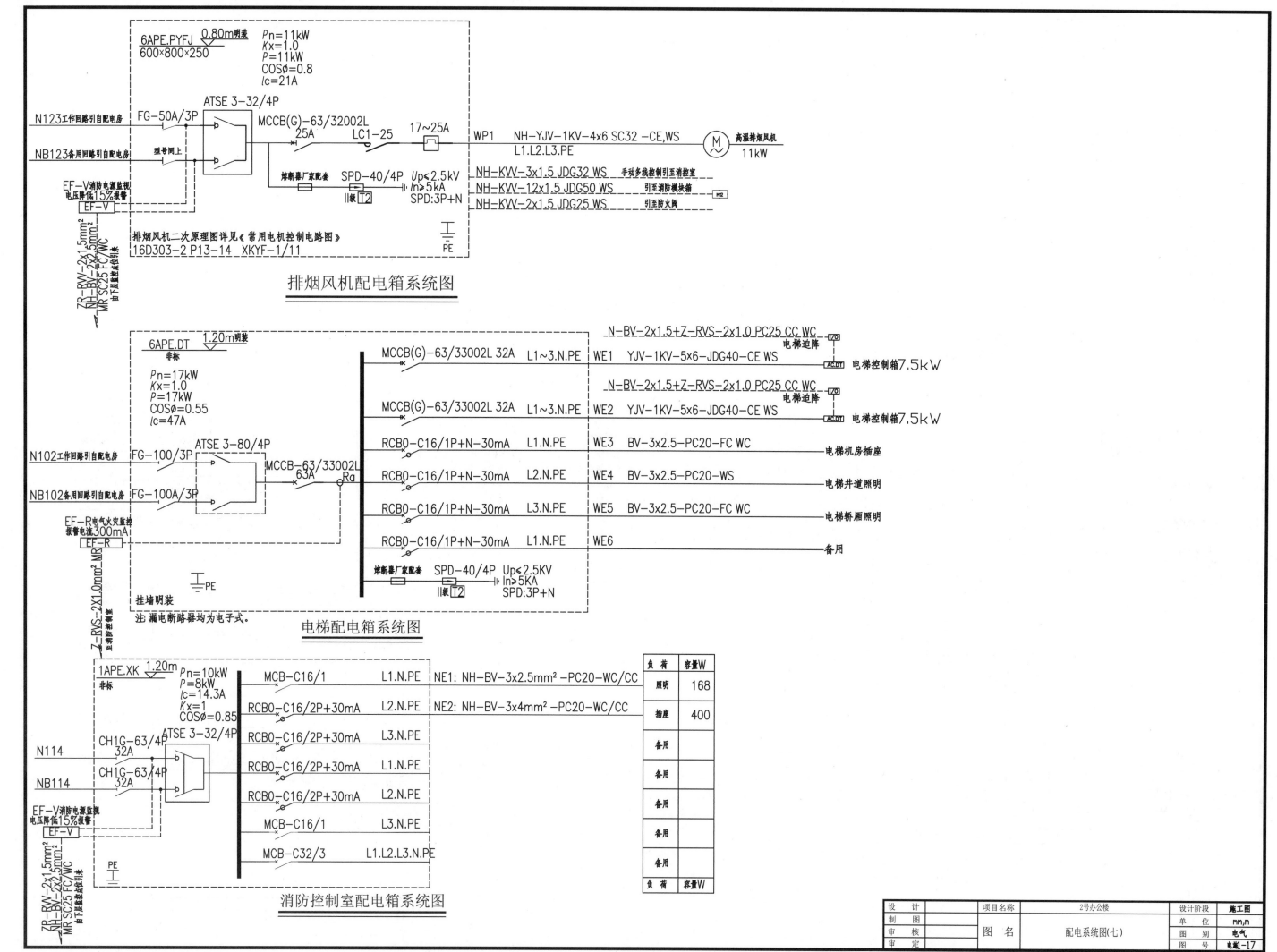

排烟风机配电箱系统图

6APE.PYFJ　0.80m明装
600×800×250

$Pn=11kW$
$Kx=1.0$
$P=11kW$
$COSφ=0.8$
$Ic=21A$

N123工作回路引自配电房　FG-50A/3P
NB123备用回路引自配电房　型号同上

ATSE 3-32/4P

MCCB(G)-63/32002L　LC1-25　17~25A
25A

WP1　NH-YJV-1KV-4x6 SC32 -CE,WS　高温排烟风机
L1.L2.L3.PE　11kW

熔断器厂家配套　SPD-40/4P　$Up≤2.5kV$
II级 T2　$In≥5kA$　SPD:3P+N

NH-KV-3x1.5 JDG32 WS　手动多线控制引至消控室
NH-KV-12x1.5 JDG50 WS　引至消防模块箱　M2
NH-KV-2x1.5 JDG25 WS　引至防火阀

EF-V消防电源监视
电压降低15%报警　EF-V

ZR-RW-2x1.5mm²
NH-BV-2x2.5mm²
MR SC25 FC/WC
由下层监控点位引来

排烟风机二次原理图详见《常用电机控制电路图》
16D303-2 P13-14　XKYF-1/11

电梯配电箱系统图

6APE.DT　1.20m明装
非标

$Pn=17kW$
$Kx=1.0$
$P=17kW$
$COSφ=0.55$
$Ic=47A$

N102工作回路引自配电房　FG-100/3P
NB102备用回路引自配电房　FG-100A/3P

ATSE 3-80/4P

MCCB-63/33002L
63A　Ra

MCCB(G)-63/33002L 32A　L1~3.N.PE　WE1　YJV-1KV-5x6-JDG40-CE WS　N-BV-2x1.5+Z-RVS-2x1.0 PC25 CC WC　电梯迫降　电梯控制箱7.5kW
MCCB(G)-63/33002L 32A　L1~3.N.PE　WE2　YJV-1KV-5x6-JDG40-CE WS　N-BV-2x1.5+Z-RVS-2x1.0 PC25 CC WC　电梯迫降　电梯控制箱7.5kW
RCBO-C16/1P+N-30mA　L1.N.PE　WE3　BV-3x2.5-PC20-FC WC　电梯机房插座
RCBO-C16/1P+N-30mA　L2.N.PE　WE4　BV-3x2.5-PC20-WS　电梯井道照明
RCBO-C16/1P+N-30mA　L3.N.PE　WE5　BV-3x2.5-PC20-FC WC　电梯轿厢照明
RCBO-C16/1P+N-30mA　L1.N.PE　WE6　备用

熔断器厂家配套　SPD-40/4P　$Up≤2.5KV$
II级 T2　$In≥5KA$　SPD:3P+N

EF-R电气火灾监控
报警电流300mA　EF-R

Z-RVS-2X1.0mm² MR
至消防控制室

挂墙明装　注:漏电断路器均为电子式。

消防控制室配电箱系统图

1APE.XK　1.20m
非标

$Pn=10kW$
$P=8kW$
$Ic=14.3A$
$Kx=1$
$COSφ=0.85$

N114　CH1G-63/4P 32A
NB114　CH1G-63/4P 32A

ATSE 3-32/4P

MCB-C16/1　L1.N.PE　NE1: NH-BV-3x2.5mm²-PC20-WC/CC
RCBO-C16/2P+30mA　L2.N.PE　NE2: NH-BV-3x4mm²-PC20-WC/CC
RCBO-C16/2P+30mA　L3.N.PE
RCBO-C16/2P+30mA　L1.N.PE
RCBO-C16/2P+30mA　L2.N.PE
MCB-C16/1　L3.N.PE
MCB-C32/3　L1.L2.L3.N.PE

EF-V消防电源监视
电压降低15%报警　EF-V

ZR-RW-2x1.5mm²
NH-BV-2x2.5mm²
MR SC25 FC/WC
由下层监控点位引来

负荷	容量W
照明	168
插座	400
备用	
备用	
备用	
备用	
备用	
备用	
负荷	容量W

设　计		项目名称	2号办公楼	设计阶段	施工图
制　图				单　位	mm,m
审　核		图　名	配电系统图(七)	图　别	电气
审　定				图　号	电施-17

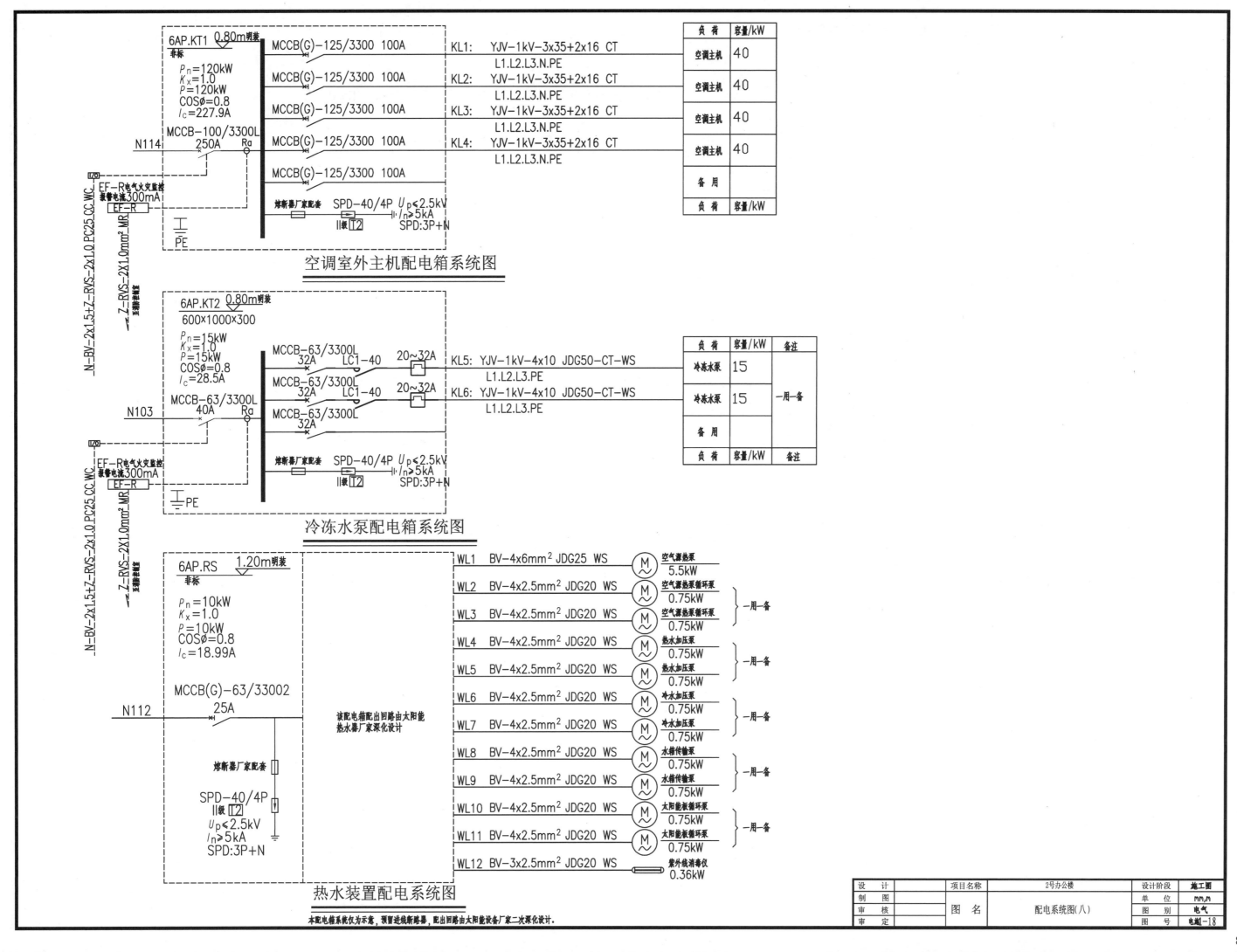

空调室外主机配电箱系统图

负 荷	容量/kW
空调主机	40
空调主机	40
空调主机	40
空调主机	40
备 用	
负 荷	容量/kW

冷冻水泵配电箱系统图

负 荷	容量/kW	备注
冷冻水泵	15	
冷冻水泵	15	一用一备
备 用		
负 荷	容量/kW	备注

热水装置配电系统图

本配电箱系统仅为示意，预留进线断路器，配出回路由太阳能设备厂家二次深化设计。

设 计		项目名称	2号办公楼	设计阶段	施工图
制 图				单 位	mm,m
审 核		图 名	配电系统图(八)	图 别	电气
审 定				图 号	电施1-18

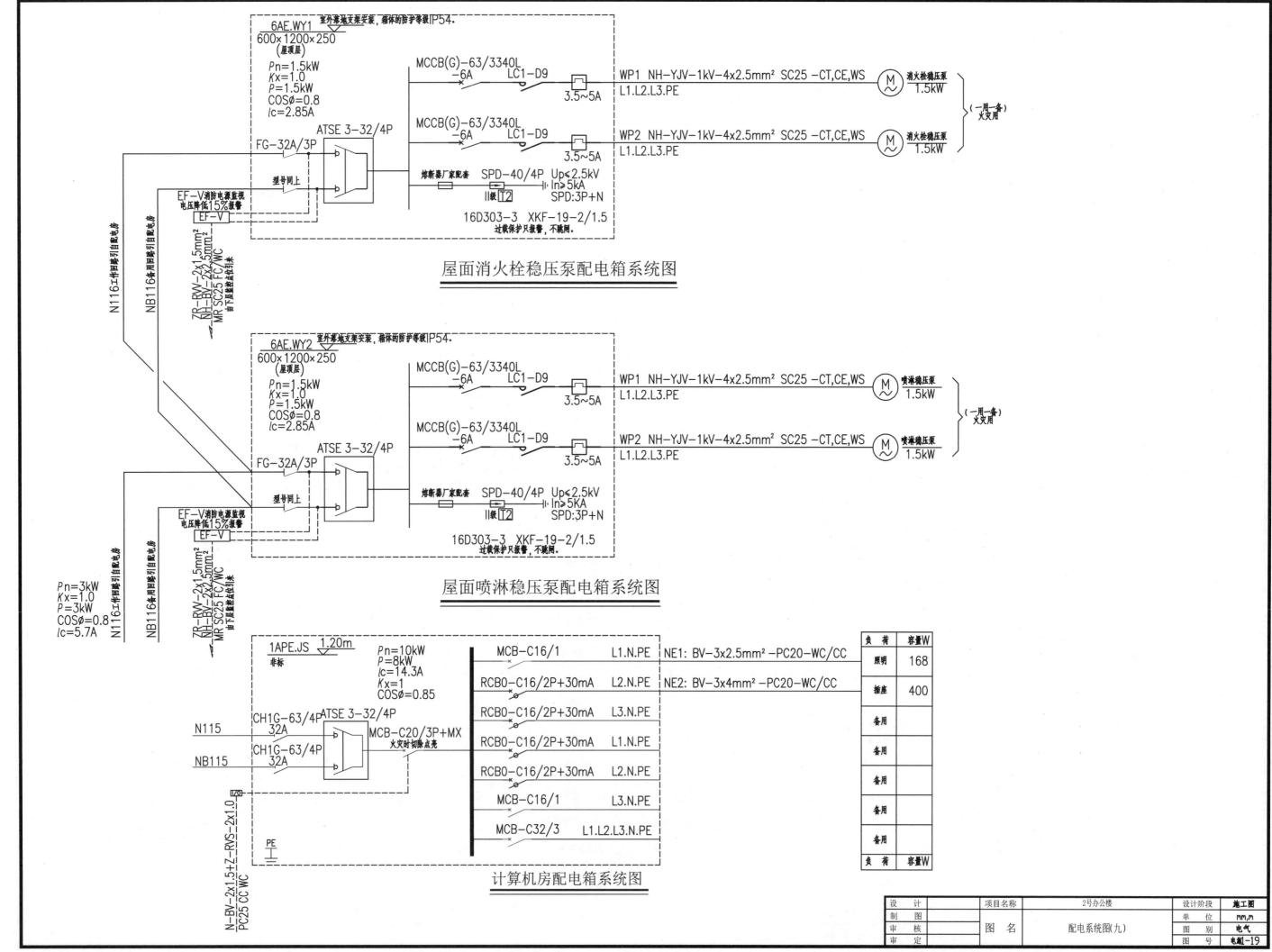

屋面消火栓稳压泵配电箱系统图

屋面喷淋稳压泵配电箱系统图

计算机房配电箱系统图

负荷	容量W
照明	168
插座	400
备用	
备用	
备用	
备用	
备用	
负荷	容量W

设 计		项目名称	2号办公楼	设计阶段	施工图
制 图				单 位	mm,m
审 核		图 名	配电系统图(九)	图 别	电气
审 定				图 号	电施-19

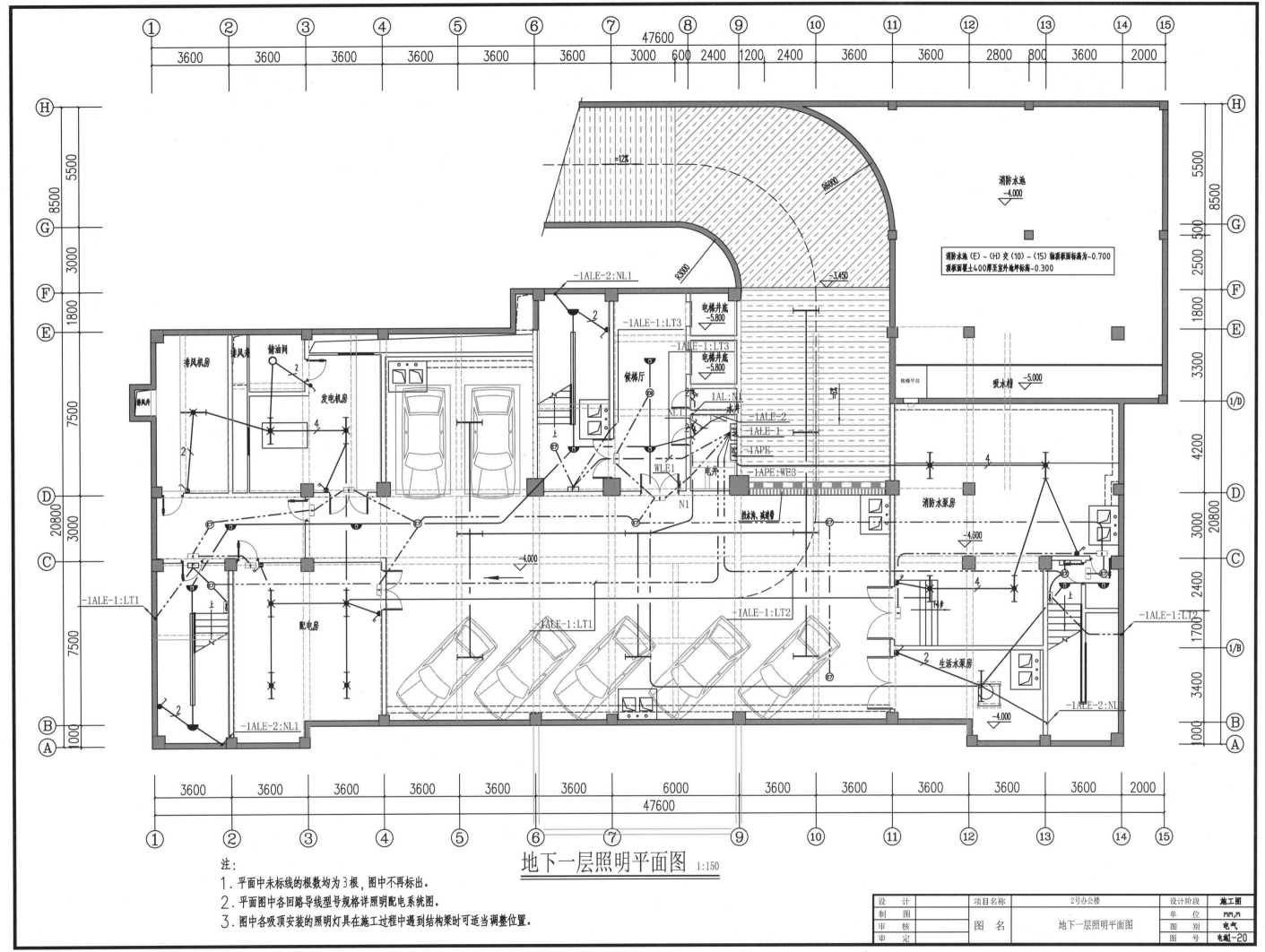

地下一层照明平面图 1:150

注:
1. 平面中未标线的根数均为3根, 图中不再标出。
2. 平面图中各回路导线型号规格详照明配电系统图。
3. 图中各吸顶安装的照明灯具在施工过程中遇到结构梁时可适当调整位置。

设 计		项目名称	2号办公楼	设计阶段	施工图
制 图				单 位	mm,m
审 核		图 名	地下一层照明平面图	图 别	电气
审 定				图 号	电施-20

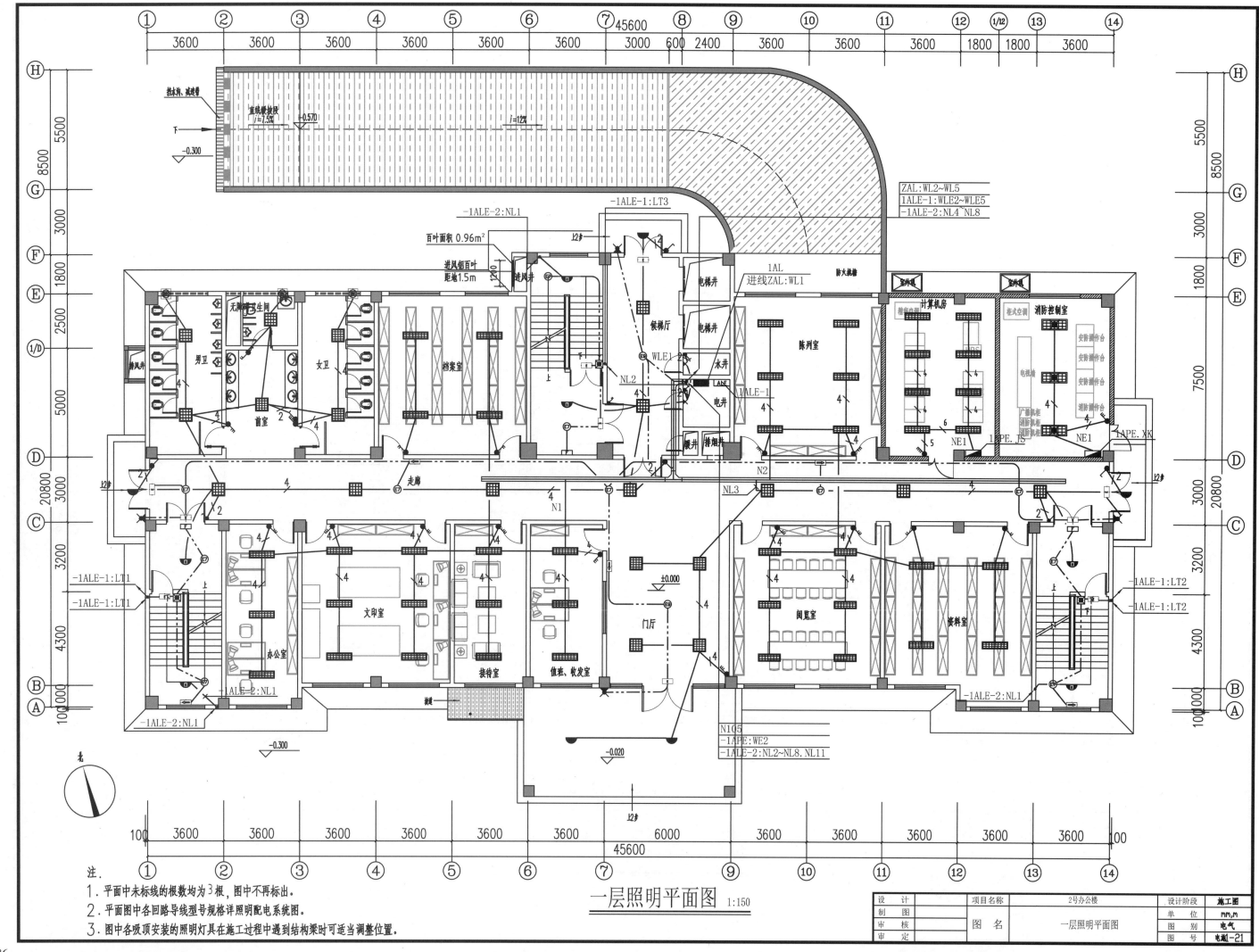

一层照明平面图 1:150

注：
1. 平面中未标线的根数均为3根，图中不再标出。
2. 平面图中各回路导线型号规格详照明配电系统图。
3. 图中各吸顶安装的照明灯具在施工过程中遇到结构梁时可适当调整位置。

设 计		项目名称	2号办公楼	设计阶段	施工图
制 图				单 位	mm,m
审 核		图 名	一层照明平面图	图 别	电气
审 定				图 号	电施-21

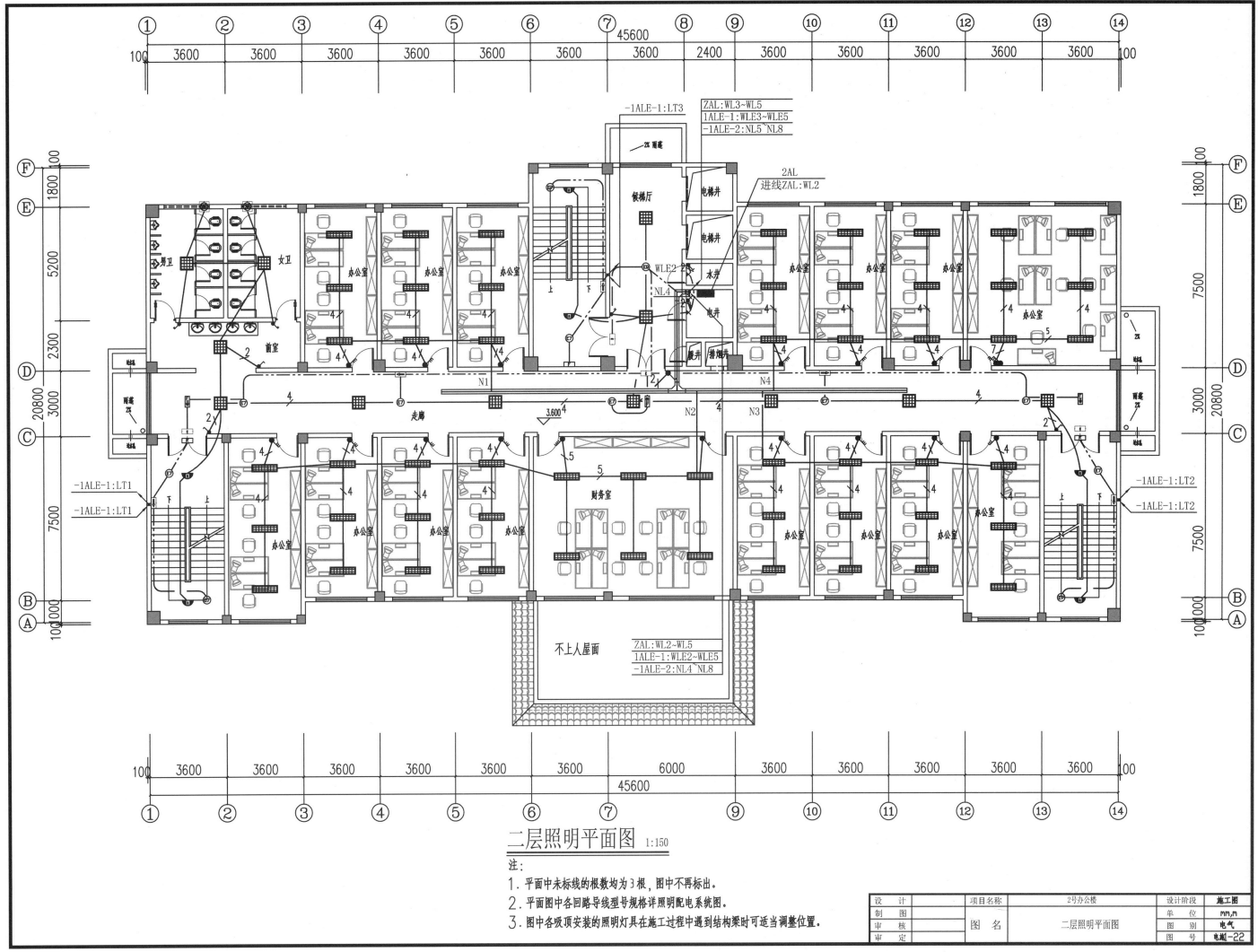

二层照明平面图 1:150

注：
1. 平面中未标线的根数均为3根，图中不再标出。
2. 平面图中各回路导线型号规格详照明配电系统图。
3. 图中各吸顶安装的照明灯具在施工过程中遇到结构梁时可适当调整位置。

设 计		项目名称	2号办公楼	设计阶段	施工图
制 图				单 位	mm,m
审 核		图 名	二层照明平面图	图 别	电气
审 定				图 号	电施-22

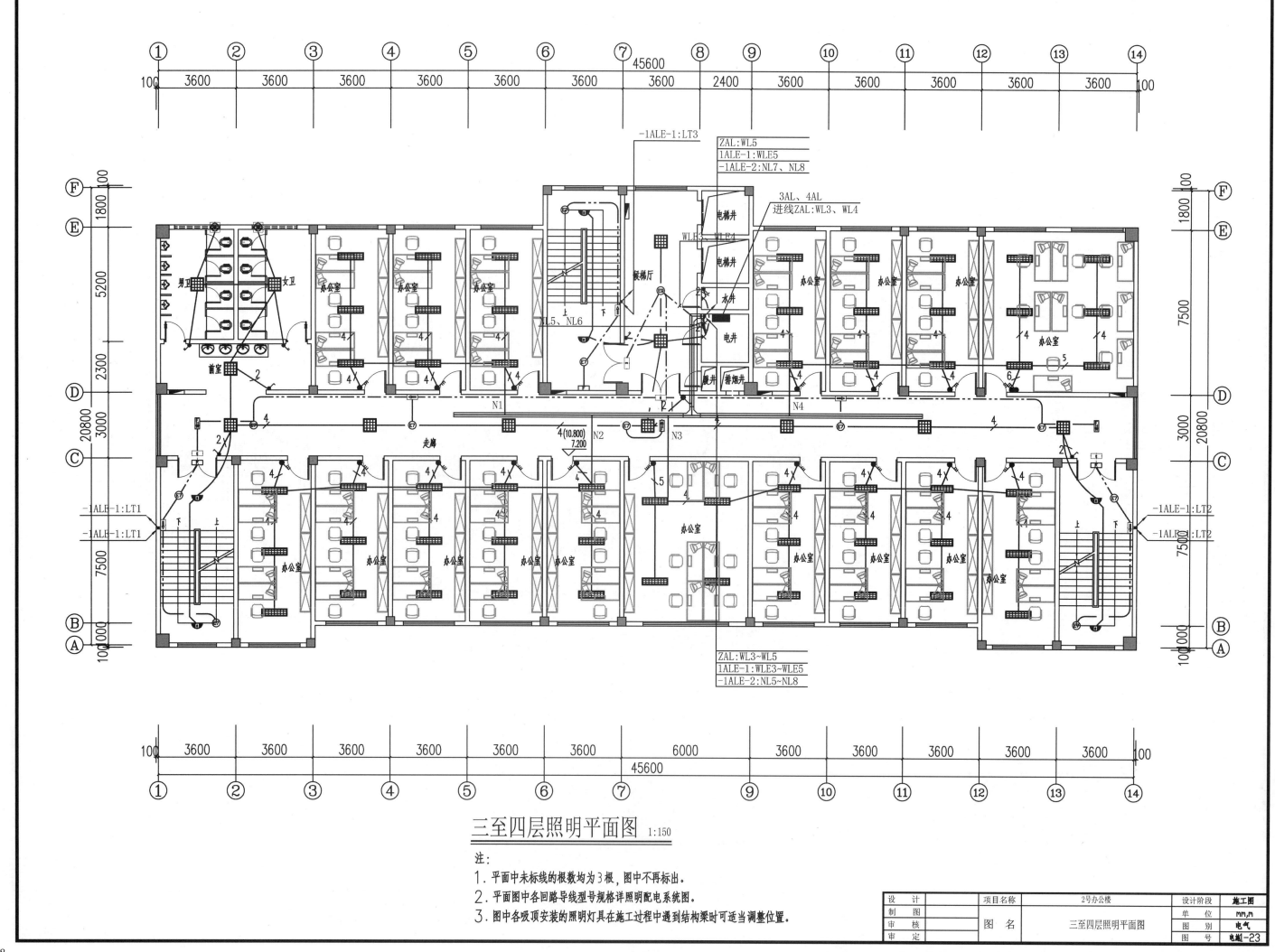

三至四层照明平面图 1:150

注:
1. 平面中未标线的根数均为3根,图中不再标出。
2. 平面图中各回路导线型号规格详照明配电系统图。
3. 图中各吸顶安装的照明灯具在施工过程中遇到结构梁时可适当调整位置。

设 计		项目名称	2号办公楼	设计阶段	施工图
制 图				单 位	mm,m
审 核		图 名	三至四层照明平面图	图 别	电气
审 定				图 号	电施-23

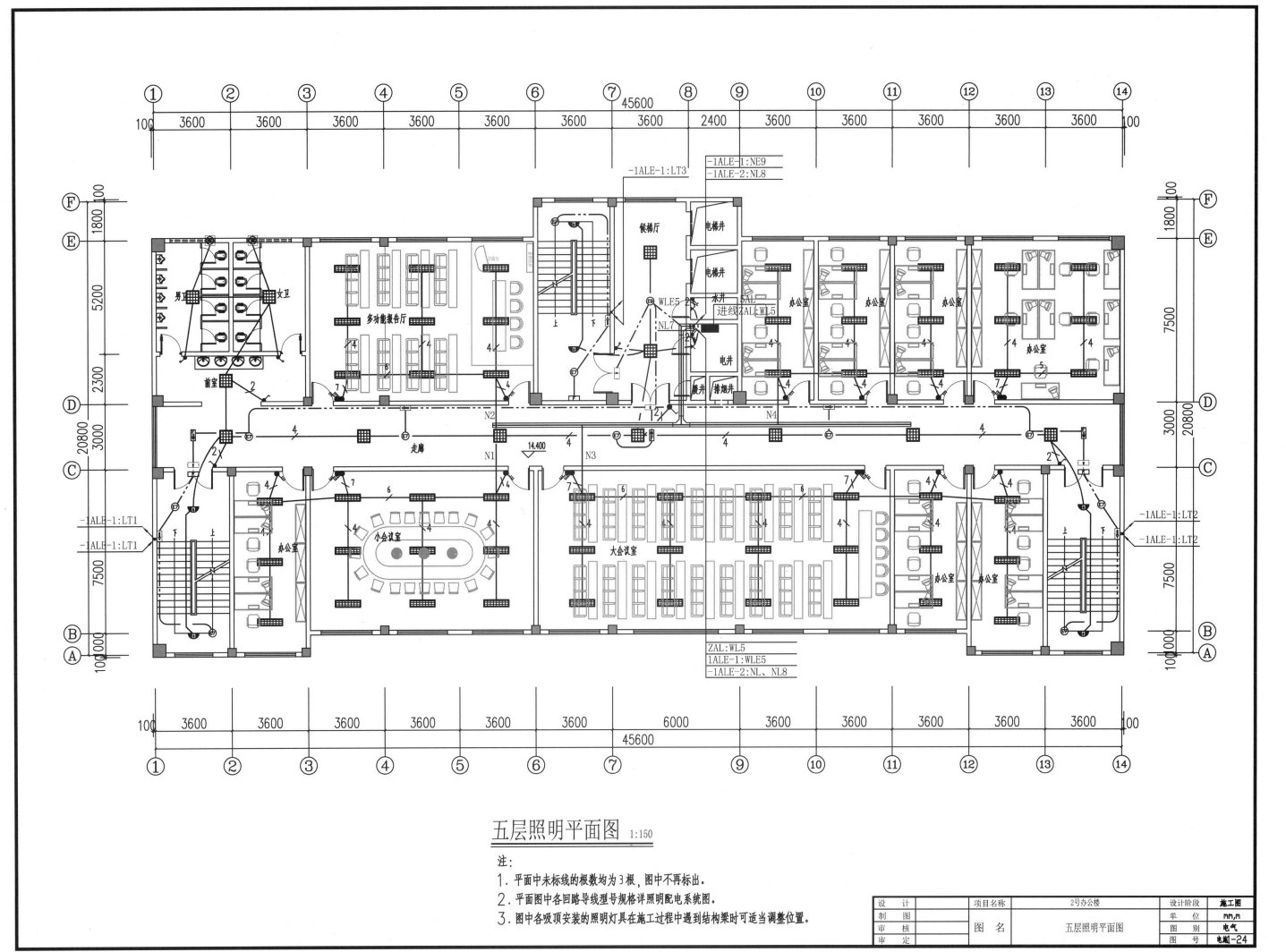

五层照明平面图 1:150

注:
1. 平面中未标线的根数均为3根, 图中不再标出。
2. 平面图中各回路导线型号规格详照明配电系统图。
3. 图中各吸顶安装的照明灯具在施工过程中遇到结构梁时可适当调整位置。

设 计		项目名称	2号办公楼	设计阶段	施工图
制 图				单 位	mm,m
审 核		图 名	五层照明平面图	图 别	电气
审 定				图 号	电施-24

89

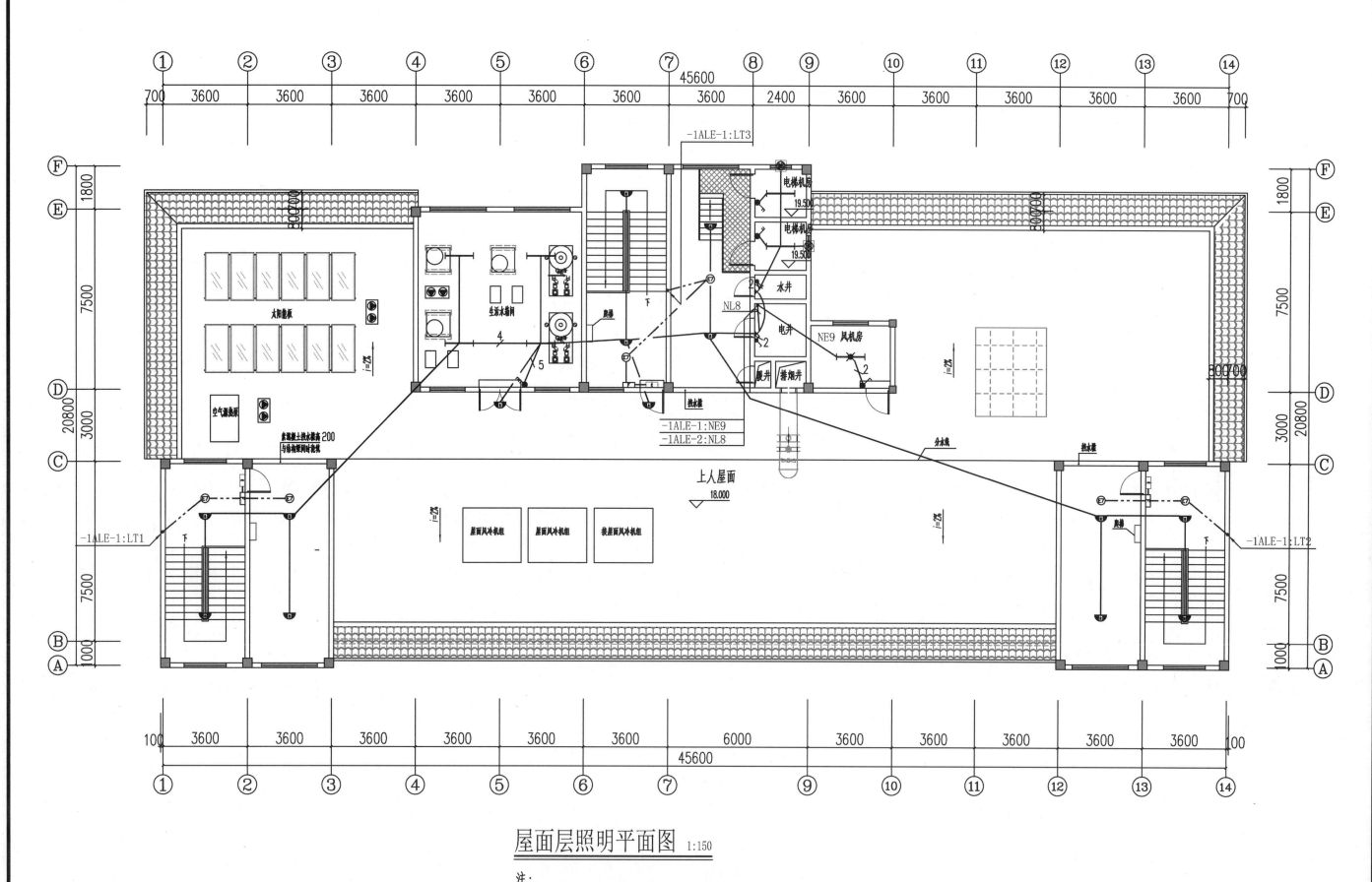

屋面层照明平面图 1:150

注:
1. 平面中未标线的根数均为3根,图中不再标出。
2. 平面图中各回路导线型号规格详照明配电系统图。
3. 图中各吸顶安装的照明灯具在施工过程中遇到结构梁时可适当调整位置。

设 计		项目名称	2号办公楼	设计阶段	施工图
制 图		单 位		单 位	mm,m
审 核		图 名	屋面层照明平面图	图 别	电气
审 定				图 号	电施-25

90

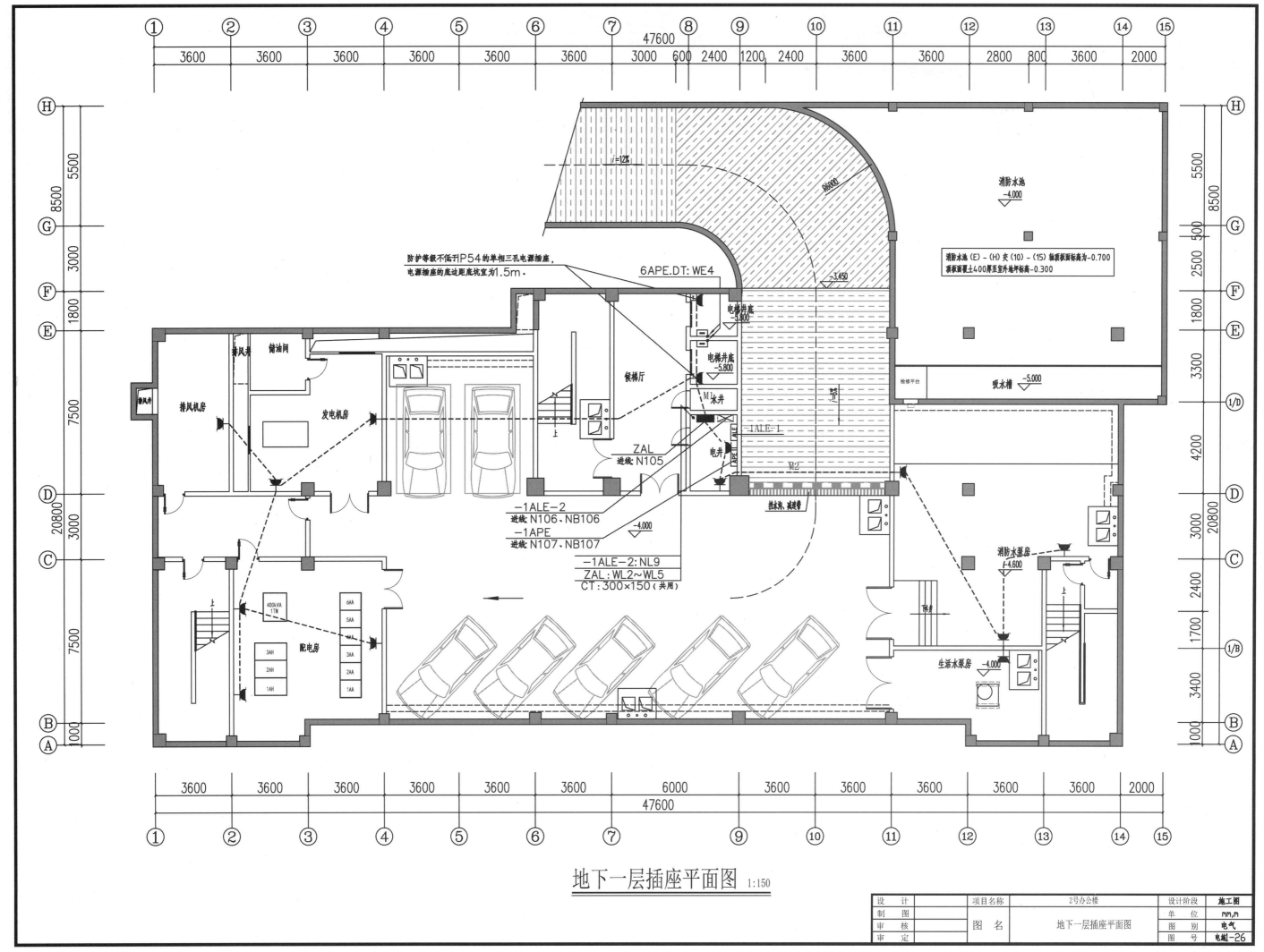

地下一层插座平面图 1:150

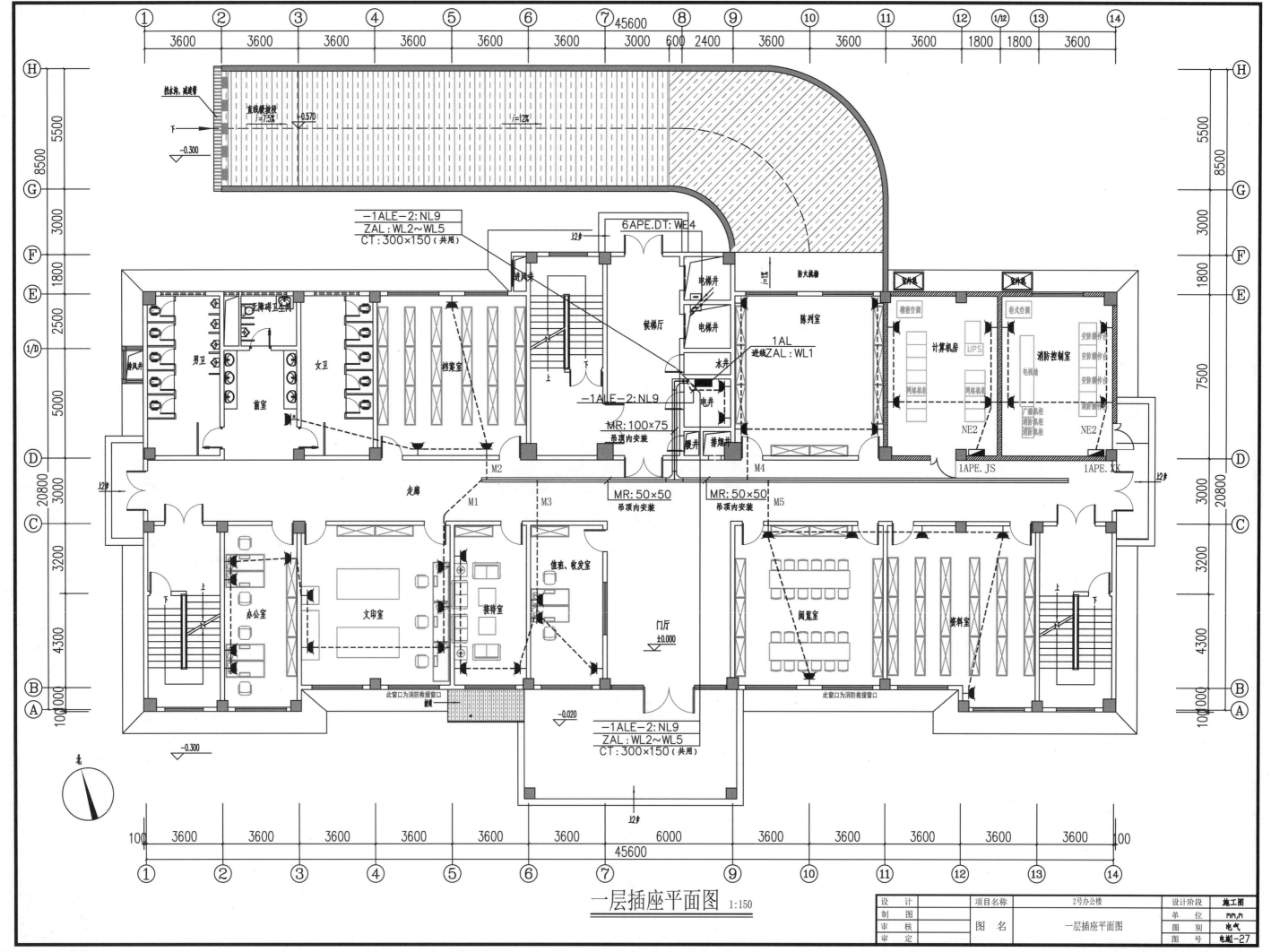

一层插座平面图 1:150

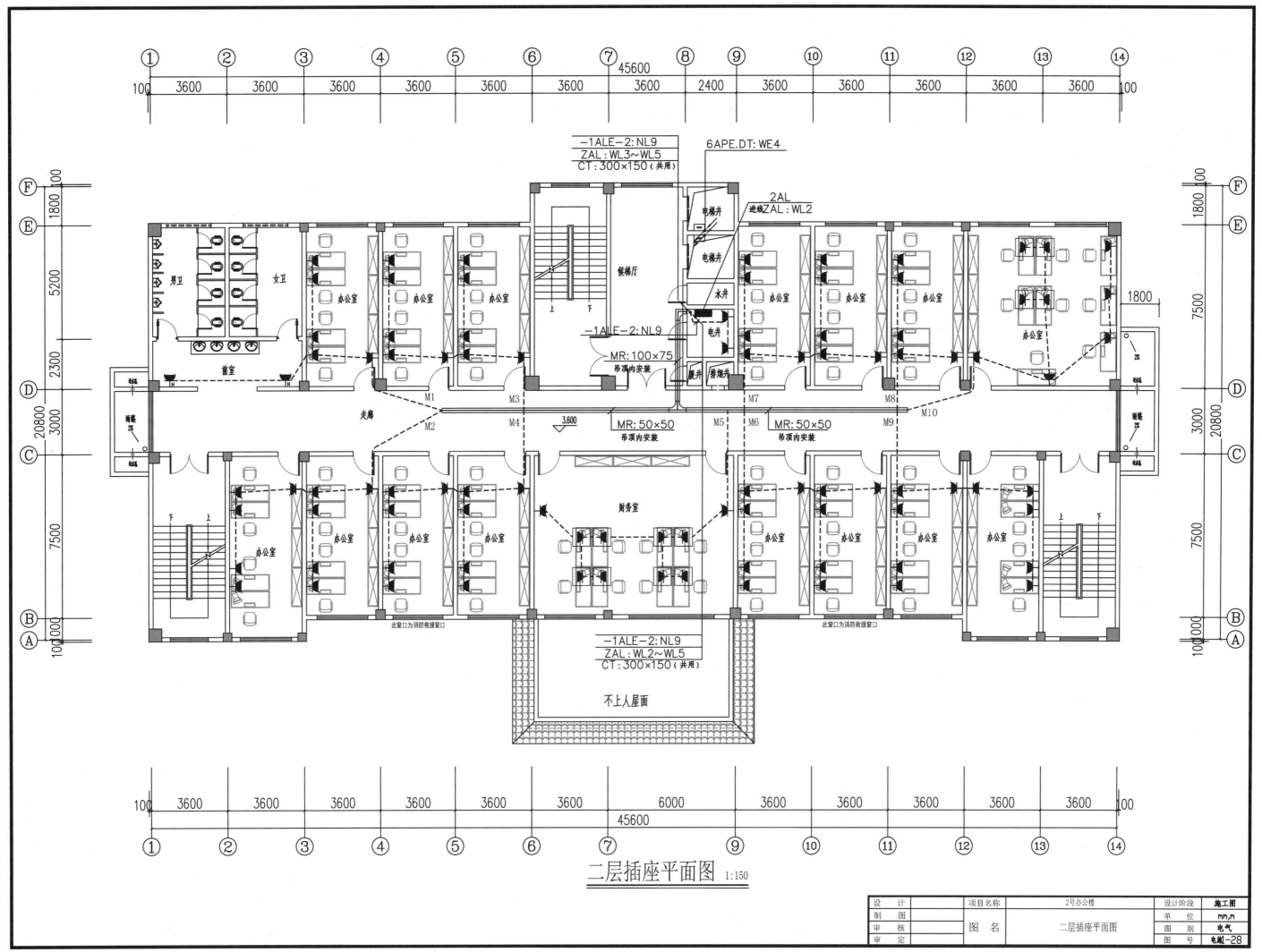

二层插座平面图 1:150

设　计		项目名称	2号办公楼	设计阶段	施工图
制　图				单　位	mm,m
审　核		图　名	二层插座平面图	图　别	电气
审　定				图　号	电施-28

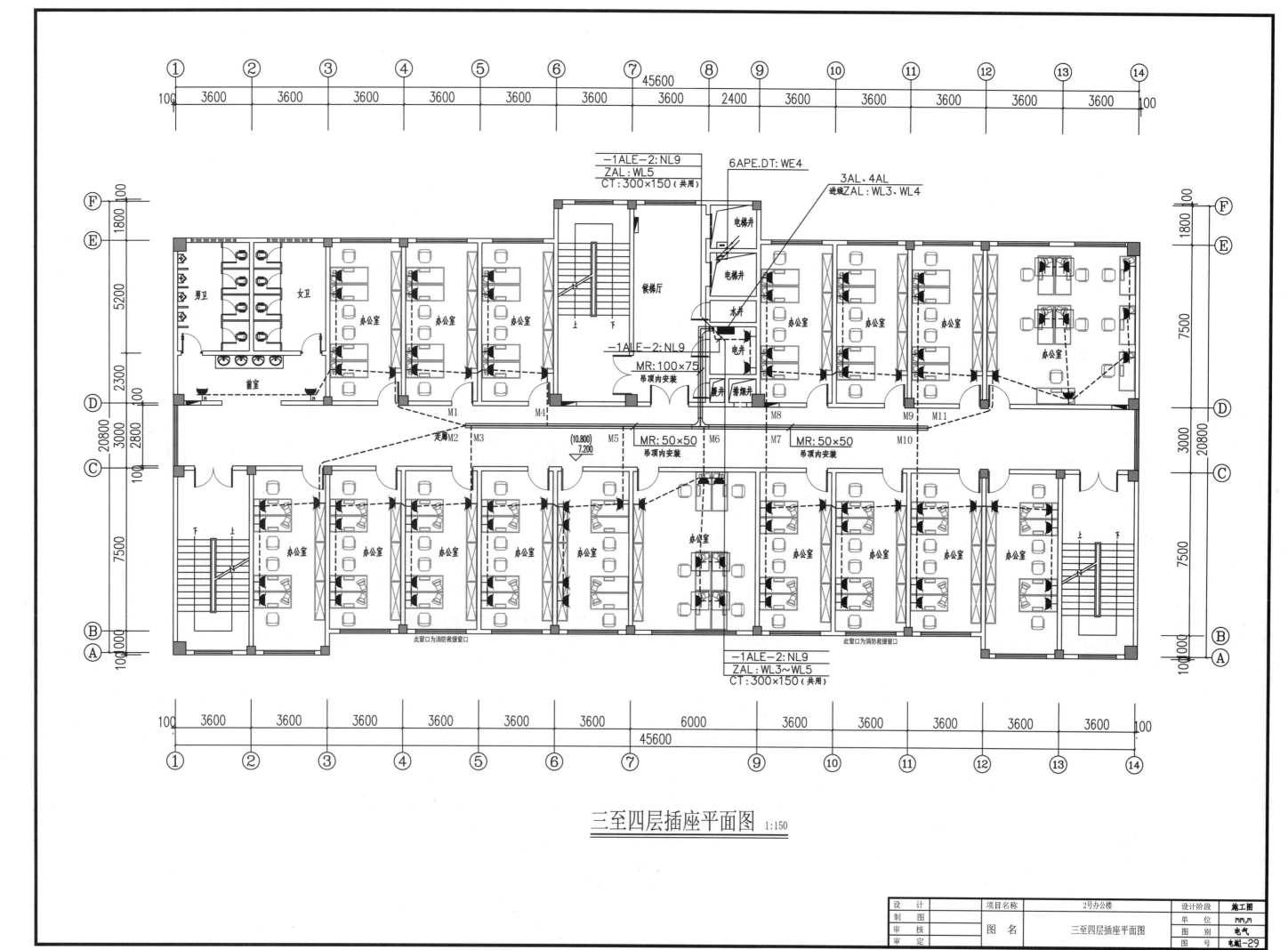

三至四层插座平面图 1:150

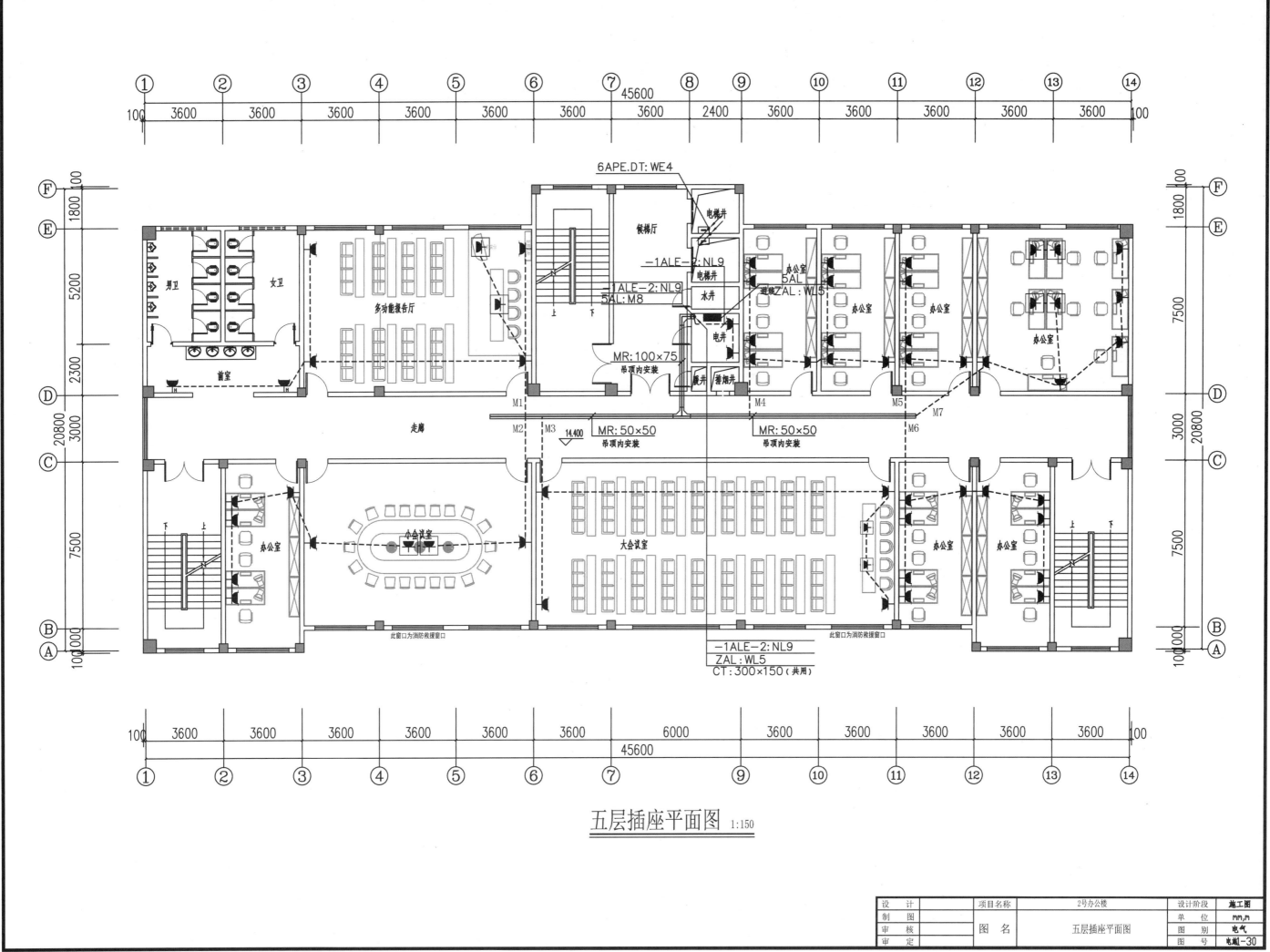

五层插座平面图 1:150

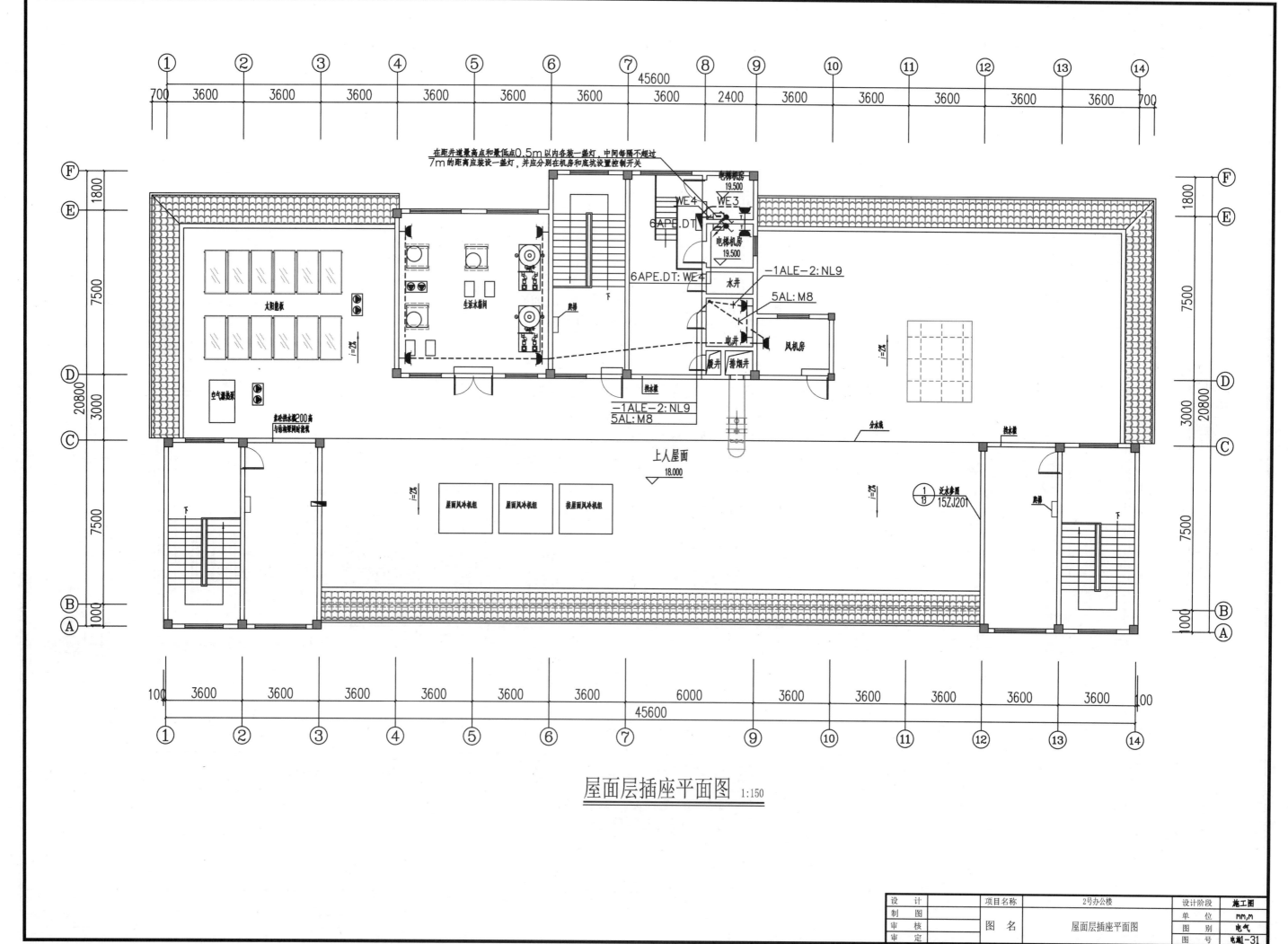

在距井道最高点和最低点0.5m以内各装一盏灯，中间每隔不超过7m的距离应设一盏灯，并应分别在机房和底坑设置控制开关

电梯机房
19.500

WE 4   WE 3
6APE.DT

电梯机房
19.500

6APE.DT: WE 4

−1ALE−2: NL9

水井   5AL: M8

电井   风机房

污井 排烟井

−1ALE−2: NL9
5AL: M8

热水箱

太阳能板

空气源热泵

太阳能热水箱200高
与给制度网时光供

热水箱

分水线

上人屋面
▽ 18.000

屋面风冷机组   屋面风冷机组   接屋面风冷机组

泛水参面
15ZJ201

屋面层插座平面图 1:150

45600

700 | 3600 | 3600 | 3600 | 3600 | 3600 | 3600 | 3600 | 2400 | 3600 | 3600 | 3600 | 3600 | 3600 | 700

100 | 3600 | 3600 | 3600 | 3600 | 3600 | 3600 | 6000 | 3600 | 3600 | 3600 | 3600 | 3600 | 100

45600

设　计		项目名称	2号办公楼	设计阶段	施工图
制　图				单　位	mm,m
审　核		图　名	屋面层插座平面图	图　别	电气
审　定				图　号	电施-31

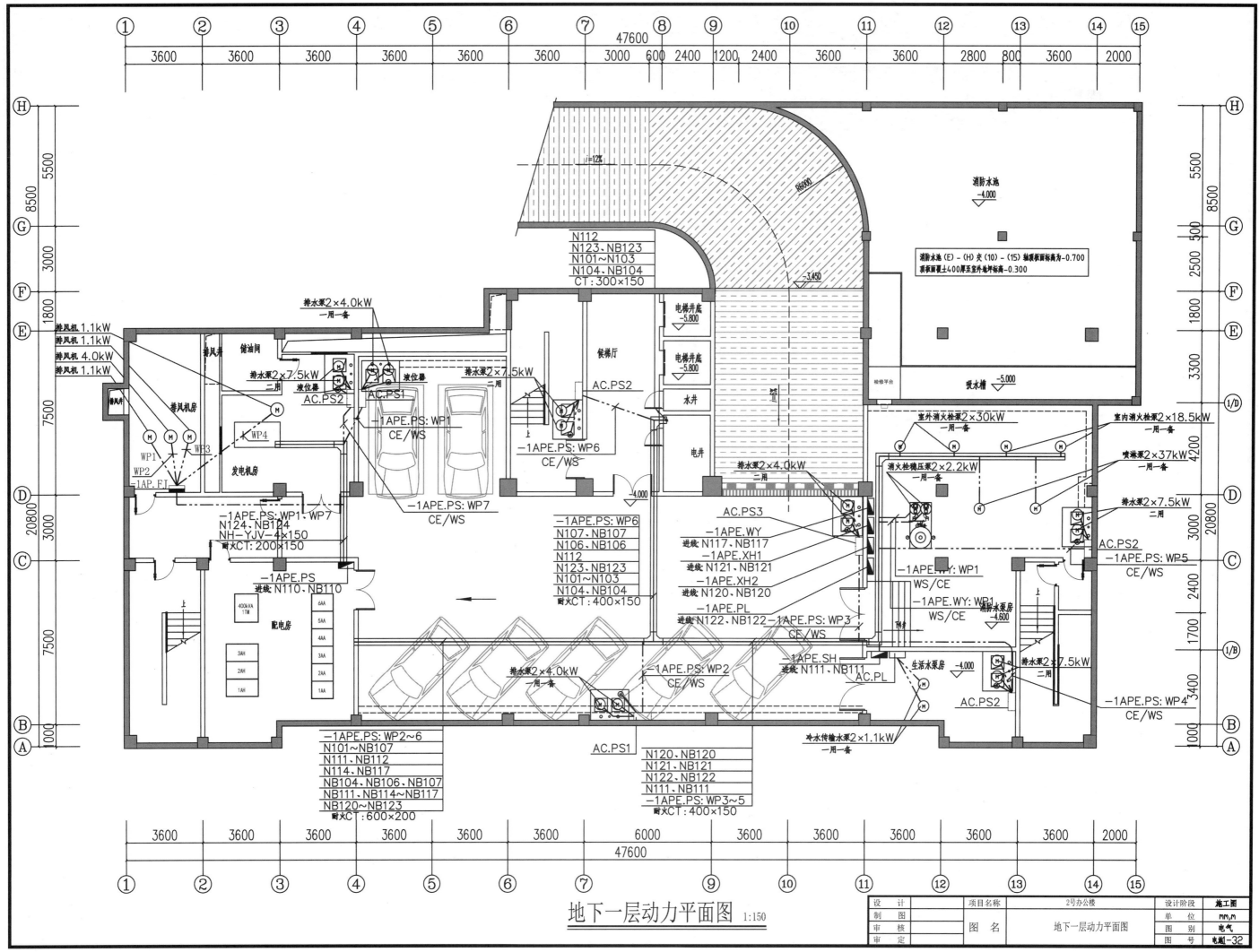

地下一层动力平面图 1:150

47600

消防水池 -4.000

消防水池（E）-（H）交（10）-（15）顶板板面标高为-0.700
顶板面覆土400厚至室外地坪标高-0.300

N112
N123、NB123
N101~N103
N104、NB104
CT：300×150

排水泵2×4.0kW
一用一备

排水泵2×7.5kW
二用

排风机 1.1kW
排风机 1.1kW
排风机 4.0kW
排风机 1.1kW

储油间

排水泵2×7.5kW
二用
液位器
液位器
AC.PS2
AC.PS1

候梯厅

电梯井底
-5.800
电梯井底
-5.800
水井
电井

室外消火栓泵2×30kW
一用一备
室内消火栓泵2×18.5kW
一用一备
喷淋泵2×37kW
一用一备

消火栓稳压泵2×2.2kW
一用一备

排水泵2×7.5kW
二用

AC.PS2

-1APE.PS：WP5
CE/WS

-1APE.PS：WP1
CE/WS

-1APE.PS：WP6
CE/WS

-1APE.PS：WP6
N107、NB107
N106、NB106
N112
N123、NB123
N101~N103
N104、NB104
耐火CT：400×150

排水泵2×4.0kW
二用
-4.000

AC.PS3
-1APE.WY
进线：N117、NB117
-1APE.XH1
进线：N121、NB121
-1APE.XH2
进线：N120、NB120
-1APE.PL
进线：N122、NB122 -1APE.PS：WP3
CE/WS

-1APE.WY：WP1
WS/CE
-1APE.WY：WP1
WS/CE
-1APE.SH
进线：N111、NB111
AC.PL

消防水泵房
-4.600
生活水泵房
-4.000

排水泵2×7.5kW
二用

AC.PS2

-1APE.PS：WP4
CE/WS

WP4
WP1
WP2
-1AP.FJ
WP3
发电机房

400kVA
1TM
配电房

-1APE.PS：WP1、WP7
N124、NB124
NH-YJV-4×150
耐火CT：200×150

-1APE.PS
进线 N110、NB110

6AA 5AA 4AA 3AA 2AA 1AA
3AH 2AH 1AH

AC.PS1

N120、NB120
N121、NB121
N122、NB122
N111、NB111
-1APE.PS：WP3~5
耐火CT：400×150

冷水传输水泵2×1.1kW
一用一备

-1APE.PS：WP2~6
N101~NB107
N111、NB112
N114、NB117
NB104、NB106、NB107
NB111、NB114~NB117
NB120~NB123
耐火CT：600×200

排水泵2×4.0kW
一用一备

-1APE.PS：WP2
CE/WS

-1APE.PS：WP7
CE/WS

-1APE.PS：WP1
CE/WS

i=12%
R6000
-3.450
检修平台 吸水槽 -5.000

设　计		项目名称	2号办公楼	设计阶段	施工图
制　图				单　位	mm/m
审　核		图　名	地下一层动力平面图	图　别	电气
审　定				图　号	电施-32

97

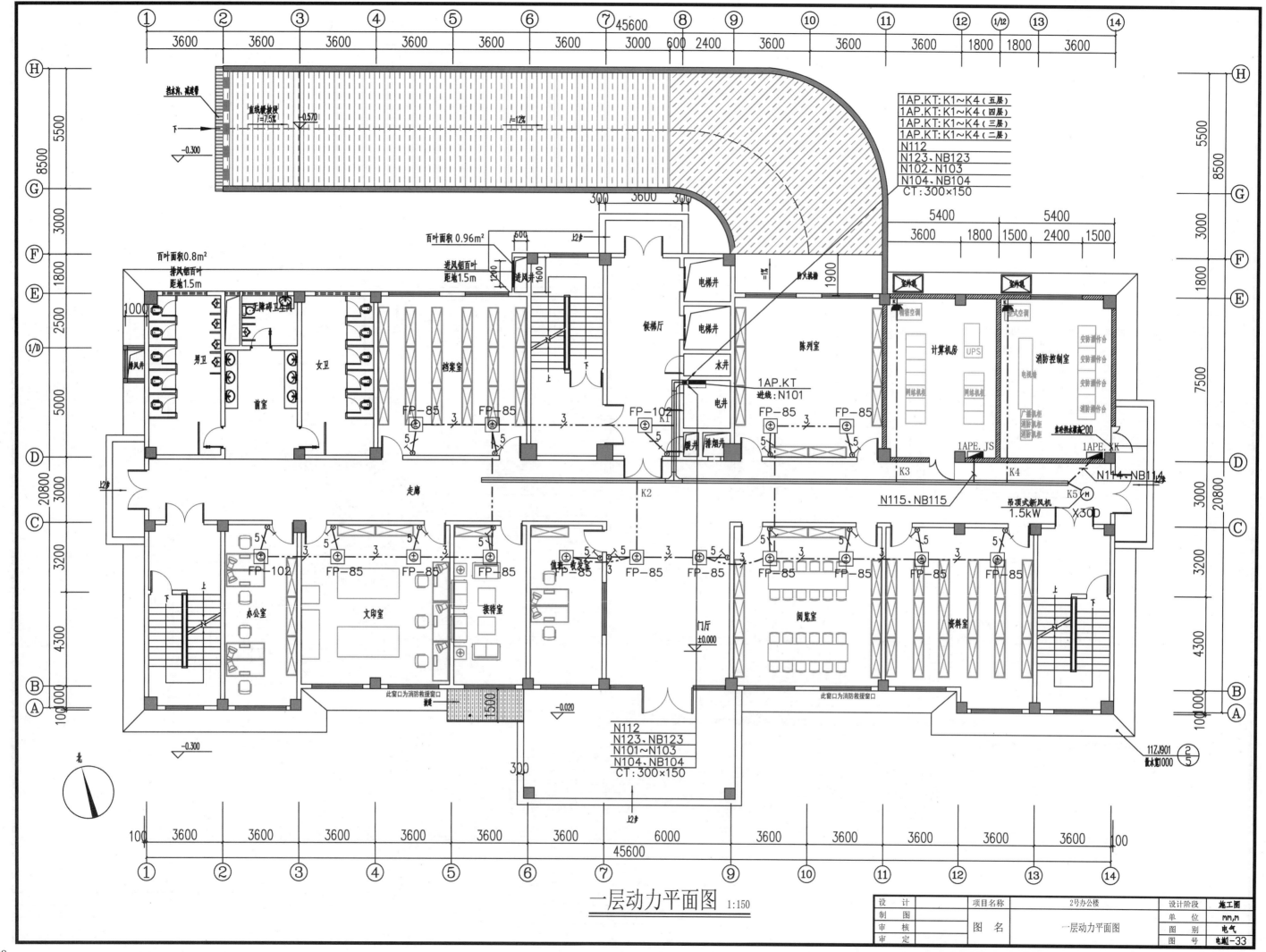

一层动力平面图 1:150

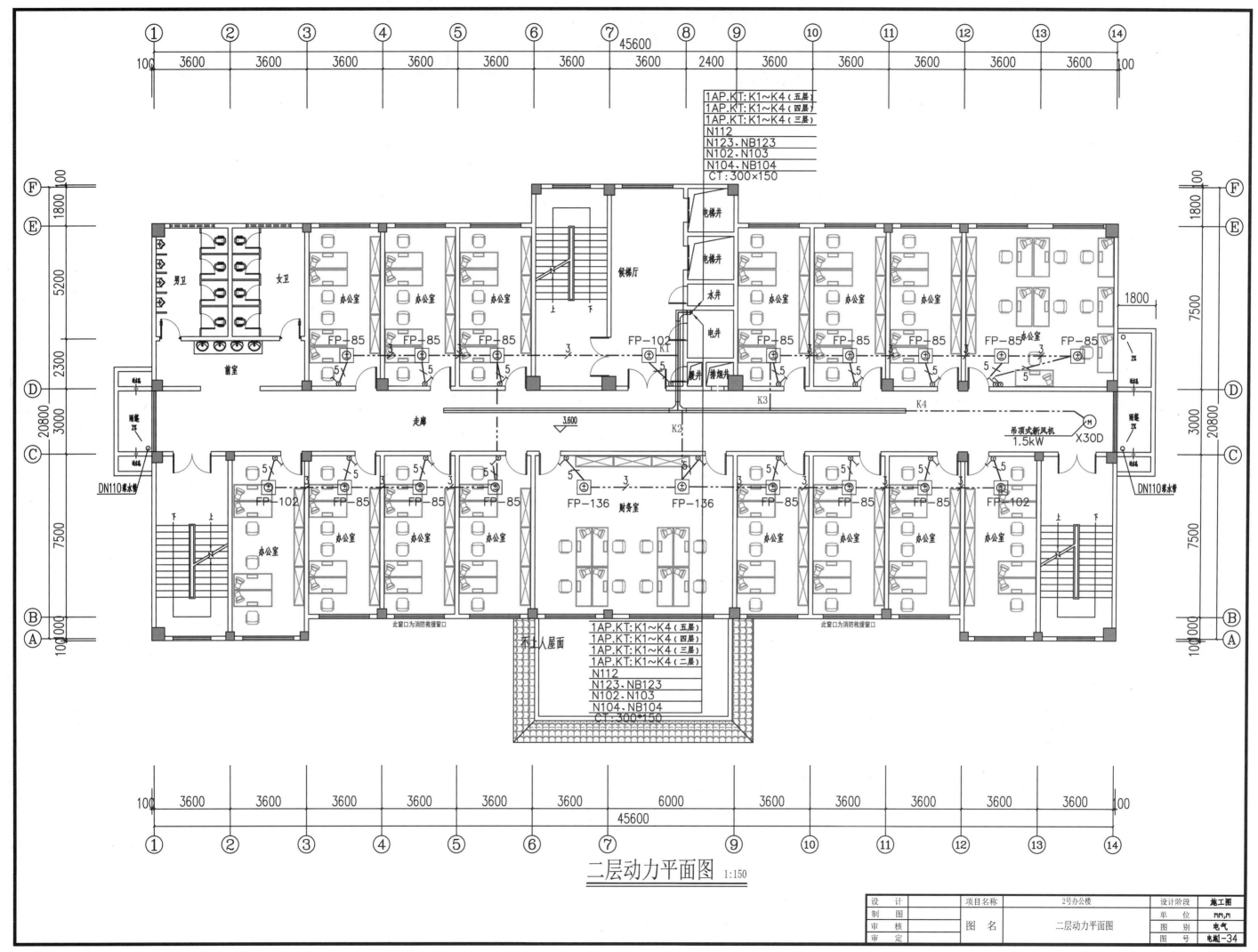

二层动力平面图 1:150

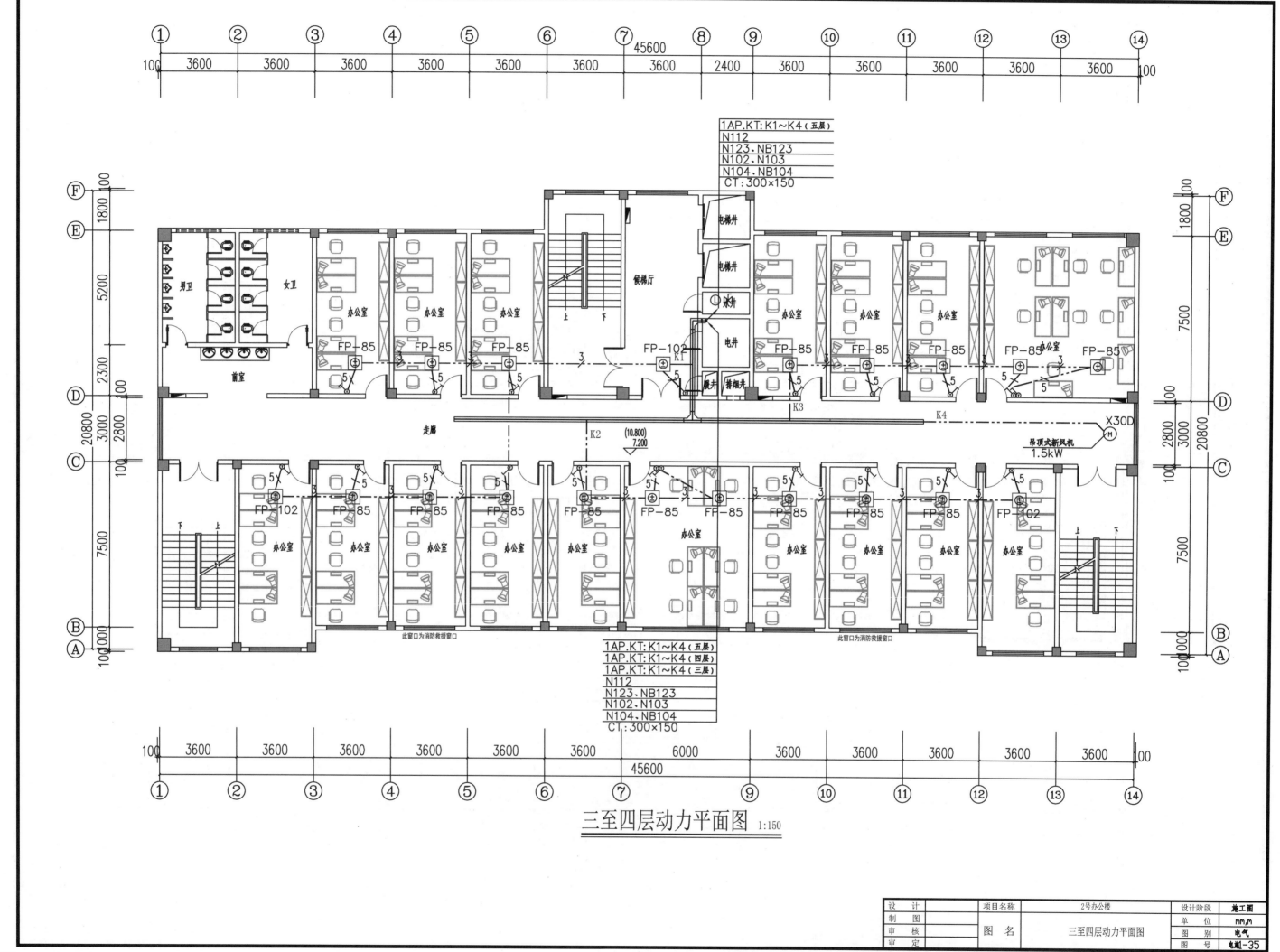

三至四层动力平面图 1:150

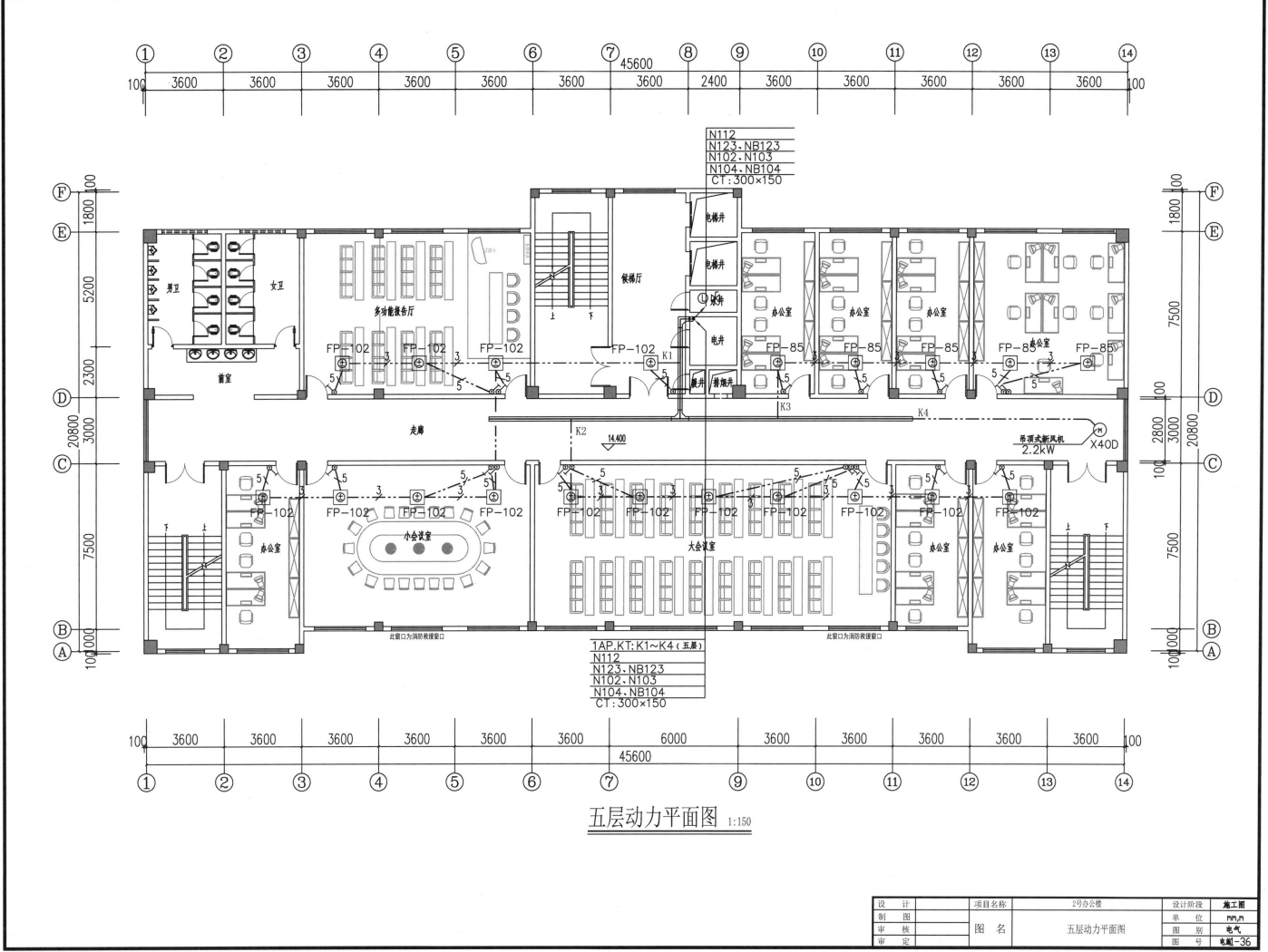

五层动力平面图 1:150

设 计		项目名称	2号办公楼	设计阶段	施工图
制 图				单 位	mm,m
审 核		图 名	五层动力平面图	图 别	电气
审 定				图 号	电施1-36

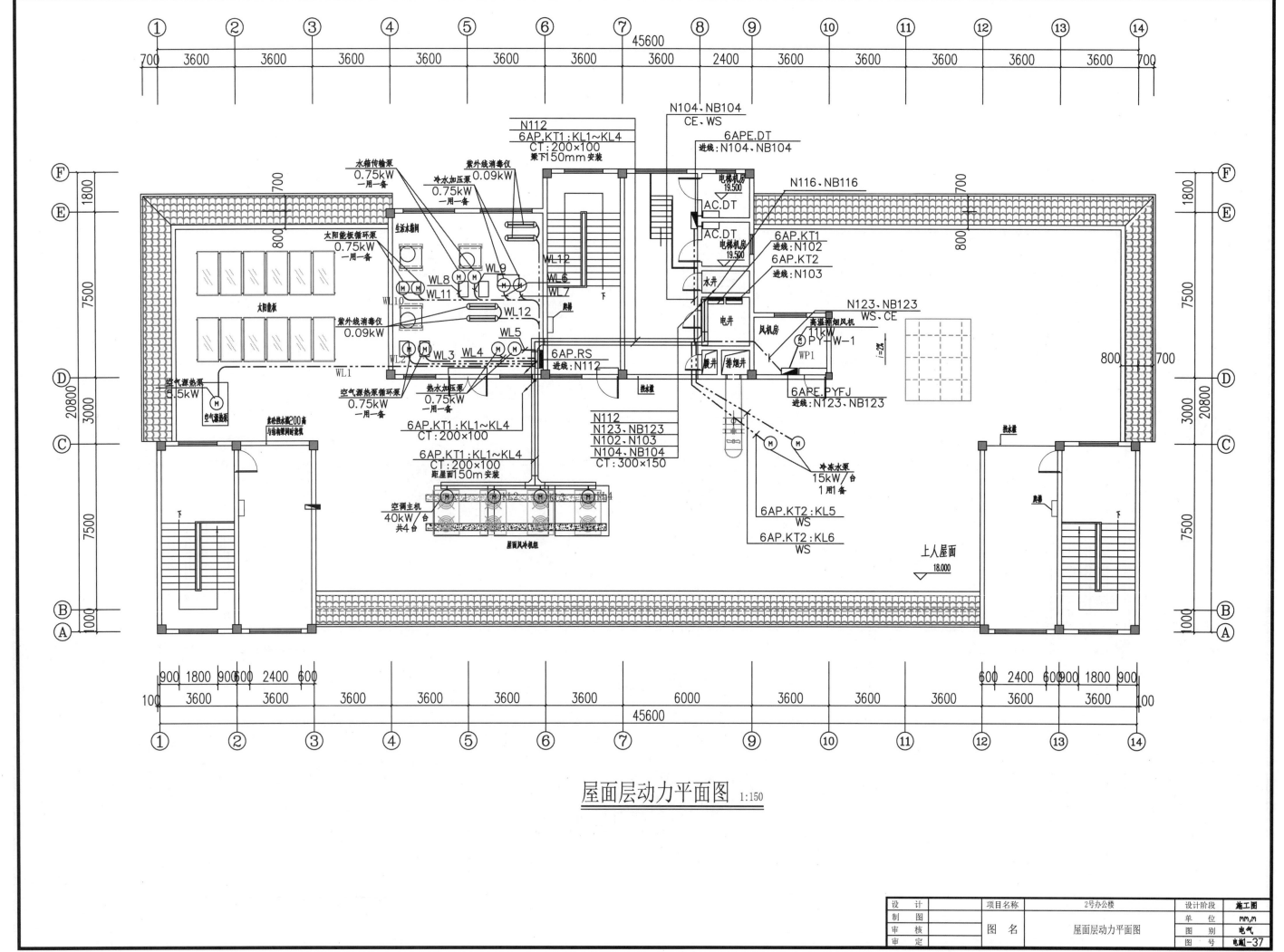

屋面层动力平面图 1:150

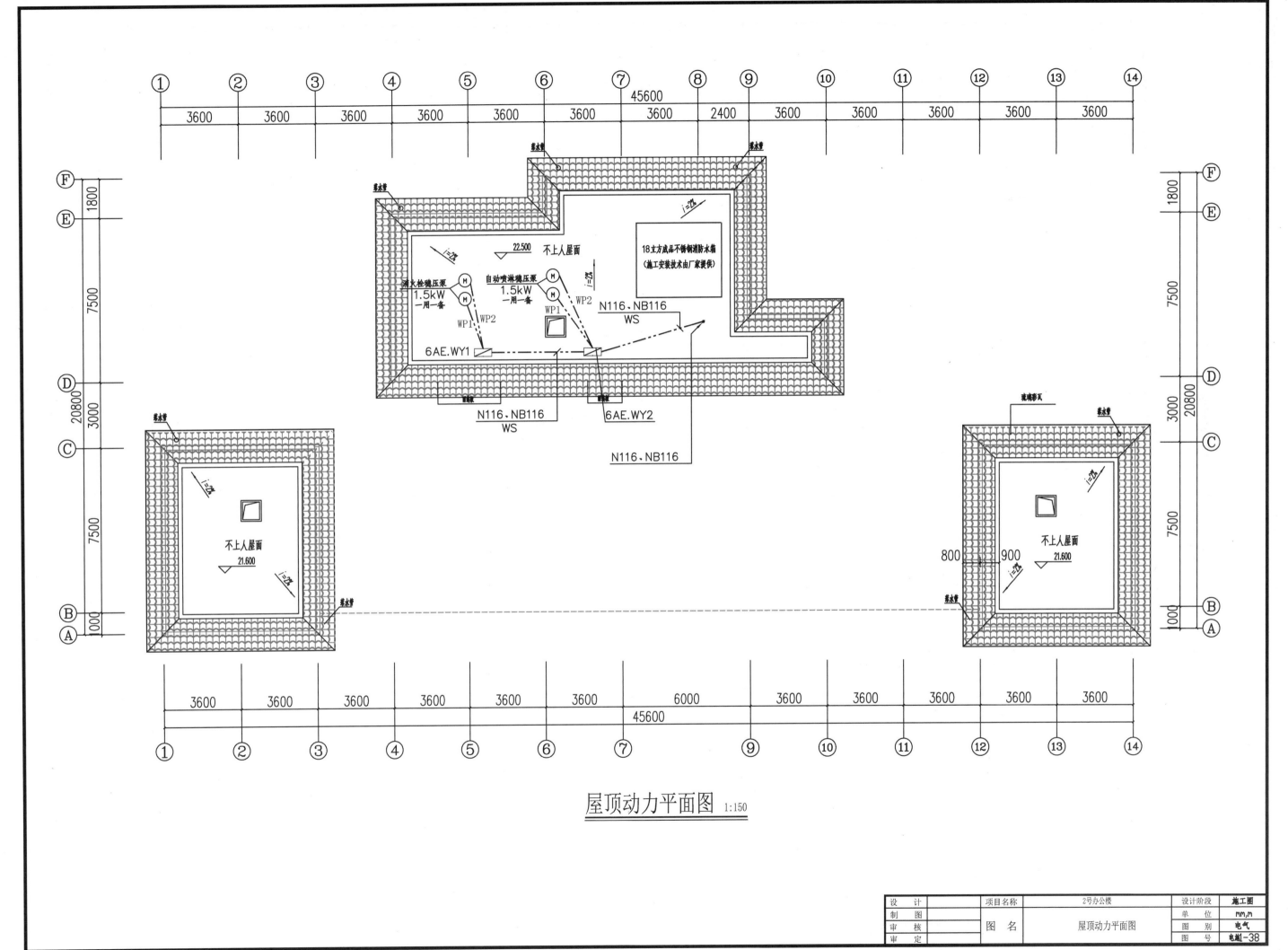

屋顶动力平面图 1:150

设　计		项目名称	2号办公楼	设计阶段	施工图
制　图				单　位	mm,m
审　核		图　名	屋顶动力平面图	图　别	电气
审　定				图　号	电施1-38

火灾自动报警系统工程施工图

第 1 页，共 1 页

建设单位	×××公司			设计阶段	施工图	出图日期	2019.12	工程号	
工程名称	2号办公楼			版 次	第一版	图 别	电 气		电施2-目录

火灾自动报警设计说明(一)

一、工程概况

本工程为2号办公楼,用地位于南方××市,总建筑面积5672m²,其中:地上面积为4643m²,地下室面积为1029m²。本工程地下1层,地上1~5层为办公室,局部6层为出屋面楼梯间、电梯机房及设备用房,建筑高度为18.3m,地下部分为车库、设备房。本工程属于二类多层民用建筑。

二、设计依据

1. 现行的国家规程规范

《民用建筑电气设计标准》(GB 51348—2019)
《火灾自动报警系统设计规范》(GB 50116—2013)
《图像型火灾安全监控系统设计、施工及验收规范》(DB 34/183—1999)
《消防控制室通用技术要求》(GB 25506—2010)
《供配电系统设计规范》(GB 50052—2016)
《消防给水及消火栓系统技术规范》(GB 50974—2014)

2. 甲方和其他专业提供的资料和图纸

三、系统概述

(1)根据国家现行有关电气消防设计规范及地区性规定,本工程火灾自动报警与消防联动控制系统采用集中报警系统,全方位探测保护方式。在一层设消防控制室,内设一台集中报警控制器,监控整个建筑物的火灾自动报警及消防设备运行情况。本工程除地下室及设备机房不考虑吊顶以外,其余场所均按有吊顶考虑布置火灾报警探测器,若业主日后取消吊顶,应根据结构梁布置形式及高度适当调整各火灾自动报警系统设备(如探测器、消防广播扬声器等)设置高度及间距。

(2)系统功能:当感烟感温探测器、手动报警按钮、消火栓按钮等现场设备将火警信息通过二总线传输至火灾自动报警控制器并进行报警,系统确认后发出火警声光报警,切断有关部位的通风、普通照明等非消防电源,同时能强制启动广播设备进行广播。要求消防控制中心的管理计算机自动显示报警楼层平面及报警点所在位置。同时,可根据联动控制要求在消防控制室手动或自动联动相应的消防设备,系统有自动/手动切换功能,并监控消防设备的运行状况。

(3)消防控制室设置火灾自动报警系统、消防设备电源监控系统及电气火灾监控报警系统各一套。火灾自动报警系统包括:火灾报警控制器、图形显示系统、消防联动控制盘、手动直接控制盘、气体灭火装置(设备配套)、总线消防电话总机、消防广播设备及消防电源、备用电源(蓄电池浮充电)等,楼层显示器要求为中文显示,显示范围可现场设定。

(4)需要火灾自动报警系统联动控制的消防设备,其联动触发信号应采用两个独立的报警触发装置报警信号的"与"逻辑组合。

(5)按本建筑物及其消防设备要求,系统设置的监控功能(即子系统)有:a.火灾自动报警监控系统;b.消火栓泵灭火监控系统;c.自动喷淋泵灭火监控系统;d.防排烟及通风监控系统;e.消防水位监视系统;f.应急照明及非消防电源的控制系统;g.电梯迫降监控系统;h.消防紧急广播监控系统;i.消防专用对讲电话系统;j.气体灭火系统;k.消防设备电源监控系统;l.电气火灾监控报警系统。

(6)本系统报警和联动控制功能,由供货厂家进行现场编程,供货厂应负责系统的开通调试。

四、系统主要功能及其显示

1. 火灾自动报警监控系统

本系统应能显示系统电源;显示火灾报警、故障报警部位;显示疏散通道、消防设备及报警、控制设备的平面位置或模拟图;显示各消防设备工作及故障状态,能自动及手动控制各消防设备,并且对重要的消防设备:如消防水泵、加压风机、排烟风机等,除能联动控制外,手动控制盘尚能直接进行手动控制,并显示其工作及故障状态。

2. 消火栓泵灭火监控系统

①联动控制方式,应以消火栓系统出水干管上设置的低压压力开关、高位消防水箱出水管上设置的流量开关或报警阀压力开关等信号作为触发信号,直接控制启动消火栓泵,联动控制不应受消防联动控制器处于自动或手动状态影响。当设置消火栓按钮时,消火栓按钮的动作信号应作为报警信号及启动消火栓泵的联动触发信号,由消防联动控制器联动控制消火栓泵的启动。

②手动控制方式,应将消火栓泵控制箱(柜)的启动、停止按钮用专用线路直接连接至设置在消防控制室内的消防联动控制器的手动控制盘,并应直接手动控制消火栓泵的启动、停止。

③消火栓泵的动作及故障信号应反馈至消防联动控制器。其余工艺要求详见水施图。

3. 自动喷淋泵灭火监控系统

①联动控制方式,应由湿式报警阀压力开关的动作信号作为触发信号,直接控制启动喷淋消防泵,联动控制不应受消防联动控制器处于自动或手动状态影响。

②手动控制方式,应将喷淋消防泵控制箱(柜)的启动、停止按钮用专用线路直接连接至设置在消防控制室内的消防联动控制器的手动控制盘,直接手动控制喷淋消防泵的启动、停止。

③水流指示器、信号阀、压力开关、喷淋消防泵的启动和停止的动作信号应反馈至消防联动控制其余工艺要求详见水施图。

4. 防排烟及通风监控系统

①由同一防烟分区内的独立的火灾探测器的报警信号,作为排烟口或排烟阀开启的联动触发信号,并由消防联动控制器联动控制排烟口或排烟阀的开启。火灾时,仅电动打开当前着火防烟分区的排烟口,并联动开启排烟风机和补风机进行排烟。

②排烟口或排烟阀开启的动作信号,作为排烟风机启动的联动触发信号,并应由消防联动控制器联动控制排烟风机的启动。

③防烟系统、排烟系统的手动控制方式,在消防控制室内的消防联动控制器上手动控制送风口、排烟口、排烟阀的开启或关闭及防烟风机、排烟风机等设备的启动或停止,防烟、排烟风机的启动、停止按钮应采用专用线路直接连接至设置在消防控制室内的消防联动控制器的手动控制盘,并应直接手动控制防烟、排烟风机的启动、停止。

④送风口、排烟口、排烟阀开启和关闭的动作信号,防烟、排烟风机启动和停止及电动防火阀关闭的动作信号,均应反馈至消防联动控制器。

⑤排烟风机入口处的总管上设置的280℃排烟防火阀在关闭后应直接联动控制风机停止,排烟防火阀及风机的动作信号应反馈至消防联动控制器。

⑥楼层排烟系统的排烟风口采用多叶排烟口,平时常闭,当某层发生火灾时打开着火层的风口,同时联动排烟风机运行,对该楼层进行排烟。多叶排烟口应设手动和自动开启装置,并与排烟风机的启动装置联锁,手动开启装置宜设在距地面0.8~1.5m处。当多叶排烟口被打开时,其输出电信号联锁启动相应的加压送风机或排烟风机。

5. 消防水位监视系统

在地下一层消防水池、屋顶消防水箱设干簧水位控制器,向消防控制室进行超低水位及正常水位显示,当达到溢流水位时报警。

6. 应急照明及非消防电源的控制

①当确认火灾后,由发生火灾的报警区域开始,顺序启动全楼疏散通道的消防应急照明和疏散指示系统,系统全部投入应急状态的启动时间不应大于5s。

②火灾报警后变电所内所有带分励脱扣断路器的低压回路均应通过控制模块强制切断,同时切断非消防电源。

7. 电梯迫降监控系统

①消防联动控制器应具有发出联动控制信号、强制所有电梯停于首层或电梯转换层的功能。

②电梯运行状态信息和停于首层或转换层的反馈信号,应传送给消防控制室显示,轿厢内应设置能直接与消防控制室通话的专用电话。

8. 消防紧急广播监控系统

本设计在各层均设置声光报警器及各层走道设消防应急广播,要求其声压级不应小于60dB,在环境噪声大于60dB的场所,其声压级应高于背景噪声15dB。火灾自动报警系统可同时启动和停止所有火灾声警报器。火灾确认后,消防控制室值班人员向全楼各层发出火警声光报警,同时启动广播设备向全楼各层进行广播。火灾声光报警与消防应急广播交替循环播放。消防应急广播的单次语音播放时间宜为10~30s,与火灾声警报器分时交替工作,可采取1次火灾声警报器播放、1次或2次消防应急广播播放的交替工作方式循环播放。在环境噪声大于60dB的场所设置的扬声器,在其播放范围内最远点的播放声压级应高于背景噪声15dB。

设 计		项目名称	2号办公楼		设计阶段	施工图
制 图					单 位	mm,m
审 核		图 名	火灾自动报警设计说明(一)		图 别	电气
审 定					图 号	电施2-01

9.消防专用对讲电话系统

在消防控制室内设置总线制消防专用电话系统总机,变配电房、发电机房、消防风机房、消防电梯机房及值班室等处(见平面图示出)装设专用对讲电话分机;其余场所,如前室等设置有对讲电话插孔以满足使用要求,系统模拟平面应能显示各电话插孔、电话分机的平面位置,方便使用。消防控制中心应设置专用火警119外线电话。报警信号接入城市应急联动系统及安防系统。进出室外线路应设置适配的信号浪涌保护器。

10.气体灭火系统(具体详见水施)

①应以同一防护区内两只独立的火灾探测器的报警信号、一只火灾探测器与一只手动火灾报警按钮的报警信号或防护区外的紧急启动信号,作为系统的联动触发信号,探测器的组合采用感烟火灾探测器和感温火灾探测器。

②气体灭火控制器在接收到满足联动逻辑关系的首个联动触发信号后,应启动设置在该防护区的火灾声光警报器,且联动触发信号应为任一防护区域内设置的感烟火灾探测器、感温火灾探测器或手动火灾报警按钮的首次报警信号;在接收到第二个联动触发信号后,应发出联动控制信号,且联动触发信号应为同一防护区域内与首次报警的火灾探测器或手动火灾报警按钮相邻的感温火灾探测器或手动火灾报警按钮的报警信号。

③联动控制信号应包括下列内容:a.关闭防护区域的送(排)风机及送(排)风阀门;b.停止通风和空气调节系统及关闭设置在该防护区域的电动防火阀;c.联动控制防护区域开口封闭装置的启动,包括关闭防护区域的门、窗;d.启动气体灭火装置、气体灭火控制器,可设定不大于30s的延迟喷射时间。

④气体灭火防护区出口外上方应设置表示气体喷洒的火灾声光警报器,指示气体释放的声信号应与该保护对象中设置的火灾声警报器的声信号有明显区别。启动气体灭火装置的同时,应启动设置在防护区入口处表示气体喷洒的火灾声光警报器;组合分配系统应首先开启相应防护区域的选择阀,然后启动气体灭火装置。

⑤在防护区疏散出口的门外应设置气体灭火装置的手动启动和停止按钮,手动启动按钮按下时,气体灭火控制器应执行规定的联动操作;手动停止按钮按下时,气体灭火控制器应停止正在执行的联动操作。

⑥气体灭火装置启动及喷放各阶段的联动控制及系统的反馈信号,应反馈至消防联动控制器。系统的联动反馈信号,应反馈至消防联动控制器。系统的联动反馈信号应包括下列内容:a.气体灭火控制器直接连接的火灾探测器的报警信号;b.选择阀的动作信号;c.压力开关的动作信号。

11.消防设备电源监控系统

在消防控制室设消防设备电源状态监控器、上位机,各单体楼层消防用电设备配电箱内设消防电源监控模块探测器,消防控制室可以显示本工程各单体消防用电设备供电电源和备用电源的工作状态、故障及欠压报警信息。

12.电气火灾监控报警系统

消防控制室设电气火灾监控报警主机,各单体楼层配电箱内设漏电火灾监控探测器,报警主机可以实现电气火灾报警及监控功能,非消防电源报警后可切断,消防电源只报警不切断。具体详见本工程电施1—图册。

13.其他联动设计

①消防联动控制器应具有切断火灾区域及相关区域的非消防电源的功能。

②消防联动控制器应具有自动打开涉及疏散的电动栅栏等的功能,宜开启相关区域安全技术防范系统的摄像机监视火灾现场。

③消防联动控制器应具有打开停车场出入口挡杆的功能。

14.消防水泵控制柜应设置机械应急起泵功能,并应保证在控制柜内的控制线路发生故障时由管理权限的人员在紧急时启动消防水泵。机械应急启动时,应确保消防水泵在报警后5min内正常工作。

五、设备安装

①消防控制室设备考虑为琴台式落地安装,具体布置按具体订货产品的要求进行。

②探测器一律为吸顶(楼板或吊顶)安装,具体做法要求按产品安装说明。探测器安装时应与灯具及空调风口等进行协调安装,并注意与墙、梁、风口、强电设备等之间的净距保持规范距离,由现场作适当调整。

③楼层显示器、手动报警按钮、消防对讲电话分机、卷帘门控制按钮、紧急停止按钮等底距地1.3m安装。放气灯、声光报警器底距地2.5m或门顶0.1m壁装,扬声器均吸顶安装(扬声器在有吊顶处可嵌入安装)。

④消火栓式按钮于消火栓箱内安装,其位置见水施图。

⑤控制模块、交流隔离器于被控对象旁就近壁装高2.0m或集中于模块箱内安装,模块箱底边距地1.6m明装。控制模块严禁设于配电(控制)箱(柜)内,本报警区域的模块不允许控制其他报警区域的设备;未集中设置的模块附近应有尺寸不小于100mm×100mm的标识。

⑥总线短路保护器距地(楼)面2.5m安装或吸顶安装。

⑦对于地下室、设备房等处的控制模块(包括交流隔离模块)较多时,宜集中一起考虑置于箱内安装,以便更加整齐美观。模块箱由设备厂配备。

⑧各报警及控制设备除按规范进行安装外,还应注意紧凑美观,如电梯前室的楼层显示器、手报按钮等位置应协调美观。

六、线路敷设

①在地下室横向干线及竖井内可采用防火型封闭金属线槽敷设,其余线路一律穿钢管于吊顶、楼板内或墙、柱内暗埋敷设,消防用配电线路暗敷设时,应穿管并应敷设在不燃烧体结构内且保护层厚度不小于30mm;明敷设时应穿有防火保护的金属管或有防火保护的密闭式金属线槽,并涂防火涂料。吊顶内敷设的钢管及上述防火型封闭金属线槽还应采取防火保护措施。

②不同电压等级的线缆不应穿入同一根保护管内,当合用同一线槽时,线槽内应有隔板分隔。

③电气套管暗敷于楼板的,应分散布置,在交叉处采用线盒等措施合理布管,管道直径不超过楼板厚度的1/3,管道重叠不超过两层。

④系统总线上设置总线短路隔离器,每只总线短路隔离器保护的火灾探测器、手动火灾报警按钮盒模块等消防设备的总数不应超过32点;总线穿越防火分区时,应在穿越处设置总线短路隔离器。

⑤进出室外线路应设置适配的信号浪涌保护器。

七、其他

①消防控制室应有相应的竣工图纸、各分系统控制逻辑关系说明、设备使用说明书、系统操作规程、应急预案、值班制度、维护保养制度及值班记录等文件资料。消防控制室内严禁穿过与消防设施无关的电气线路及管路。

②总线短路保护器的设置间距,按定货设备的要求进行配置及安装,每个总线短路保护器连接的编码探测点不应超过32点。

③由联动控制模块至强电被控设备,需加设强弱电切换模块。

④由联动控制模块或强弱电切换模块至被控的联动设备(如电控箱、风口、防火阀等)的接线,由产品厂家或安装单位按产品样本说明书负责连接。

⑤各报警阀、水流指示器、安全信号阀、消火栓箱及消防水泵等水设备的具体位置应依据水专业的图纸确定。排烟防火阀及排烟机等的具体位置应依据暖通专业的图纸进行确定。

⑥本火灾报警及消防联动系统的专用接地干线见防雷接地图册,从消控室接地端子板引至各消防电子设备专用接地线为BV-1×25mm²/PC32。要求火灾报警设备配有防雷电感应设施。消防电子设备金属外壳、支架可靠接PE线。

⑦本火灾报警及消防联动系统其余的做法和要求参见国标图集04X505—1。

⑧本说明未详尽之处均按现行的国家有关施工及验收规范进行施工。

⑨订货时应注意系统设备的厂家产品的更新换代情况,应订购新一代先进的系统设备。本设计所标注产品型号仅供参考。

设　计		项目名称	2号办公楼	设计阶段	施工图
制　图				单　位	mm,m
审　核		图　名	火灾自动报警设计说明(二)	图　别	电气
审　定				图　号	电施2-02

火灾自动报警设备材料表

序号	图例	名 称	型号规格	单位	数量	备 注
1	S	编码型光电感烟探测器	JTY-GD/LD3000E	套	169	吸顶安装
2	Ex	编码型防爆光电感烟探测器	JTY-GD/LD3000E	套	4	吸顶安装
3	I	编码型定温感温探测器	JTY-ZD/LD3300E	套	8	吸顶安装
4	Ex	编码型防爆定温感温探测器	JTY-ZD/LD3300E	套	4	吸顶安装
5	Y	编码型手动报警按钮(带电话插孔)	J-SAP-M-LD2000E	套	19	底边距地1.4m明装
6	Y	编码型消火栓报警按钮	J-SAP-M-LD2000E	套	32	装于消火栓箱内
7		湿式自动报警阀	详水施图	套	1	详水施图
8	P	压力开关	详水施图	个	1	详水施图
9	/	水流指示器	详水施图	个	6	详水施图
10		信号阀	详水施图	个	6	详水施图
11	I/01	双输入信号输入模块	LD6800E	套	6	
12	I/01	单输入单输出控制模块	LD6800E-1	套	26	装于被控设备近旁墙面距地2.0m或集中于模块箱
13	2/02	双输入双输出控制模块	LD6800E-2	套	10	
14	ZG	总线区域隔离器	LD6808	套	21	内安装,严禁于配电(套箱)箱内
15	SI	总线短路保护器	LD3600E	套	17	
16		模块箱		套	1	
17		总线火灾报警电话分机	LD8100	套	8	底边距地1.4m明装
18	B	总线消防广播模块	LD6804E	套	19	底边距地1.4m明装
19		火灾警铃声器	LD7300(A)	套	19	吸顶安装
20		火灾声光警报器	LD1000E	套	23	底边距地2.2m明装
21		楼层端子箱线箱	由厂家配套供	个	6	底边距地1.5m明装
22		楼层显示盘	LD128E(T)	个	1	底边距地1.4m明装
23	Φ2800C	管网防火阀		个	12	详图见专业相关图纸
24		气体火灾控制盘		套	3	底边距地1.5m明装
25		放气灯		个	4	门顶安装
26		紧急启停按钮	LD1100	个	3	底边距地1.5m明装
27		门磁开关	LD1200	个	52	
28	FM	防火门监控模块		套	26	24V直流进线用
29		耐火型阻燃电线	NH-BV-500V 4mm²	m	敷支计	消火栓按钮直接系统信号线用
30		耐火型阻燃塑料线	NH-BV-500V 1.5mm²	m	敷支计	报警及信号总线用
31		耐火型阻燃双绞线	NH-RVS-250V 2x1.5mm²	m	敷支计	消防电话线、消广播线用
32		耐火型屏蔽双绞线	NH-RVVP-250V 2x1.5mm²	m	敷支计	直接手动及自动联动控制线用
33		耐火型阻燃控制电缆	NH-KVV-500V 8x1.5mm²	m	敷支计	直接手动及自动联动控制线用
34		耐火型阻燃控制电缆	NH-KVV-500V 14x1.5mm²	m	敷支计	直接手动及自动联动控制线用
35		钢管	SC15	m	敷支计	
36		钢管	SC20	m	敷支计	
37		钢管	SC25	m	敷支计	
38		钢管	SC32	m	敷支计	
		动力配电、老配箱	详配电图	台	2	详配电图
		乡种配电老配箱	详配电图	台	10	详配电图
		应急照明配电箱	详配电图	台	2	详配电图
		照明配电箱	详配电图	台	5	详配电图
		灭火器装切换	详配电图	台	2	详配电图
		非灭电源切换的密控箱(柜)	详配电图	台	4	详配电图

备注:以上所列管线等火灾报警设备 材料数量依供氧数等参考,具体以实际工程为准。

设 计		项目名称	2号办公楼	设计阶段	施工图
制 图				单 位	m³,m
审 核		图 名	火灾自动报警设备材料表	图 别	电气
审 定				图 号	电施2-03

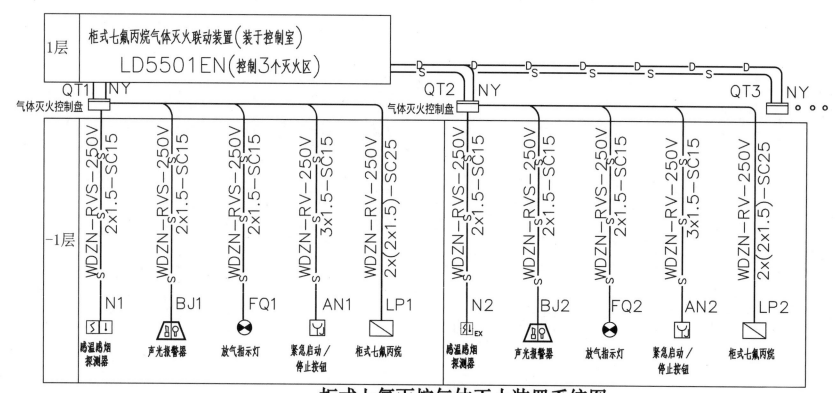

柜式七氟丙烷气体灭火装置系统图

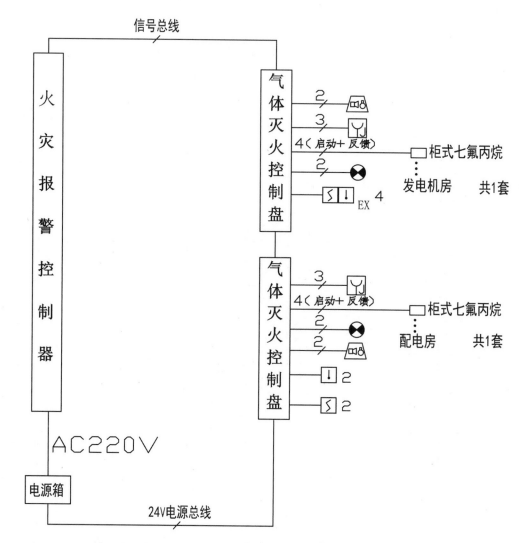

柜式七氟丙烷气体灭火装置控制系统原理图

设 计		项目名称	2号办公楼	设计阶段	施工图
制 图				单 位	mm,m
审 核		图 名	柜式七氟丙烷气体灭火装置系统图	图 别	电气
审 定			柜式七氟丙烷气体灭火装置控制系统原理图	图 号	电施2-04

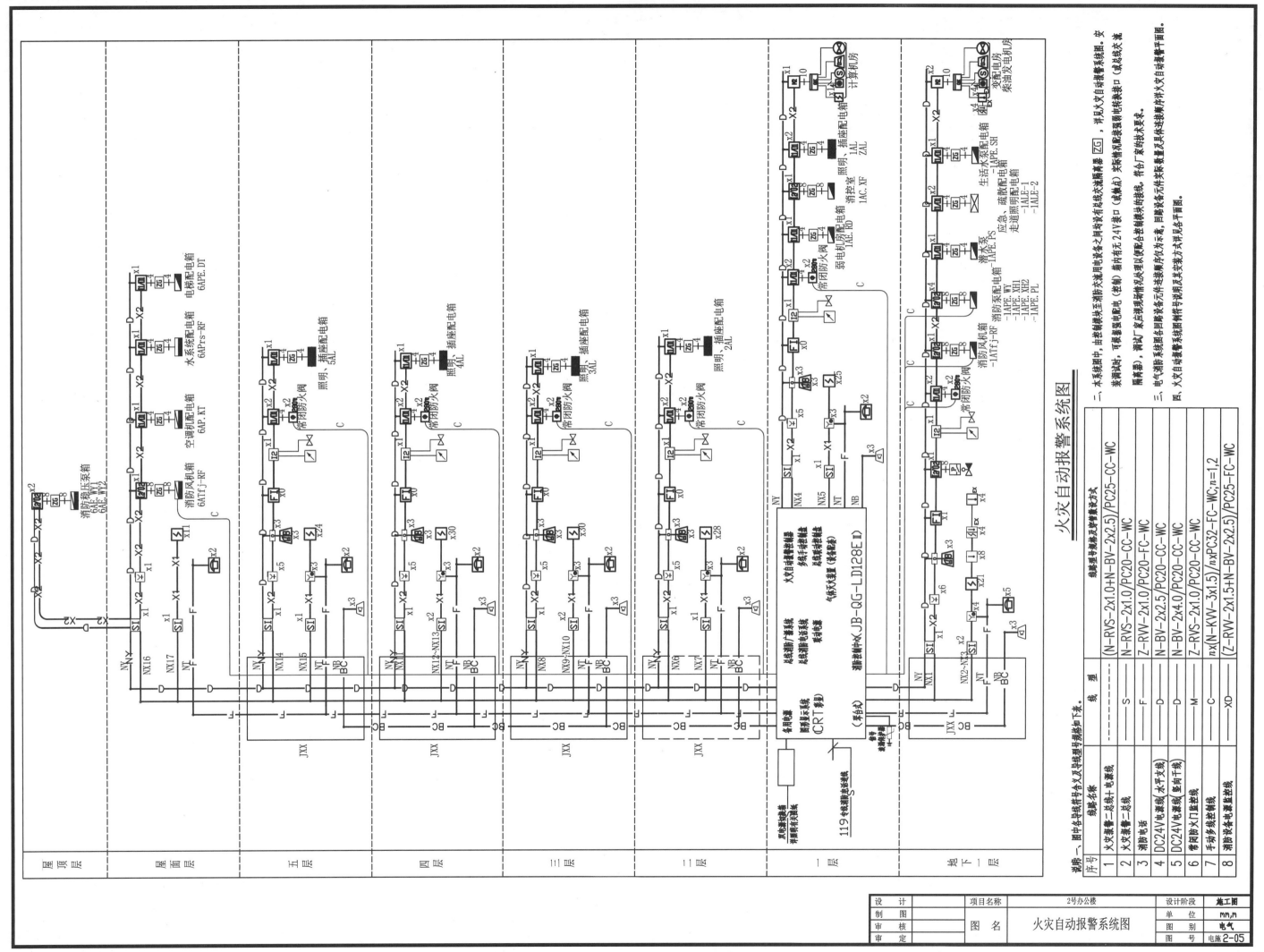

火灾自动报警系统图

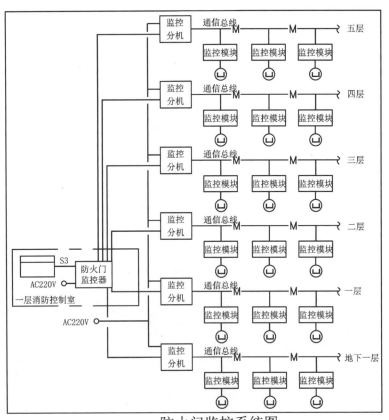

防火门监控系统图

详图集14X505-1/32~33

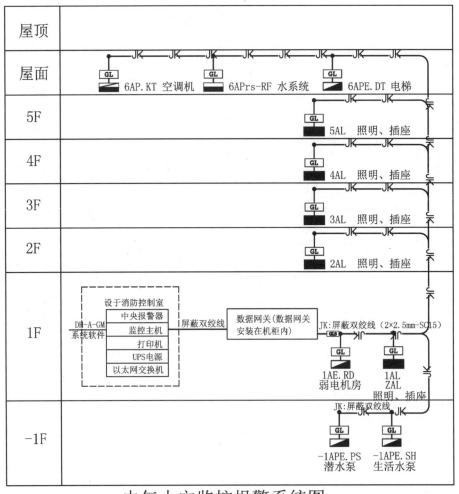

电气火灾监控报警系统图

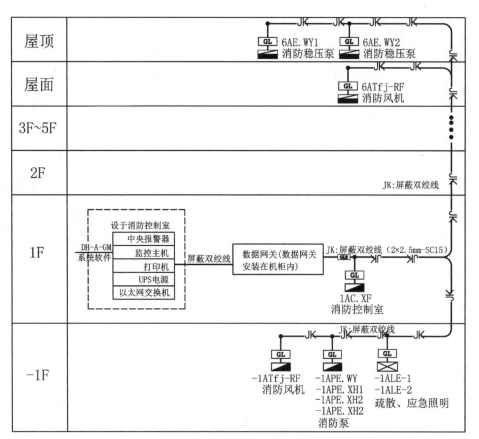

消防电源监控系统图

设 计		项目名称	2号办公楼	设计阶段	施工图
制 图			防火门监控系统图	单 位	mm,m
审 核		图 名	电气火灾监控报警系统图	图 别	电气
审 定			消防电源监控系统图	图 号	电施2-06

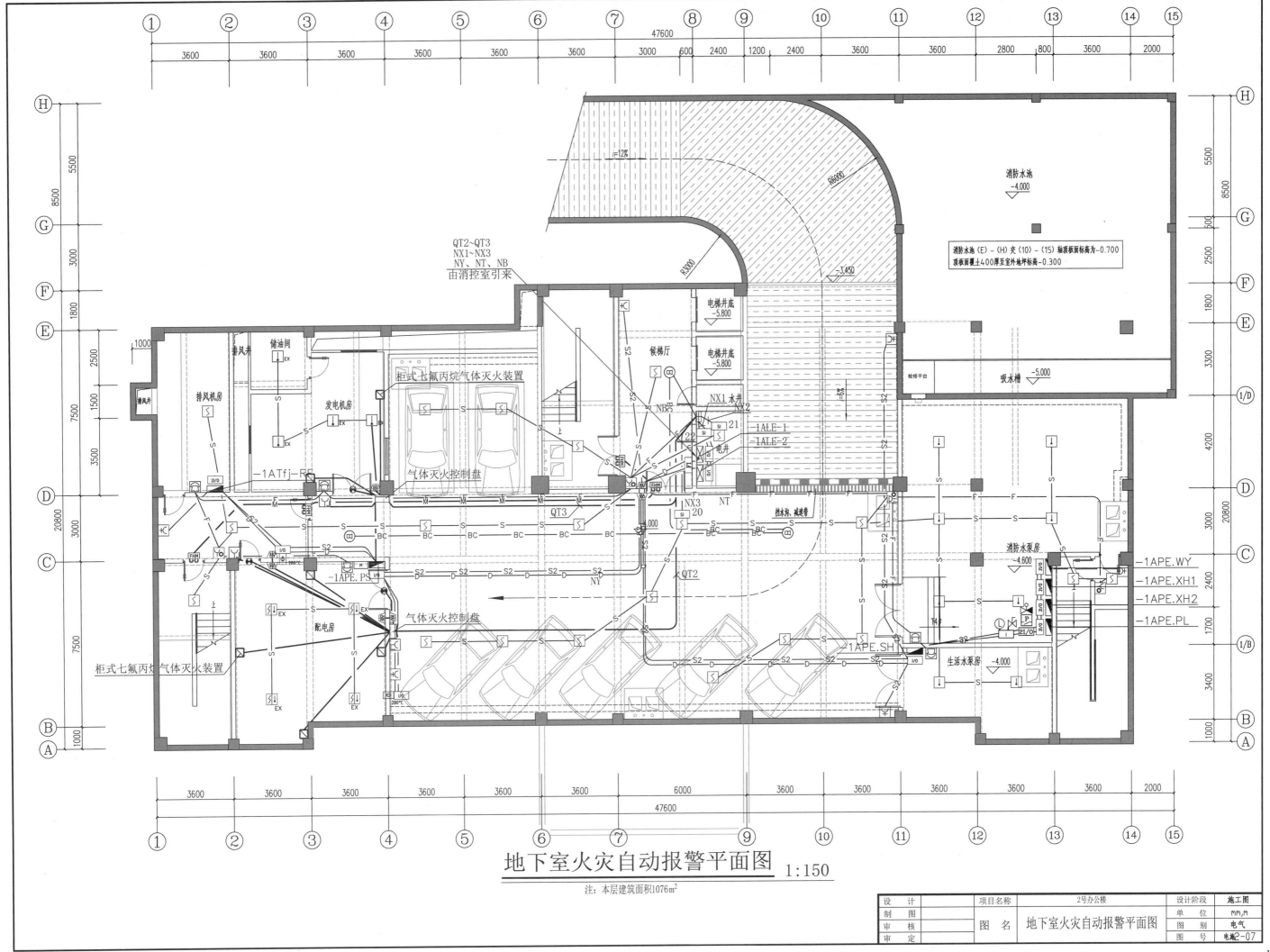

地下室火灾自动报警平面图 1:150

注：本层建筑面积1076m²

设　计		项目名称	2号办公楼	设计阶段	施工图
制　图				单　位	mm,m
审　核		图　名	地下室火灾自动报警平面图	图　别	电气
审　定				图　号	电施2-07

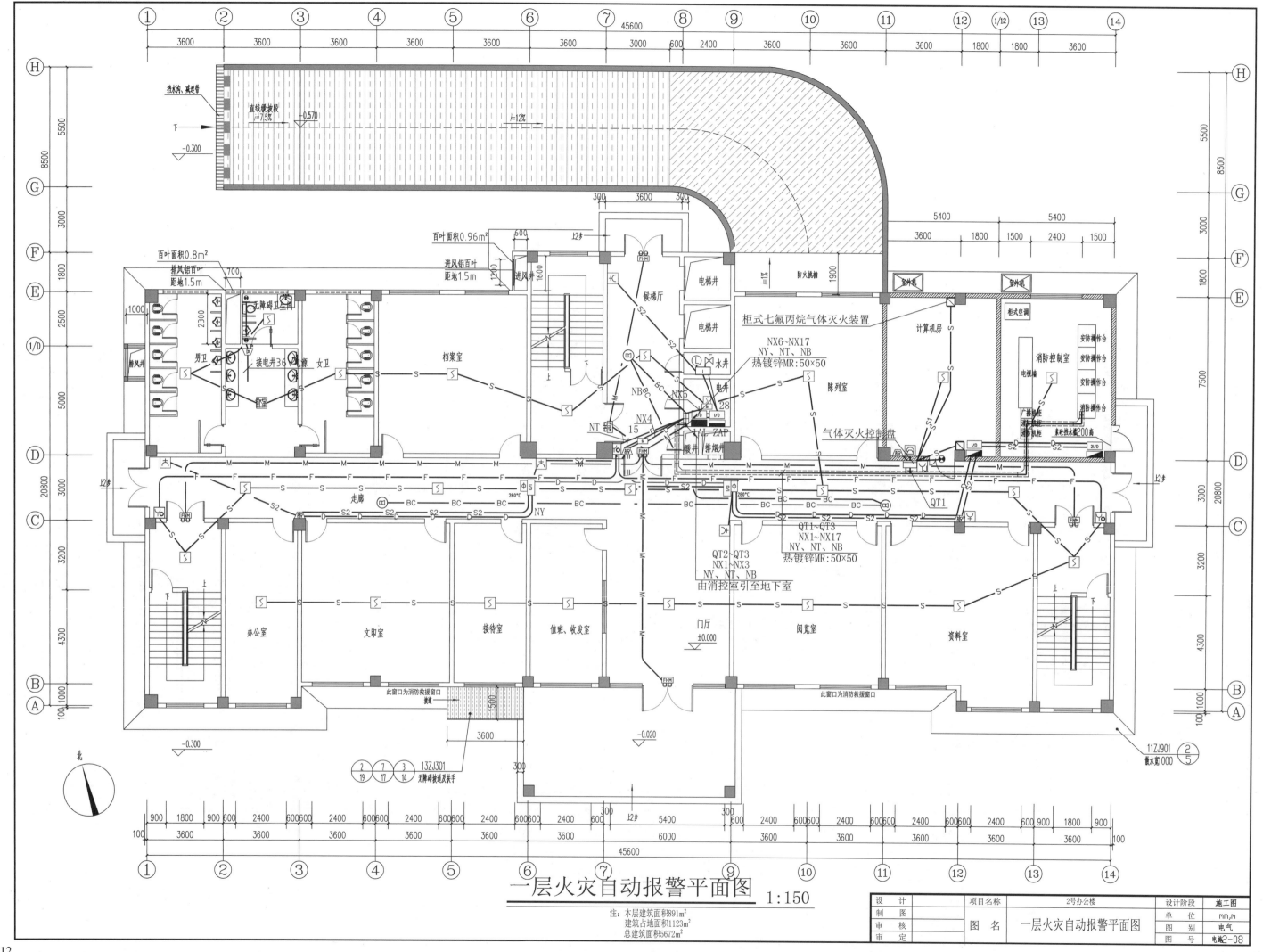

一层火灾自动报警平面图 1:150

注：本层建筑面积891m²
建筑占地面积1123m²
总建筑面积5672m²

设 计		项目名称	2号办公楼	设计阶段	施工图
制 图				单 位	mm,m
审 核		图 名	一层火灾自动报警平面图	图 别	电气
审 定				图 号	电施2-08

112

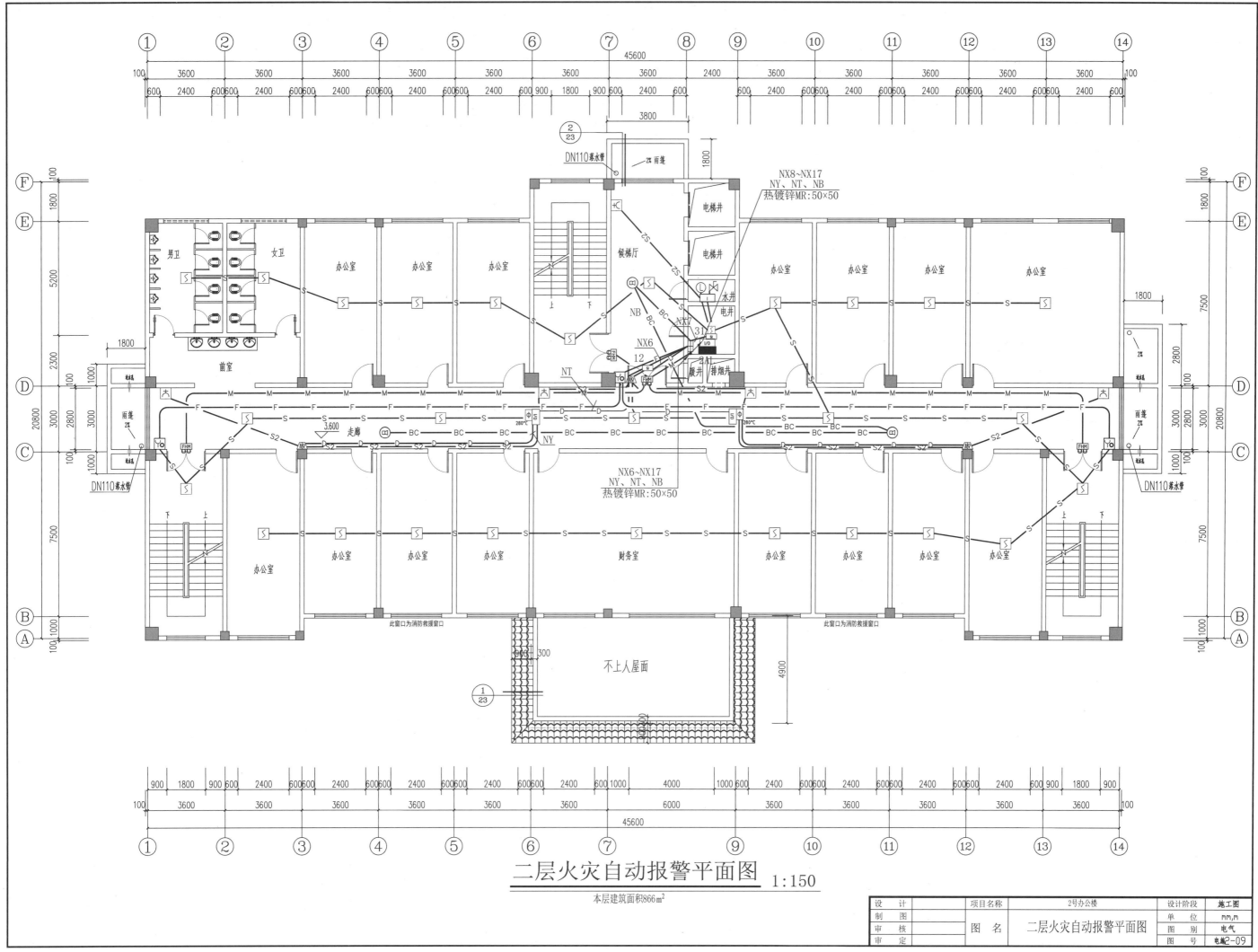

二层火灾自动报警平面图 1:150

本层建筑面积866m²

设　计		项目名称	2号办公楼	设计阶段	施工图
制　图				单　位	mm,m
审　核		图　名	二层火灾自动报警平面图	图　别	电气
审　定				图　号	电施2-09

113

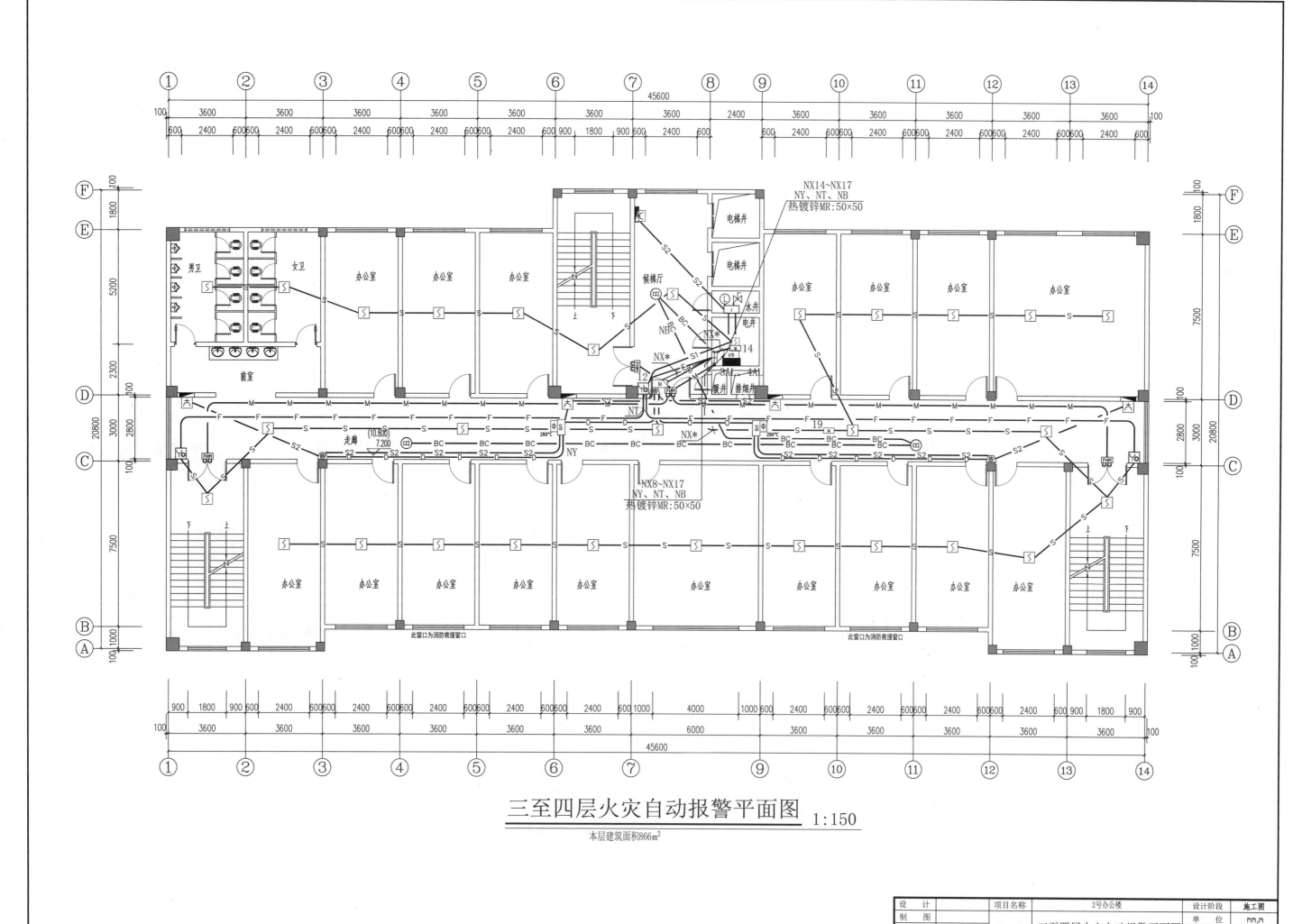

三至四层火灾自动报警平面图 1:150

本层建筑面积866m²

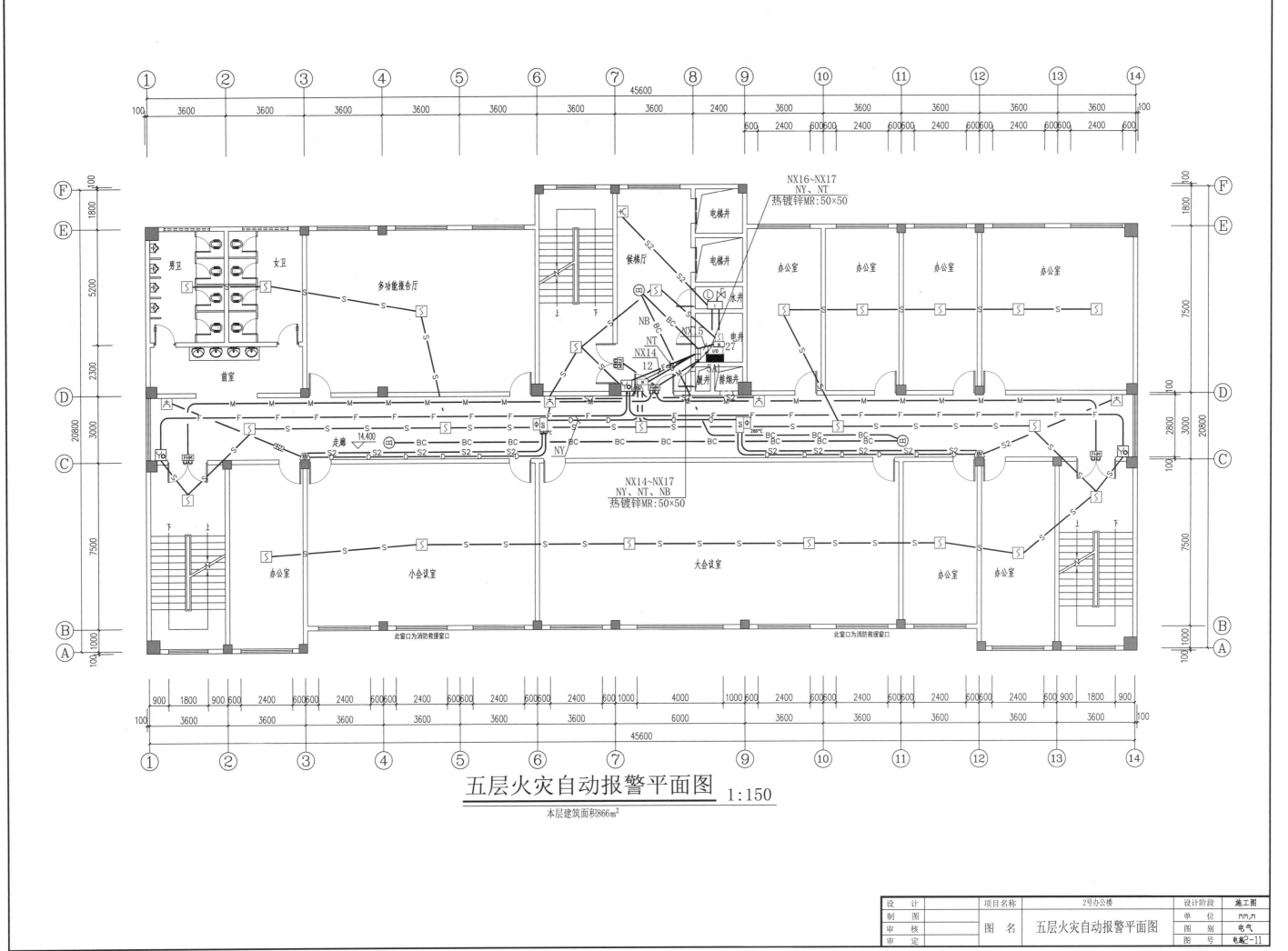

五层火灾自动报警平面图 1:150

本层建筑面积866m²

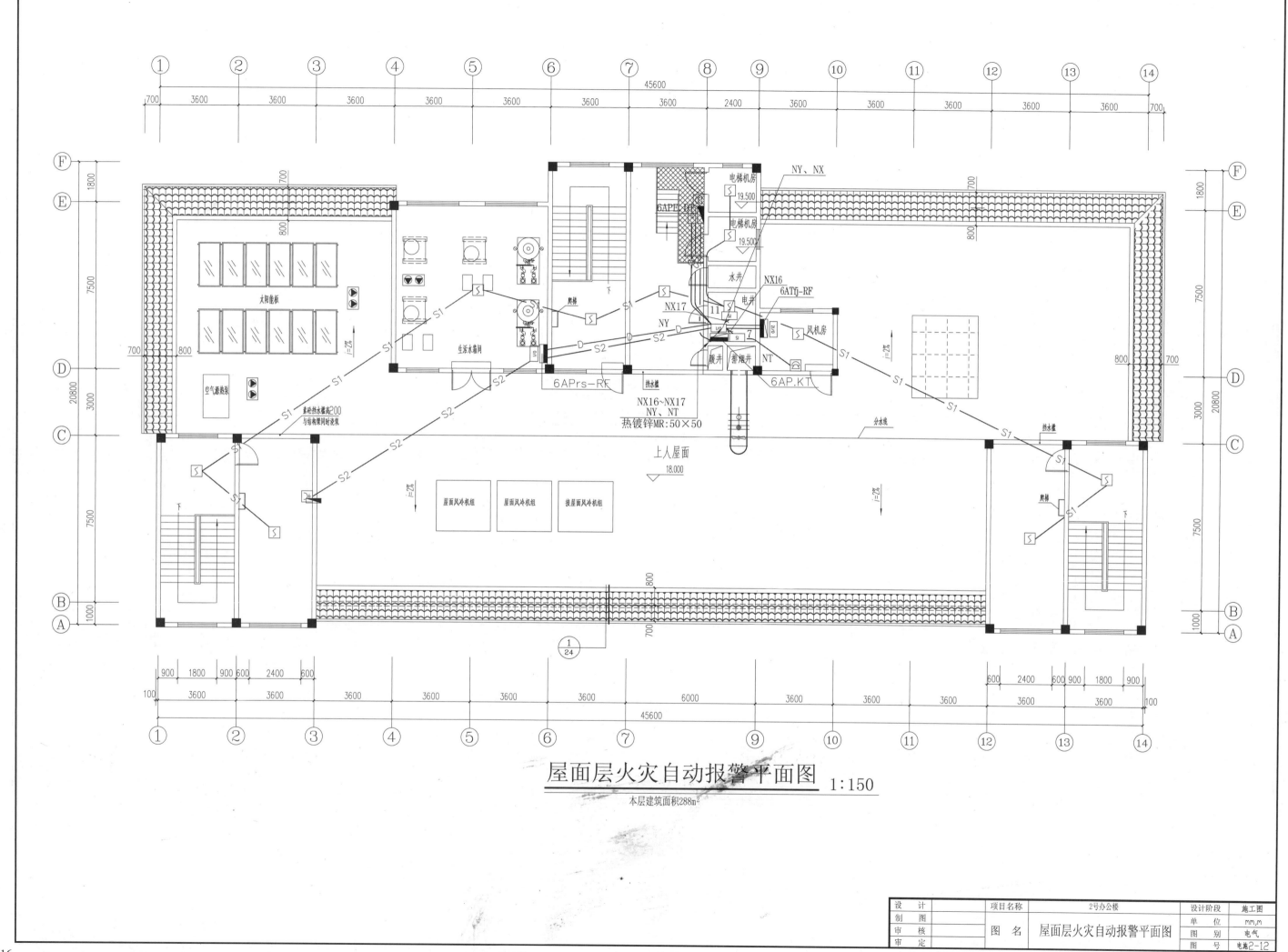

屋面层火灾自动报警平面图 1:150

本层建筑面积288m²

设　计		项目名称	2号办公楼	设计阶段	施工图
制　图				单　位	mm,m
审　核		图　名	屋面层火灾自动报警平面图	图　别	电气
审　定				图　号	电施2-12

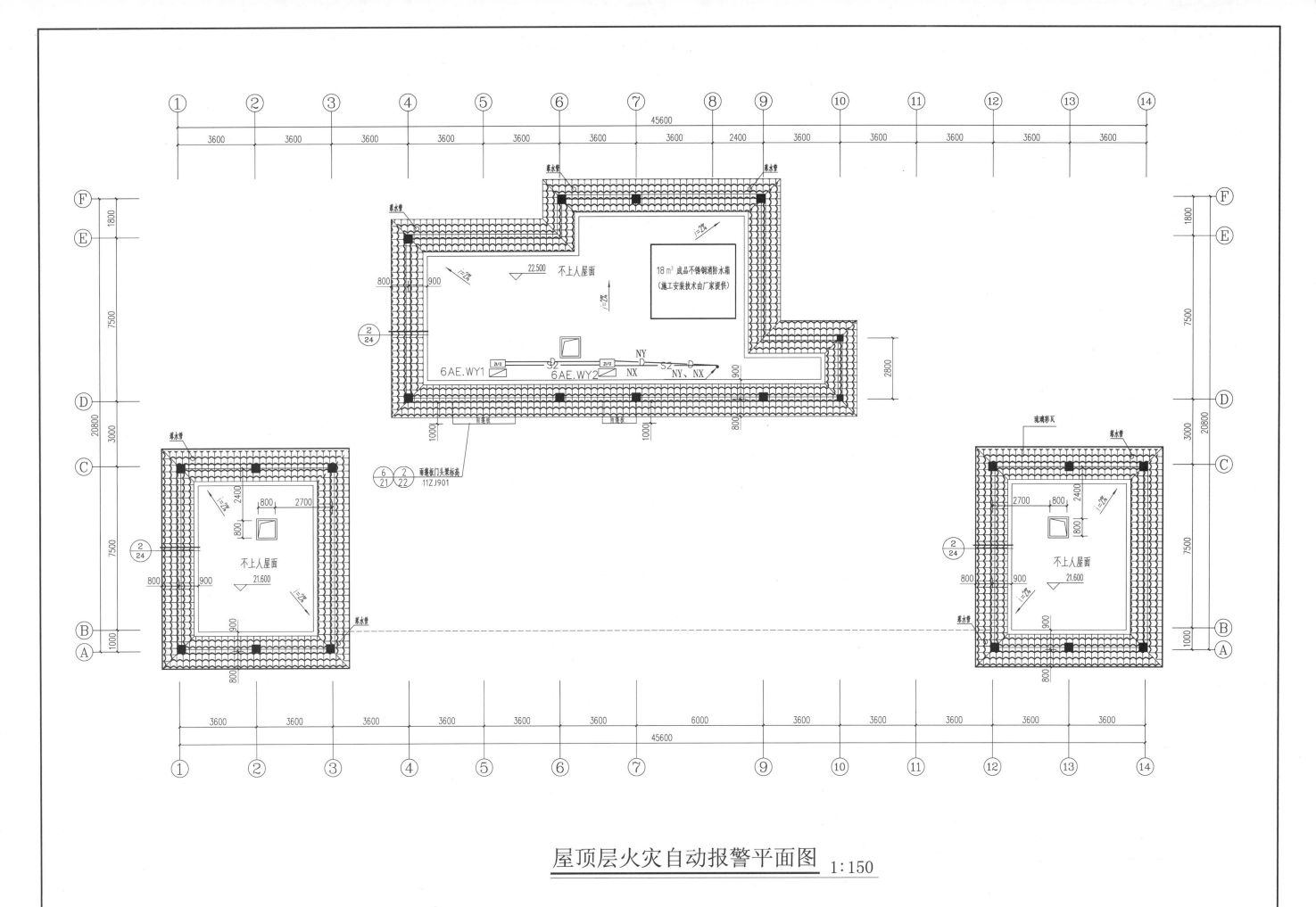

屋顶层火灾自动报警平面图 1:150

设　计		项目名称	2号办公楼	设计阶段	施工图
制　图				单　位	mm,m
审　核		图　名	屋顶层火灾自动报警平面图	图　别	电气
审　定				图　号	电施2-13

防雷接地工程施工图

第 1 页，共 1 页

建设单位		x x x 公司	设计阶段	施工图	出图日期	2019.12	工程号	
工程名称		2号办公楼	版 次	第一版	图 别	电 气		电气-目录

防雷接地设计总说明

1. 本工程防雷等级为三类。建筑物的防雷装置应满足防直击雷、侧击雷，防雷电感应及雷电波的侵入，并设置总等电位联结。

2. 在女儿墙顶设Ø10镀锌圆钢作避雷带，高出屋面或女儿墙顶150mm；屋顶避雷带连接线网格不大于20mX20m或14mX16m。利用建筑物钢筋混凝土柱子或剪力墙内两根Ø16以上主筋（若其主筋小于Ø16时，采用四条主筋）通长焊接作为引下线，引下线均匀或对称布置，引下线间距不大于25m。所有外墙引下线在室外地面下1m处焊出一根40mmX4mm热镀锌扁钢，扁钢伸出室外，距外墙皮的距离不小于1m。

3. 接地极采用基础地梁两根主钢筋焊连，要求通长焊接连成闭合回路，及由柱内引出的40mmx4mm镀锌扁钢接地极作为综合接地装置。本工程防雷接地、电气设备的保护接地等共用统一的接地极，要求接地电阻不大于1Ω（有M字为测量点），实测不满足要求时，增设人工接地板。

4. 引下线上端与避雷带焊接，下端与接地极焊接。建筑物四角的外墙引下线在室外地面上0.5m处设测试卡子。

5. 电缆竖井、电梯井均应预留接地抽头，并分别沿井壁敷设一条40mmx4mm热镀锌扁钢至井顶或电梯机房，该接地扁钢应与各层楼板钢筋网焊连。竖井内需接地的设备均用ZR-BV-10mm²与LEB连接。

6. 电梯机房引下线：利用结构体内两根主筋（大于Ø16）通长相互焊接引出上至电梯机房，在机房地面上0.2m引出后用一条40mmx4mm镀锌扁钢在机房内距地0.2m作一圈接地装置。

7. 风机房、水泵房专用接地端子板：利用结构体内两根主钢筋（大于Ø16）引出至风机室，在机房地面上0.2m处引出后一条40mmx4mm镀锌扁钢在机房内距地0.2m作一圈接地装置。

8. 变配电室专用接地端子板：采用一条40mmX4mm热镀锌扁钢，下端与基础地板焊接，在地面上0.3m处沿房间四周墙壁敷设一条40mmx4mm热镀锌扁钢，在经过门洞处须暗埋于地面板内，并与接地装置焊接，作为电气设备接地母线。

9. 凡正常不带电，而当绝缘破坏有可能呈现电压的一切电气设备金属外壳均应可靠接地。所有靠外墙的金属窗户做防侧击雷措施。每层利用圈梁做均压环，所有金属门窗、栏杆等金属制品均做可靠接地。

10. 凡突出屋面的所有金属构件、金属通风管、金属屋面、金属屋架等均与避雷带可靠焊接。避雷带、引下线、接地装置三者须可靠焊接。

11. 本工程采用总等电位联结，在变配电间标高+0.3m处设总等电位联结端子板MEB，采用紫铜板制成，设于暗装端子箱内。将建筑物内电源PEN干线、电气接地母线、建筑物内的金属管道、可利用的金属构件等进行总等电位联结，并应在进入建筑物处接向总等电位联结端子板。总等电位联结线采用BV-1x25mm²/PC32暗敷，总等电位联结处采用等电位卡子，禁止在金属管道上焊接。具体做法参见国标图集《等电位联结安装》02D501-2。

12. 过电压保护：在低压配电房低压进线柜内装第一级电涌保护器（SPD）；有线电视系统引入端、电话引入端等处设过电压保护装置，过电压保护装置由运营商解决。弱电线路引入穿金属管保护并接地。

13. 本工程接地形式采用TN-S系统，电源电缆PEN线在进户处做重复接地，并与防雷接地共用接地板。所有电气装置正常不带电的金属部分（配电箱及插座箱外壳、各插座接地孔及金属灯具外壳等）应与PE线可靠焊接（连接）。在屋面最高处及转角处加装Ø12mmx300mm，顶端打尖并镀锌的避雷短针。避雷短针与避雷带焊接。安装见03D501-1有关页码。

14. 防雷接地所用钢材均为热镀锌钢材，做法参照国标图集02D501-2施工。

15. 接地装置应可靠焊接，钢筋的焊接长度应大于其直径的6倍，扁钢大于其宽度的2倍，钢芯线与圆钢或扁钢连接，须采用铜焊方式，所有焊接点及外露部分均应刷防锈漆及银粉漆各两道。

16. 钢筋与铜导线铜焊：先在车间拿一段40mmx4mmx200mm扁钢与铜芯塑料线，采用氧气、铜条、硼砂焊接，再拿到现场把扁钢与接地体钢筋电气焊接。

17. 须密切配合土建施工，过沉降缝处须做沉降缝处理。未详者按国标图集D501-1~4施工。

设备材料表

序号	图例	名称	规格	备注	数量
1	MEB	总等电位端子箱	按国标02D501-2	底边距地0.3m墙上暗装	1
2	LEB	局部等电位端子箱	按国标02D501-2	底边距地0.5m墙上暗装	6
3		BV导线	BV,25		按实计
4		镀锌扁钢	-40×4/-40×5		按实计
5	⊢M	接地测试卡	详03D501-1有关页码	测量RCH用	4
6	□	消控室接地盒 计算机室接地盒	80x80x80钢盒，底边离地0.3m暗装		2
7	⊤D	水泵房、风机房接地端子板	详雷接地设计总说明第7点		11
8	⊤C	配电房、发电机房接地端子板	详雷接地设计总说明第8点		5
9	╱B	电梯接地抽头	详雷接地设计总说明第6点		2
10	╱A	电缆井接地抽头	详雷接地设计总说明第5点		1
11	⊤	接地端子板	40x4镀锌扁钢，距地0.5m		
12	╱╱	引下线	利用钢筋混凝土柱内主钢筋焊连		8
13	LP	接闪带	Ø10热镀锌圆 支柱150mm安装		按实计
14	------	接闪带	屋面梁上下两层主筋		按实计
15	O	避雷短针	Ø12mm×300mm热镀锌圆短接闪杆，顶端打尖屋面阳角处		按实计
16	E	接地体	利用基础圈梁最底部的两根钢筋可靠焊连		按实计
17	--·--·--	均压环	利用外墙圈梁或楼板内两条主筋焊连		按实计

各类防雷装置材料焊接长度的要求

序号	焊接材料	焊接要求（搭接）	其他要求
1	扁钢与扁钢	宽度的2倍	三面焊接
2	圆钢与圆钢	直径6倍（双面焊接）	直径12倍（单面焊接）
3	圆钢与扁钢	圆钢直径的6倍（双面焊接）	圆钢直径12倍（双面焊接）
4	扁钢与钢管	接触部位两侧进行焊接	由钢带弯成弧形
5	扁钢与角钢	接触部位两侧进行焊接	由钢带本身弯成直角形

年雷击计算表（矩形建筑物）

建筑物数据	建筑物的长L(m)	45.6
	建筑物的宽W(m)	20.8
	建筑物的高H(m)	22.5
	等效面积Ae(km²)	0.0219
	建筑物属性	住宅、办公楼等一般性民用建筑物或一般性工业建筑物
气象参数	地区	广西壮族自治区
	年平均雷暴日Td(d/a)	78.1
	年平均密度Ng[次/(km²·a)]	7.8100
计算结果	预计雷击次数N(次/a)	0.1710
	防雷类别	第三类防雷

设 计		项目名称	2号办公楼	设计阶段	施工图
制 图				单 位	mm,m
审 核		图 名	防雷接地设计总说明 设备材料表	图 别	防雷
审 定				图 号	电施3-01

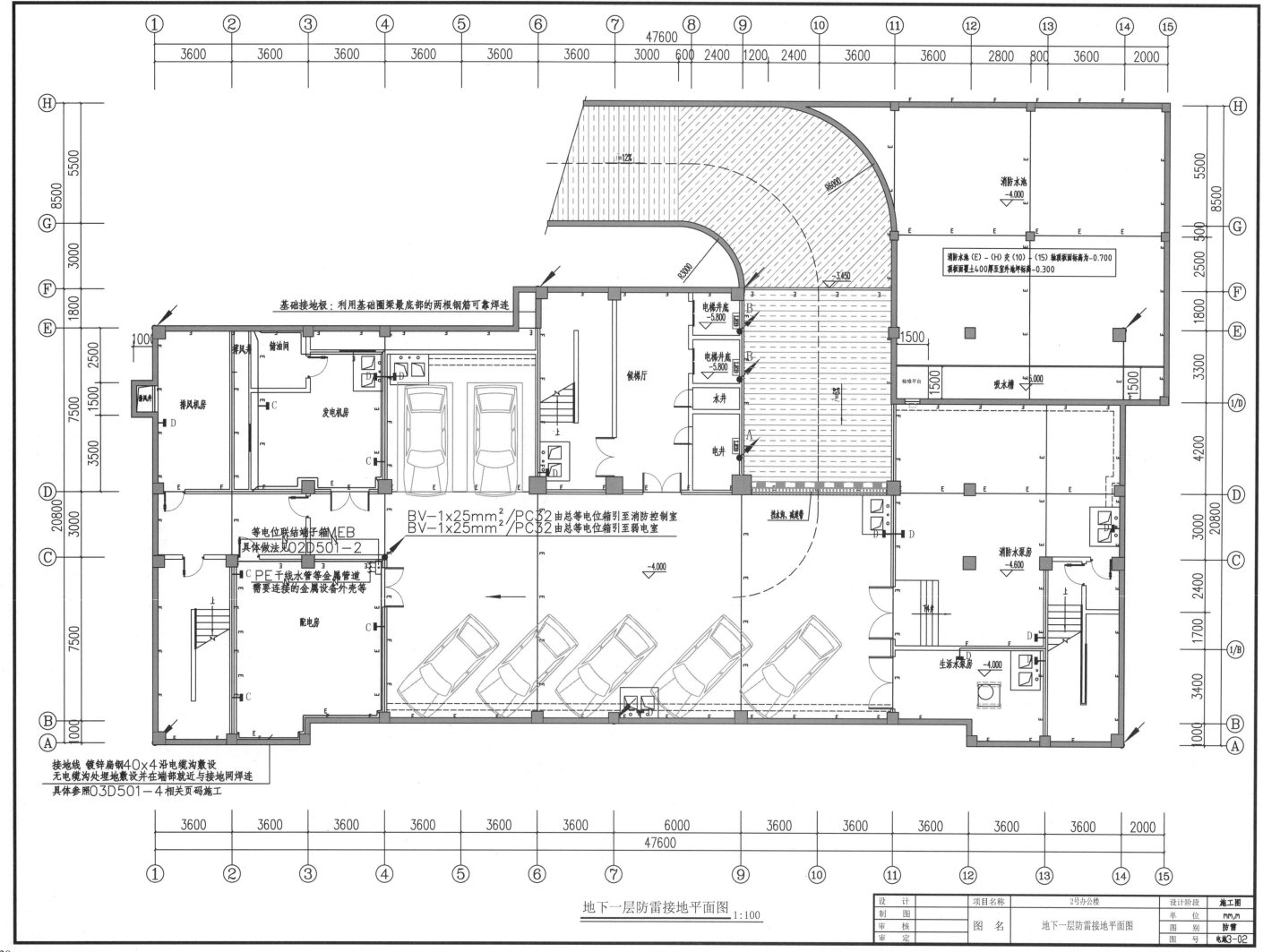

基础接地极：利用基础圈梁最底部的两根钢筋可靠焊连

BV-1x25mm²/PC32 由总等电位箱引至消防控制室
BV-1x25mm²/PC32 由总等电位箱引至弱电室

等电位联结端子箱MEB
具体做法见02D501-2

C PE干线水管等金属管道
需要连接的金属设备外壳等

接地线 镀锌扁钢40×4沿电缆沟敷设
无电缆沟处埋地敷设并在端部就近与接地网焊连
具体参照03D501-4相关页码施工

消防水池 -4.000

消防水池（E）-（H）交（10）-（15）轴顶板面标高为-0.700
顶板面覆土400厚至室外地坪标高-0.300

吸水槽 -6.000
捡修平台

挡水坎、减速带

消防水泵房 -4.600

生活水泵房 -4.000

排风井
储油间
排风机房
发电机房
配电房

候梯厅
电梯井底 -5.800
电梯井底 -5.800
水井
电井

地下一层防雷接地平面图 1:100

设　计		项目名称	2号办公楼	设计阶段	施工图
制　图				单　位	mm,m
审　核		图　名	地下一层防雷接地平面图	图　别	防雷
审　定				图　号	电施3-02

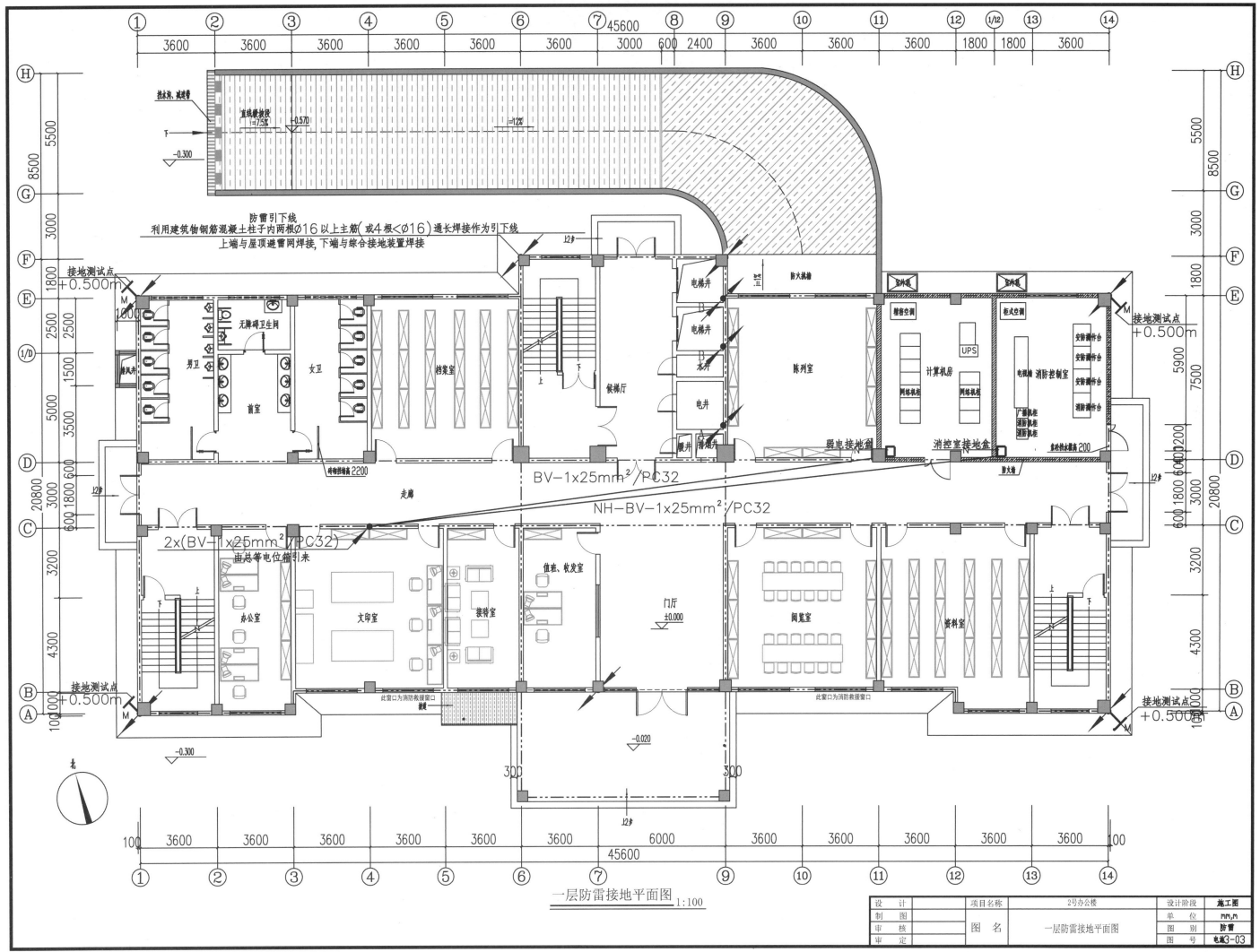

一层防雷接地平面图 1:100

接水沟、避雷带
直线最陡段 i=7.5% -0.570
i=12%
-0.300

防雷引下线
利用建筑物钢筋混凝土柱子内两根Ø16以上主筋(或4根<Ø16)通长焊接作为引下线
上端与屋顶避雷网焊接,下端与综合接地装置焊接

接地测试点 +0.500m
接地测试点 +0.500m

电梯井
电梯井
水井
电井
强电井 弱电井

精密空调
柜式空调

UPS

计算机房
网络机柜
网络机柜

电话柜 消防控制室
安防操作台
安防操作台
安防操作台
消防操作台

广播柜
消防机柜
消防机柜
消防机柜
消防操作台

室外散
室外散

防火幕墙

陈列室

弱电接地盒
消控室接地盒
室内地沟盖高 200

无障碍卫生间
男卫
女卫
前室
档案室
候梯厅

此窗测地高 2200

走廊

BV-1×25mm²/PC32
NH-BV-1×25mm²/PC32

2×(BV-1×25mm²/PC32)
由总等电位箱引来

办公室
文印室
接待室
值班、收发室
门厅 ±0.000
阅览室
资料室

此窗口为消防救援窗口
此窗口为消防救援窗口

接地测试点 +0.500m
接地测试点 +0.500m

-0.300
-0.020

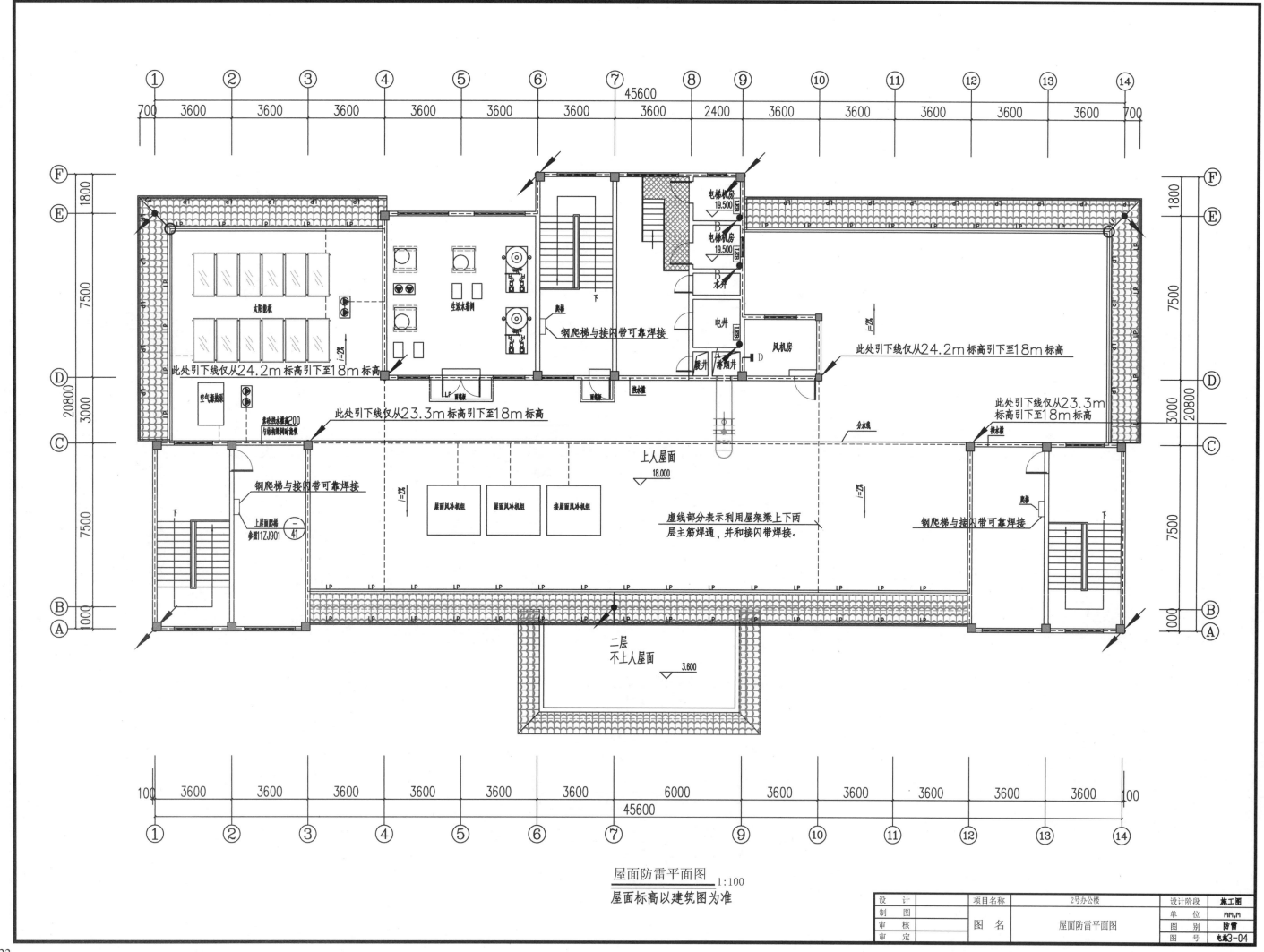

①　②　③　④　⑤　⑥　⑦　⑧　⑨　⑩　⑪　⑫　⑬　⑭

45600

700　3600　3600　3600　3600　3600　3600　3600　2400　3600　3600　3600　3600　3600　700

电梯机房
19.500

电梯机房
19.500

水井

电井

钢爬梯与接闪带可靠焊接

此处引下线仅从24.2m标高引下至18m标高

太阳能板

空气源热泵

此处引下线仅从24.2m标高引下至18m标高

生活水箱间

风机房

此处引下线仅从24.2m标高引下至18m标高

此处引下线仅从23.3m标高引下至18m标高

钢爬梯与接闪带可靠焊接

上屋面爬梯
参照11ZJ901　－ 41

屋面风冷机组　屋面风冷机组　接屋面风冷机组

上人屋面
18.000

分水线

此处引下线仅从23.3m标高引下至18m标高

钢爬梯与接闪带可靠焊接

虚线部分表示利用屋架梁上下两层主筋焊通，并和接闪带焊接。

二层
不上人屋面
3.600

F　E　D　C　B　A

1800　7500　3000　7500　1000

20800

①　②　③　④　⑤　⑥　⑦　⑨　⑩　⑪　⑫　⑬　⑭

100　3600　3600　3600　3600　3600　3600　6000　3600　3600　3600　3600　3600　100

45600

屋面防雷平面图　1:100
屋面标高以建筑图为准

设　计		项目名称	2号办公楼	设计阶段	施工图
制　图				单　位	mm,m
审　核		图　名	屋面防雷平面图	图　别	防雷
审　定				图　号	电施3-04

122

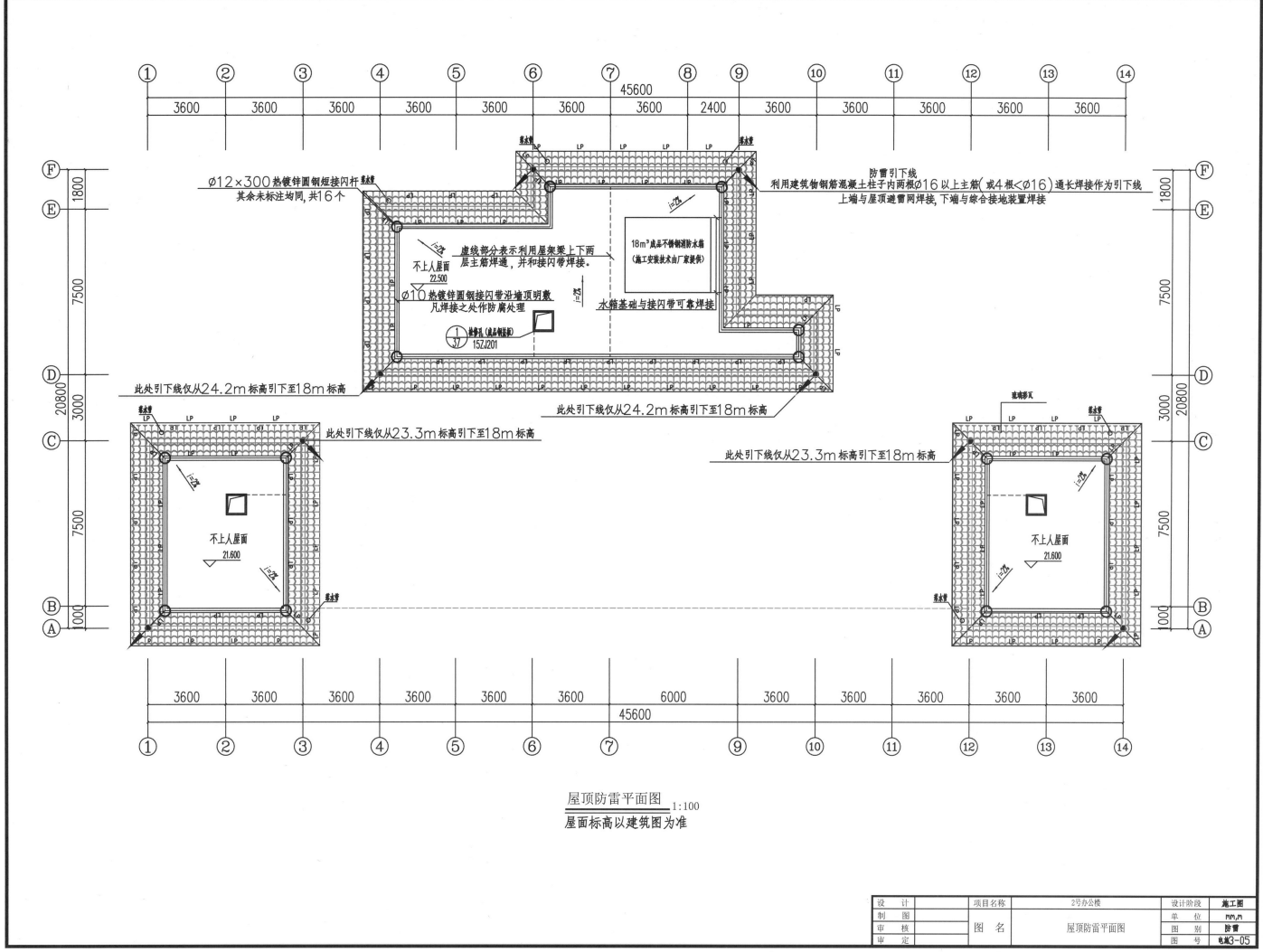

Ø12×300热镀锌圆钢短接闪杆
其余未标注均同,共16个

Ø10热镀锌圆钢接闪带沿墙顶明敷
凡焊接之处作防腐处理

防雷引下线
利用建筑物钢筋混凝土柱子内两根Ø16以上主筋(或4根<Ø16)通长焊接作为引下线
上端与屋顶避雷网焊接,下端与综合接地装置焊接

虚线部分表示利用屋架梁上下两层主筋焊通,并和接闪带焊接。

不上人屋面
22.500

18m³成品不锈钢消防水箱
(施工安装技术由厂家提供)

水箱基础与接闪带可靠焊接

检修孔(成品钢盖板)
15ZJ201

此处引下线仅从24.2m标高引下至18m标高

此处引下线仅从24.2m标高引下至18m标高

此处引下线仅从23.3m标高引下至18m标高

此处引下线仅从23.3m标高引下至18m标高

琉璃瓦

不上人屋面
21.600

不上人屋面
21.600

3600 3600 3600 3600 3600 3600 3600 2400 3600 3600 3600 3600 3600
45600

3600 3600 3600 3600 3600 3600 6000 3600 3600 3600 3600 3600
45600

1800 7500 3000 7500 1000
20800

屋顶防雷平面图 1:100
屋面标高以建筑图为准

设 计		项目名称	2号办公楼	设计阶段	施工图
制 图				单 位	mm,m
审 核		图 名	屋顶防雷平面图	图 别	防雷
审 定				图 号	电施3-05

123

建筑智能化系统工程施工图

第 1 页，共 1 页

建设单位		×××公司		设计阶段	施工图	出图日期	2019.12	工程号	
工程名称		2号办公楼		版 次	第一版	图 别	智能化		智施-目录
页码	图号	图纸名称					图幅		

智能化系统设计说明（一）

一、工程概况

项目名称：2号办公楼

建设地点：用地位于南方××市

总建筑面积：5672m²（地上4643m²，地下1029m²）

建筑占地面积：891m²

建筑层数：地下1层，地上1~5层为办公，局部6层为出屋面楼梯间、电梯机房及设备用房

建筑高度：建筑高18.3m（室外地坪至出屋面高度）

二、设计依据

1.《民用建筑电气设计标准》	GB 51348—2019
2.《智能建筑设计标准》	GB 50314—2015
3.《综合布线系统工程设计规范》	GB 50311—2016
4.《有线电视网络工程设计标准》	GB/T 50200—2018
5.《电子会议系统工程设计规范》	GB 50799—2012
6.《厅堂扩声系统设计规范》	GB 50371—2006
7.《安全防范工程技术规范》	GB 50348—2018
8.《入侵报警系统工程设计规范》	GB 50394—2007
9.《视频安防监控系统工程设计规范》	GB 50395—2007
10.《出入口控制系统工程设计规范》	GB 50396—2007
11.《民用闭路监视电视系统工程技术规范》	GB 50198—2011
12.《视频安防监控系统技术要求》	GA/T 367—2001
13.《火灾自动报警系统设计规范》	GB 50116—2013
14.《数据中心设计规范》	GB 50174—2017
15.《低压配电设计规范》	GB 50054—2011
16.《建筑物电子信息系统防雷技术规范》	GB 50343—2012
17.《建筑设计防火规范》	GB 50016—2014
18.《钢制电缆桥架工程技术规程》	T/CECS 31—2017

19.建筑单位提供的本工程有关资料和设计要求；

20.现行的其他国家有关设计、规范、标准。

三、设计范围

本次智能化系统设计内容包括：信息网络系统（含室内WLAN覆盖系统）、综合布线系统、有线电视系统、电子会议系统、入侵报警系统、视频安防监控系统、出入口控制系统、停车场管理系统、智能照明系统、机房工程、建筑物电子信息系统防雷。

四、信息网络系统

1. 系统概述

信息网络系统实现计算机网络中各个节点之间的系统通信，主要由计算机硬件设备及软件系统等组成，实现计算机之间的通信，从而实现计算机系统之间的信息、软件和设备资源的共享以及协同工作等功能。

2. 系统设计

根据业主的要求及项目特点，信息网络系统规划如下：

在本大楼设置一套局域网，为办公及各智能化子系统建立统一的数据通信基础，提供智能化系统的基础网络，实现对无线AP的统一管理。

局域网用于办公、多媒体、视频监控、出入口控制等网络设备数据传输，系统核心交换机为万兆核心交换机，接入层采用千兆交换机，接入层到汇聚层采用千兆链路。配置无线控制系统及无线网络接入设备，无线网络采用放装式无线AP。

3. 设备安装

交换机均安装于一层计算机房网络机柜内，各接入交换机均置于各层电井相应的机柜内。

五、综合布线系统

1. 系统概述

依据《综合布线系统工程设计规范》GB 50311—2016，本系统配置为光缆+六类铜缆+三类大对数电缆。系统为本大楼提供语音、数据、远程视频会议、多媒体等信息服务的快速传输通道，支持万兆主干、千兆到桌面。

2. 系统组成

系统由工作区、配线子系统、干线子系统、设备间子系统等部分组成。

3. 系统设计

（1）工作区：信息插座布置详平面图，信息插座底边距地0.3m暗装。

（2）配线子系统：水平配线线缆采用6类非屏蔽双绞线，线缆走廊部分于综合布线系统防火金属线槽内敷设。线槽至信息点线缆穿阻燃硬塑料管于吊顶内、沿墙或沿地面暗敷。配线设备和机柜设置于电井布线机柜内（详系统图弱电间编号）。机柜内配置相应的光纤配线架、RJ45配线架、110语音配线架及设备线缆和跳线。具体数量由对应楼层的信息点确定。

（3）干线子系统：数据干线线缆从一层计算机房采用12芯室内多模光纤引去各层电井，语音干线线缆从一层计算机房采用三类25对大对数电缆引去各层电井，垂直线缆沿电井内金属线槽敷设。

（4）设备间：设备间设置于一层计算机房，设备间（电井）设置光纤配线架、110配线架等配线设备及设备线缆和跳线等，所有设备安装于机柜内，光纤入户处安装防电涌保护器，做好防雷接地保护措施。

4. 局域网设计

（1）系统用于智能设备信号传输，水平配线线缆采用6类非屏蔽双绞线（该部分于各智能化子系统体现），线缆走廊部分于综合布线系统防火金属线槽内敷设。线槽至各智能化子系统设备线缆穿阻燃硬塑料管于吊顶内、沿墙或沿地面暗敷。配线设备和机柜设置于电井布线机柜内（详系统图电井编号）。机柜内配置相应的光纤配线架及跳线，各智能化子系统设备线缆直接接入接入交换机引出。

（2）系统在一层计算机房设置总配线架，用于各功能区、各楼层的线缆接入；数据干线线缆从一层计算机房采用12芯室内多模光纤引去各层电井，垂直线缆沿电井内金属线槽敷设。

5. 管线敷设

走廊内的防火金属线槽在吊顶内敷设或梁底0.3m吊装，电井内的防火金属线槽在竖井内垂直敷设。光缆及大对数电缆在线槽内敷设，非屏蔽网络双绞线沿电井及走廊的线槽敷设，由线槽引出后穿阻燃硬塑料管于吊顶内或墙内暗敷，每根PC20管内穿线数量不得超过2根六类非屏蔽双绞线。

六、有线电视系统

1. 系统概述

本系统采用双向数字传输的网络方式，下行通道传输有线电视模拟信号、数字电视信号和各种数据业务信号，上行通道传输各种宽、窄带数字业务信号。

2. 系统组成

本系统由双向放大器、分配器、集中分配器（以上由广电运营商负责设计及安装）、同轴电缆、有线电视插座等组成，系统采用双向数字传输的网络方式，节目源为城市有线电视节目。

3. 系统设计

有线电视插座布置详见平面图，电视插座底边距地0.3m暗装。

4. 管线敷设

由电井到电视插座采用SYWV-75-5同轴电缆，竖井内或走廊内的同轴电缆在综合布线金属线槽内敷设，由金属线槽引出到电视插座部分穿阻燃硬塑料管在吊顶内或沿墙暗敷设。

七、电子会议系统

1. 系统概述

电子会议系统是基于数字化音视频技术、计算机技术和智能化集中控制技术的音视频系统，整个音视频系统集成一个管理平台，通过中控主机操作整套系统，使用移动触摸终端操作，大大提高会议室管理的便利性。

电子会议系统需达到扩展性良好、声场分布均匀、响度合适、自然度好、图像还原度高、操作便捷等要求，能够提供清晰自然的语言扩声，满足日常会议扩声、报告演示、学术讨论、教学培训的功能需求。

2. 系统组成

电子会议系统主要由扩声系统、讨论及发言系统、显示系统、集中控制系统组成。多功能报告厅、会议室音频扩声系统主要设备包括扬声器、功率放大器、数字音频处理矩阵、调音台和音源设备。

3. 系统设计

小会议室（79.23m²）、大会议室（122m²）、多功能报告厅（78m²），根据设计规划和功能需要，必须具备召开各类大型会议、培训和演讲报告的功能要求。

（1）扩声系统

本会议室电声系统以会议扩声为主，主要考虑声场的语言清晰度及声压级，参考GB 50371—2006会议类声学特性指标要求，按一级指标设计，最大声压级不小于98dB。

多功能报告厅配置了2只10寸全频扬声器作为左右主扩扬声器，左右各1只10寸全频扬声器作为辅助扩声。

大会议室配置了2只8寸全频扬声器作为左右主扩扬声器，左右各2只8寸全频扬声器作为辅助扩声。

小会议室配置了4只8寸全频扬声器作为会议扩声。

多功能报告厅音源设备包括手持无线话筒、头戴式无线话筒，周边设备则选用高度集成的一体化数字音频处理矩阵；根据多功能报告厅的多功能使用特点，配置一台现场调音台。后端配置数字音频处理器、数字调音台、监听音箱、多媒体播放器等周边设备，实现信号路由与混合、均衡、滤波、动态和延迟以及控制功能。

（2）讨论及发言系统

讨论及发言系统采用数字化会议主机，配置主席发言单元和代表单元，会议单元之间采用手拉手串联的连接方式，降低故障率，便于系统维护，后期可根据人数的增加配置更多的会议单元。会议由主席通过主席单元优先控制键控制会议，可以使其他代表单元的暂时关闭。在主席台及周边设置多媒体插座盒，内含音频、视频、话筒、网络及音箱接口，以便于系统拓展各类应用。

（3）显示系统

显示系统用于影像和图片资料的展示，包括前端显示设备和后端信号切换设备。多功能报告厅采用5500lm高清投影机，150英寸电动幕布；大会议室采用5500lm高清投影机，200英寸电动幕布；小会议室采用3500lm高清投影机，120英寸电动幕布，均可接入本地电脑、DVD等视频信号源，可显示会议室视频信号源，实现资源共享、互通。

（4）集中控制系统

集中控制系统由无线触摸屏、配套控制软件、端口扩展器、无线路由器、网络交换机、继电器箱、电源管理器组成，集中控制主机支持多用途输入/输出(I/O)口，双向RS-232接口，可编程继电输出口，感应输入口，射频(RF)输入口等。通过无线触摸屏及计算机对各种独立的设备和系统进行便捷的集中控制，包括投影仪、媒体播放器、功率放大器、话筒等。

（5）灯光控制系统

在多功能报告厅设置灯光控制系统，面光配置了7只LED聚光灯。顶光的灯具使用了嵌入式的平板柔光灯，设在主席台座位正上方和前1.5m上方，每隔1.0~1.5m设置一道顶灯。第一道顶光：配置平坝柔光灯6只；第二道顶光：配置平坝柔光灯6只。

4. 设备安装

扩声音箱底边距地3m安装，功放、音频处理器、DVD播放器、数字会议主机、视频矩阵、集中控制主机等后端设备于控制室机柜内安装，控制电脑、调音台于操作台上安装，发言单元会议桌上安装，投影仪显示屏会议室背景墙上壁装。

设　计		项目名称	2号办公楼	设计阶段	施工图
制　图				单　位	mm,m
审　核		图　名	智能化系统设计说明（一）	图　别	智施
审　定				图　号	01

智能化系统设计说明（二）

5. 管线敷设

会议系统线路沿金属线槽于吊顶内敷设，引出线穿阻燃硬塑料管在吊顶内或沿墙暗埋敷设。所有设备及元件的接线必须严格保证同相位。除音箱线外其余连接均采用锡焊，不得误接。会议系统电源由楼层市电配电箱提供，线路穿阻燃硬塑料管在吊顶内敷设，为避免信号干扰，供电电缆与会议系统音视频线缆保持一定的距离。

八、入侵报警系统

1. 系统概述

入侵报警系统利用物理方法和电子技术，安装探测装置对建筑内外重要地点和区域进行布防。它可以探测非法侵入，并且在探测到有非法侵入时，及时向有关人员报警。安装在某个区域内的运动探测器和红外探测器可感知有人员在该区域内的活动，入侵探测器可以用来保护财物、文件等重要物品。一旦发生报警，系统记录入侵时间、地点，同时要向闭路监视系统发出信号，监视器呈现现场情况。

每个区域的防范系统在发生报警情况时，除能自身报警外，均能够及时传到消防控制室。消防控制室设专用电话线与当地警方联系，在发生紧急情况时警卫值班人员按下紧急按钮报警信号可迅速传送到接警中心。

2. 系统组成

入侵报警系统采用总线结构，主要由前端探测器、紧急求助按钮、传输电缆、防区输入模块及报警通信控制主机等组成。

3. 系统功能

在发现非法进入时发出报警，并联动电视监控系统作记录。系统配置电子地图，可通过设置定时自动对各个报警子系统进行布、撤防，中心设备显示报警部位、时间并记录，以及提供联动电视监控的控制接口信号。系统还具有如下功能：系统能独立运行，报警主机留有与上一处警中心的电话网络接口，可手动、自动方式向外发出声光报警，可自动和人工判别后与110联网；系统能与出入口控制系统、视频安防监控系统等联动；入侵探测器报警可启动摄像机的防范区域、可关闭门禁控制的区域；系统的前端需要选择、安装各类入侵探测设备，构成点、线、面、空间或其组合的综合防护系统。

在防护区域内发生警情时，系统不发生漏报警；能按时间、区域、部位任意编程设防和撤防，能对报警及时检测，对故障能及时报警；系统具有各种自诊断和故障报警功能，具有防破坏报警功能；报警主机具备中央处理器和存储器，能够存储控制程序和运行日志信息，应能独立地调控相关的前端设备正常工作，系统可以支持扩展，满足发展需要。

4. 系统设计

前端入侵报警探测器分为被动红外/微波双鉴探测器、壁装式被动红外探测器、紧急报警按钮。入侵报警系统根据不同房间的功能及其特殊性设置不同类型的探测器，具体布置如下：

①在计算机房等设备机房及档案室、资料室等重要房间安装被动红外/微波双鉴探测器。

②在消防控制室及无障碍卫生间内设置紧急求助按钮。

系统可针对不同类型的探测器对报警扩展板的输入点进行编程，当报警探测器发出报警信号时，管理中心电脑的多层动态电子地图可清楚地显示出事件发生地区的报警提示，同时触发报警设备发出声光报警（声光报警设备可安装在报警现场或消防控制室，安装位置和数量可根据安全防范需求设置）。另外，当报警事件被触发时，软件监视屏幕会自动弹出对话框，保安人员需在对话框当中输入对警情的详细描述、处理方式、处理结果等，以备事后查询。

5. 设备安装

被动红外/微波双鉴探测器吸顶安装，紧急求助按钮底边距地0.5m安装，报警控制通信主机在一层消防控制室机柜内安装。

6. 管线敷设

每个报警探测器除了有正常报警防区接口外，还应有探测器防拆报警接口。从报警控制通信主机至防区模块采用总线制，采用从防区模块到入侵探测器和紧急求助按钮采用分线制，各类报警线路公共走廊电缆部分沿综合布线系统金属线槽敷设，线槽至入侵探测器/紧急求助按钮部分穿阻燃硬塑料管在吊顶或墙内暗敷。

九、视频安防监控系统

1. 系统概述

本大楼内包含档案室、资料室、设备机房等重要场所，建立完善的视频安防监控系统，是对本大楼人员和设备提供必要的安全保障。该系统可根据管理人员的登录号分配相应的管理权限，能够不间断地监视建筑物周边、出入口、大厅、过道、楼层公共区域及重要房间的图像，覆盖面广、实时性强，以保证有效的监控。本次设计根据不同场所采用半球型、快球型、枪式相结合的前端摄像机以便和建筑物各层的功能、环境相协调，做到隐蔽、美观，和环境融为一体。

2. 系统结构

本系统采用数字化高清网络视频监控系统，视频监控信号基于局域网传输，主要由前端采集摄像机、传输网络（局域网）、IP-SAN磁盘阵列、管理服务器及显示电视墙、控制管理设备等组成。

3. 系统功能

视频监控系统主要是辅助保安人员对整个大楼及周边的人员和设备的现场实况进行实时监控，主要包括建筑物的出入口、各楼层出入口、走廊、门厅、设备机房、重要档案室及资料室、电梯厅及电梯轿厢等部位。当入侵报警系统发生报警时，会联动摄像机开启并将该报警点所监视区域的画面切换到主监视器或大屏幕电视墙上，也可由操作人员切换画面跟踪可疑场景，并录像以供分析案情用。

①前端摄像机采用300万像素H.265编码数字高清摄像机，图像分辨率为1920×1080，逐行扫描，帧率25帧/s。

②整个视频安防监控系统的视频信号必须基于快速、安全、稳定的专用局域网传输。

③存储图像分辨率为1920×1080，采用H.265编码压缩技术，每秒25帧数，并且存储时间不少于30天，采用IP-SAN磁盘阵列进行存储，且冗余配置。

④可在监控室通过控制键盘对系统的摄像和传输部分的设备进行远距离遥控。

⑤系统具备在供电中断或关机后，对所有编程信息和事件信息进行保存。

⑥监控中心视频管理服务器具备图像的实时浏览、录像存储、分布式存储、重点存储、检索回放、取证迁移等功能。

⑦可实现与其他安防子系统的联动，并可进一步与智能化集成系统实现集成。当其他安防子系统向视频监控系统给出联动信号时，系统能按预定工作模式切换出相应部位的图像到指定监视器上，并进行录像，其联动响应时间不大于4s。

⑧视频监控系统具具备与其他的软件的接口功能，系统主机具备互联功能及计算机通信的接口和编程控制的接口，系统预留平安城市监控平台接口。

⑨系统的画面显示能任意编程，能自动或手动切换，在画面上应有摄像机的编号、部位、地址和时间、日期显示。

⑩系统可设置操作员权限，被授权的操作员具有不同的操作权限、监控范围和系统参数。操作员可以在系统的任一键盘或多媒体监控计算机上输入操作密码，对其操作权限范围内的设备进行操作和图像调用。

⑪系统应支持操作员按用户自定义的区域或预定顺序快速选择摄像机而非通过编号选择摄像机。可以对视频显示顺序进行动态编排，而不限于物理输入顺序。可以对视频输入进行编组，进行画面切换和顺序排序，并可以对各组不同视频的显示及操作进行组别限制。

⑫系统可设定任一监视器或监视器组用于报警处理，报警发生时显示报警联动的图像。系统可联动录像设备，记忆多个同时到达的报警，并按报警的优先级别进行排序。用于报警处理的监视器最先显示最高优先级的报警，并可逐个显示直到清空。当有多台监视器用于显示报警图像时，则监视器可按设置依次同时显示多路报警图像。

4. 系统设计

前端摄像机分为半球摄像机、快球摄像机、枪式摄像机及电梯专用摄像机。

5. 存储设计

为了将重要的、需实时监视的画面信息录制在硬盘上，定期存档，以便在发生事故后重放，搜索事故线索，保存图像的时间不应少于1个月（30天），回放达到可用图像要求。

6. 监控电视墙

采用46寸（2×2）液晶拼接单元组成监控电视墙，液晶拼接监视器图像分辨率不低于1920×1080。每台监视器显示16个监控画面，重要区域监控图像固定显示，次要区域监控图像于指定监视器轮流显示。

7. 设备供电

室内红外网络半球摄像机及红外网络枪型摄像机采用POE供电，室外红外网络枪型摄像机和红外网络半球摄像机采用电源适配器供电。消防控制室设置安防系统专用配电箱，提供不间断电源，安防系统所有设备均由该安防配电箱统一供电。

8. 设备安装

室内半球摄像机吸顶安装；电梯专用摄像机于电梯轿厢吸顶安装，无线网桥分别安装于轿厢顶部和电梯井顶部；室内枪型摄像机距地2.8m壁装/梁底0.3m吊装；红外网络球型摄像机距地2.8m壁装或吊杆安装/距地3.5m立杆安装，电源装置置于摄像机附近安装；管理服务器、磁盘阵列在弱电机房安防机柜内安装。

9. 管线敷设

视频监控信号传输线及电源线穿阻燃硬塑管在吊顶内、沿墙面敷设或在总平智能管网内敷设，在竖井内沿综合布线金属线槽敷设，电源线于配电线槽内敷设或在总平智能管网内敷设。

十、出入口控制系统

1. 系统概述

出入口控制系统对出入口和通道的管理也早已超出了单纯的对门锁和钥匙的管理。作为进出口管理和内部的有序化管理，系统能随时自动记录人员的出入情况，限制内部人员的出入区域、出入时间，礼貌拒绝不速之客，同时有效保护重要财产和资料不受侵犯。大楼内部分重要实验设备用房需要严格控制人员出入，同时对内部人员的行踪进行有序管理。

2. 系统结构

系统主要由出入口管理主机、出入口控制器及前端设备（含读卡器、门磁、电锁、出门按钮等）组成，采用TCP/IP协议通讯，基于局域网管理。

3. 系统功能

系统对指定用户或持卡者在进入重要的出入口时进行身份识别并自动记录进出信息，具有作为识别身份、门禁、重要信息系统密钥的功能。出入口控制系统由一层消防控制室统一授权管理。在疏散通道上的出入口控制系统均采用断电开锁型的电磁锁以满足消防疏散要求，系统与消防系统联动，实现消防状态下疏散通道门锁自动开启。

4. 系统设计

在档案室及资料室、设备机房等重要房间安装出入口控制系统，对进出房间的人员进行管理及记录。

5. 设备安装

电锁及前端读卡器等设备设于各出入口及通道上。出入口控制器及电源于保护区内侧顶板下0.3m挂墙安装；电磁锁在门顶部安装，读卡器、出门按钮与照明开关同高度安装。详见安装示意图。

6. 管线敷设

竖井内或走廊内的门禁控制线缆在综合布线金属线槽内敷设，由线槽引出到门锁、门磁、读卡器，出门按钮部分的线缆穿镀锌钢管在吊顶内、墙内暗敷。

十一、停车场管理系统

1. 系统概述

本系统机动车采用车牌自动识别方式，行车道入口设置感应线圈，进出车辆数量都能够得到即时的统计，并显示于入口的显示屏，车牌及管理卡识别数据存储于管理电脑，存储时间不低于30天。本系统具备对车辆停车计费等管理功能；在消防控制室的管理电脑上安装车牌识别软件，可设置黑名单，车牌识别仪将车牌识别并上传至管理电脑，与黑名单对比，若不在黑名单列表内则通行，否则不予通行。

2. 系统组成

主要由自动挡车器、一体化高清车牌自动识别机、电动车刷卡控制机、感应线圈、管理电脑、网络交换机、发卡器、配电箱等组成，本系统可对机动车出入大门进行智能管控。

3. 系统设计

在两个大门各设置一套一进一出机动车道闸系统，道闸信号采用光纤网络传输方式，所有信号最终传输至一层电井网络接入交换机，管理电脑设于消防控制室，通过管理系统软件对所有出入口进行统一授权管理。道闸设备由一层消防控制室安防配电、提供电源。

设 计		项目名称	2号办公楼	设计阶段	施工图
制 图				单 位	mn,m
审 核		图 名	智能化系统设计说明（二）	图 别	智施
审 定				图 号	02

智能化系统设计说明（三）

4.设备安装

车辆出入道闸落地安装，具体详见大样图，管理电脑于消防控制室操作台上安装

5.线路敷设

室外线路沿总平通信管道敷设，由手孔引至车辆道闸门/电动伸缩门部分线路穿塑料管。

十二、智能照明

1.系统概述

在楼内公共照明部分设置智能照明控制系统，系统可根据定时、光照度等控制公共照明回路电源。

2.系统组成

本系统由IP路由器模块、智能照明控制模块、光照度传感器、管理电脑等组成，系统采用总线传输。

3.系统设计

系统在地下一层照明配电箱内设置IP路由器模块、智能照明控制模块对照明回路进行自动控制，可通过光照度传感器自动控制照明回路的通断，管理电脑设置于一层消防控制室，IP路由器模块、智能照明控制模块在配电箱内预留位置安装，光照度传感器底边距地2.8m壁装。

4.管线敷设

智能照明信号传输总线穿阻燃硬塑管在吊顶内、沿墙面敷设，在竖井内沿综合布线金属线槽敷设。

十三、机房工程

本机房工程包含一层的计算机房、消防控制室。本项目按《数据中心设计规范》GB 50174—2017机房分级的C级电子信息系统机房设计。

本次设计含机房装饰工程、电气工程、空调工程、防雷接地；给水排水系统由给排水专业设计，要求在一层计算机房设置精密空调补水点及排水设施，机房照明由电气专业按规范进行设计，消防系统由电气专业及给水排水专业按规范进行设计；网络机房活荷载标准值≥8kN/m²，监控中心活荷载标准值≥6kN/m²。

1.装饰工程

本子工程包括：各功能区的地面装修、墙柱面装修、顶棚装修、隔断墙装修以及门窗装修等分项工程。

地面装修：机房内地面刷防尘漆及铺设机房专用防静电地板，防静电地板安装高度为距地0.15m。

墙柱面装修：机房内墙面、柱子均刮腻子和防水乳胶漆，沿墙、柱面设100mm不锈钢踢脚线。

顶棚装修：机房内顶棚天花刮腻子后设微孔铝扣板吊顶。

门窗装修：机房采用外开甲级钢质防火门。

2.电气工程

智能化及安防系统设备配电在一层计算机房经双电源切换后供给UPS，机房供电由UPS输出口通过强电井引入计算机房及消防控制室的配电柜/配电箱。计算机房及消防控制室内机柜的信息设备供电均通过UPS进行供电。UPS配电系统的供电范围：机房内的计算机设备（主机和附属设备）、通信设备、网络设备以及大量安防系统设备等。

计算机房备用电源配置1台15kVA在线式UPS，UPS供电时间均不小于30min。

市电配电系统的供电范围：空调设备、普通照明、通排风、维修插座、一般动力等。

计算机房、消防控制室照度要求为500lx。机房由电气专业设疏散照明及疏散搜救标志灯。机房内的应急备用照明照度不小于一般照明照度的50%，备用照明采用带蓄电池的照明灯具。

配电线缆在金属线槽内敷设，引出线穿阻燃硬塑料管敷设，以静电地板下敷设为主。

机房智能设备全面采用UPS二次配电，在UPS电源间配电箱、各机房配电箱等配置防雷防涌保护器，机柜配电PDU采用带防雷防浪涌功能的PDU。

3.空调工程

本子工程在计算机房设置机房专用精密空调，精密空调采用地板上送风、上回风的送回风方式；消防控制室建议可由暖通专业配置吊顶嵌入式分体空调，机房由暖通专业按规范配置新风及防排烟系统。

4.防雷接地

在一层的计算机房和消防控制室等场所设置等电位接地网及局部等电位端子箱。系统采用共用接地体，系统接地电阻不大于1Ω。进入建筑物的金属线缆、光缆金属接头、光缆金属挡潮层、光缆加强芯以及室内各系统的金属线槽、设备机架、金属管件等均须做好接地措施，各信号源及进线设置防浪涌保护。

所有电气装置正常不带电的金属部分（配电箱、插座箱外壳等）及各插座接地孔均与PE线可靠焊（连）接，采用M型等电位连接网络，系统的各金属组件不得与接地系统各组件绝缘。M型等电位连接应通过多点连接组合到等电位连接网络中去，形成M型连接方式。每台设备的等电位连接线的长度不大于0.5m，并设两根等电位连接线安装于设备的对角处，其长度相差为20%。地板及吊顶及骨架、铝窗、彩钢板墙板及墙龙骨等都须和机房的等电位接地网可靠连接，连接线缆采用不小于6mm²截面的橡胶绝缘铜芯软电线。总配电柜处需装设I级试验的电涌保护器。电涌保护器的电压保护水平值≤2.5kV，每一保护模式的冲击电流值≥12.5kA。连接电涌保护器的导体采用截面不小于6mm²的橡胶绝缘铜芯电线，电源线路浪涌保护器在各个位置安装时，浪涌保护器的连接导线应短直，其总长度不大于0.5m。

十四、建筑物电子信息系统防雷

系统在电气设置防雷接地基础上，对系统的电源及信号防浪涌保护以及系统保护地与工作接地进行加强处理。

①本系统在各层电井内设置楼层等电位接地端子箱(FEB)；在一层消防控制室和计算机房等机房设置局部等电位接地端子箱（LEB），通过25mm²铜芯绝缘导线连接到总等电位接地端子箱（MEB）。总等电位接地端子箱由电气专业提供，要求其与建筑物共用接地体连接。

②在电井设置接地主干线，采用50mm²铜质导线敷设。

③对从建筑外引入/引出智能化专业机房、电井内的铜缆信号串接串联式联电涌保护器的防浪涌措施，防止感应过电压损坏设备器件，机箱、设备金属外壳及金属线槽等应做好接地措施，进出建筑物的电缆屏蔽层、金属保护套、金属保护管、光缆金属接头、光缆金属挡潮层、光缆加强芯及室内各系统的金属线槽应做好接地处理。接地电阻满足相关防雷规范要求。

④对室外防水箱内的用电电源进线串接串联式防浪涌保护器，所有室外机箱、设备金属外壳、线路金属保护管、光缆金属接头、光缆金属挡潮层、光缆加强芯、室外金属立杆等应做好接地，露出地面的线缆套钢管保护并良好接地。

十五、节能篇

智能系统设备的选择在满足系统要求的基础上充分考虑节能效果，选择低能耗的智能设备，不选取高能耗或未经国家有关部门检验合格的产品。

十六、其他

①各系统线缆、模块等均应在施工期间用专用标签作好标记，标记应简单明晰，标签规格、形式由施工单位提供样品并须经过业主、设计单位等有关单位确认。

②施工期间，智能、建筑、结构、暖通、给排水、装修、电气等各专业须密切配合施工。

③凡与施工有关而又未说明之处，参见国家、地方标准图集。

④本工程所选设备、材料，必须具有国家级检测中心的检测合格证书（3C认证）；必须满足与产品相关的国家标准；供电产品、消防产品应具有入网许可证。

⑤为设计方便，所选设备型号仅供参考，招标所确定的设备规格、性能等技术指标，不应低于设计图纸的要求。

⑥根据国务院签发的《建设工程质量管理条例》：

a.本设计文件须报县级以上人民政府建设行政主管部门或其他有关部门、施工图审查部门审查批准后方可使用。

b.建设方应提供电源等市政原始资料，原始资料必须真实、准确、齐全。

c.由各单位采购的设备、材料，应保证符合设计文件及合同的要求。

d.施工单位必须按照工程设计图纸和施工技术标准施工，不得擅自修改工程设计。施工单位在施工过程中发现设计文件和图纸有差错的，应及时提出意见和建议。

设 计		项目名称	2号办公楼	设计阶段	施工图
制 图				单 位	mm,m
审 核		图 名	智能化系统设计说明（三）	图 别	智施
审 定				图 号	03

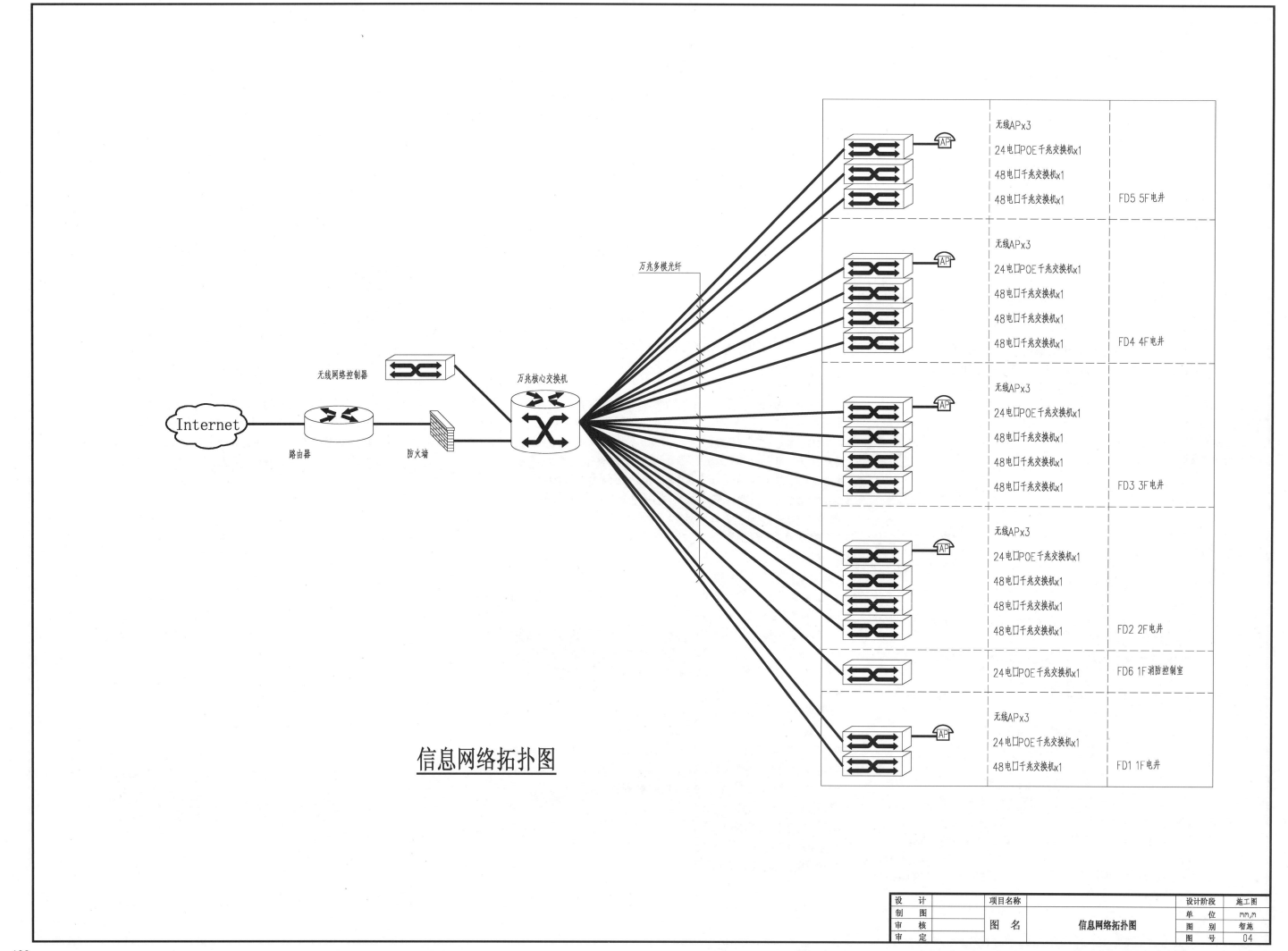

信息网络拓扑图

设 计		项目名称			设计阶段	施工图
制 图					单 位	mm,m
审 核		图 名		信息网络拓扑图	图 别	智施
审 定					图 号	04

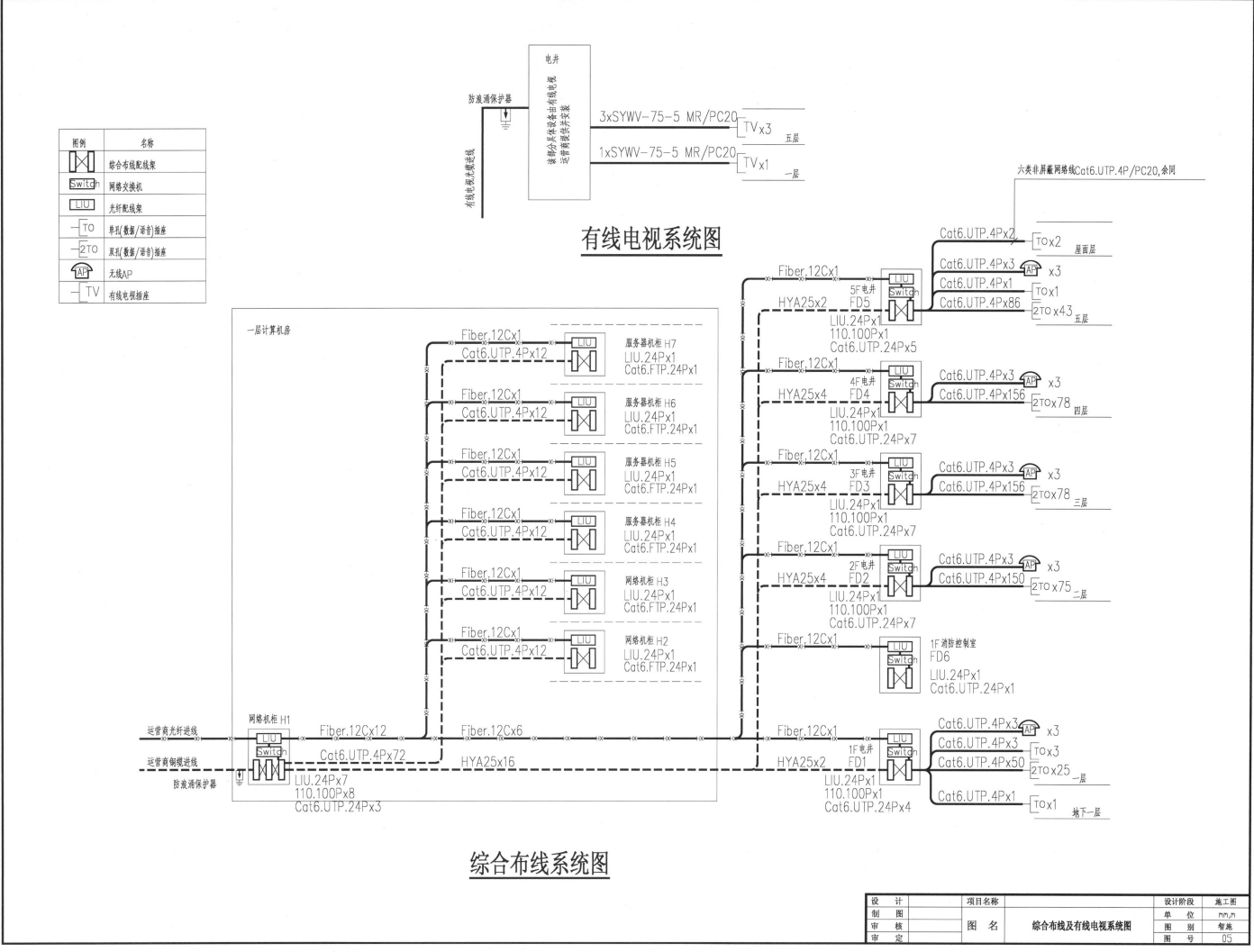

图例

图例	名称
⋈	综合布线配线架
Switch	网络交换机
LIU	光纤配线架
─TO	单孔(数据/语音)插座
─2TO	双孔(数据/语音)插座
AP	无线AP
─TV	有线电视插座

有线电视系统图

电井

该部分具体设备由有线电视运营商提供并支装

防浪涌保护器

有线电视光缆进线

3×SYWV-75-5 MR/PC20 ──── TV×3 五层

1×SYWV-75-5 MR/PC20 ──── TV×1 一层

六类非屏蔽网络线Cat6.UTP.4P/PC20,余同

一层计算机房

服务器机柜 H7
LIU.24P×1
Cat6.FTP.24P×1
Fiber.12C×1
Cat6.UTP.4P×12

服务器机柜 H6
LIU.24P×1
Cat6.FTP.24P×1
Fiber.12C×1
Cat6.UTP.4P×12

服务器机柜 H5
LIU.24P×1
Cat6.FTP.24P×1
Fiber.12C×1
Cat6.UTP.4P×12

服务器机柜 H4
LIU.24P×1
Cat6.FTP.24P×1
Fiber.12C×1
Cat6.UTP.4P×12

网络机柜 H3
LIU.24P×1
Cat6.FTP.24P×1
Fiber.12C×1
Cat6.UTP.4P×12

网络机柜 H2
LIU.24P×1
Cat6.FTP.24P×1
Fiber.12C×1
Cat6.UTP.4P×12

网络机柜 H1
运营商光纤进线
运营商铜缆进线
防浪涌保护器
LIU.24P×7
110.100P×8
Cat6.UTP.24P×3

Fiber.12C×12
Cat6.UTP.4P×72
Fiber.12C×6
HYA25×16

5F电井 FD5
LIU.24P×1
110.100P×1
Cat6.UTP.24P×5
Fiber.12C×1
HYA25×2
Cat6.UTP.4P×2 ── TO×2 屋面层
Cat6.UTP.4P×3 AP ×3
Cat6.UTP.4P×1 ── TO×1
Cat6.UTP.4P×86 ── 2TO×43 五层

4F电井 FD4
LIU.24P×1
110.100P×1
Cat6.UTP.24P×7
Fiber.12C×1
HYA25×4
Cat6.UTP.4P×3 AP ×3
Cat6.UTP.4P×156 ── 2TO×78 四层

3F电井 FD3
LIU.24P×1
110.100P×1
Cat6.UTP.24P×7
Fiber.12C×1
HYA25×4
Cat6.UTP.4P×3 AP ×3
Cat6.UTP.4P×156 ── 2TO×78 三层

2F电井 FD2
LIU.24P×1
110.100P×1
Cat6.UTP.24P×7
Fiber.12C×1
HYA25×4
Cat6.UTP.4P×3 AP ×3
Cat6.UTP.4P×150 ── 2TO×75 二层

1F消防控制室 FD6
LIU.24P×1
Cat6.UTP.24P×1
Fiber.12C×1

1F电井 FD1
LIU.24P×1
110.100P×1
Cat6.UTP.24P×4
Fiber.12C×1
HYA25×2
Cat6.UTP.4P×3 AP ×3
Cat6.UTP.4P×3 ── TO×3
Cat6.UTP.4P×50 ── 2TO×25 一层
Cat6.UTP.4P×1 ── TO×1 地下一层

综合布线系统图

设 计		项目名称		设计阶段	施工图
制 图				单 位	mm,m
审 核		图 名	综合布线及有线电视系统图	图 别	智施
审 定				图 号	05

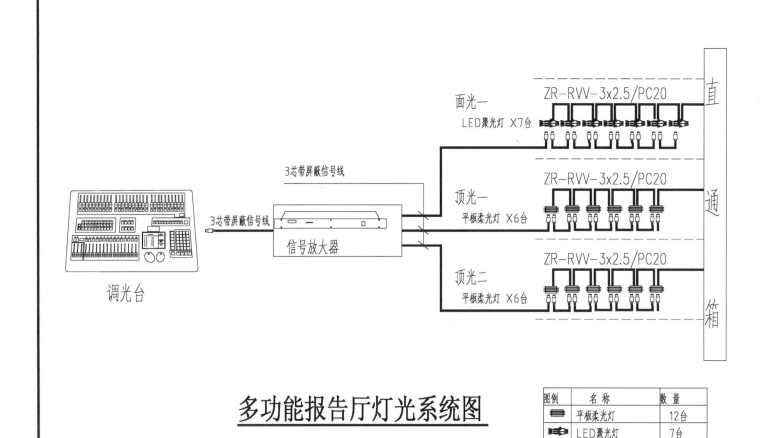

面光一
LED聚光灯 X7台

ZR-RVV-3x2.5/PC20

顶光一
平板柔光灯 X6台

ZR-RVV-3x2.5/PC20

顶光二
平板柔光灯 X6台

ZR-RVV-3x2.5/PC20

直通箱

3芯带屏蔽信号线

3芯带屏蔽信号线

信号放大器

调光台

多功能报告厅灯光系统图

图例	名 称	数 量
	平板柔光灯	12台
	LED聚光灯	7台

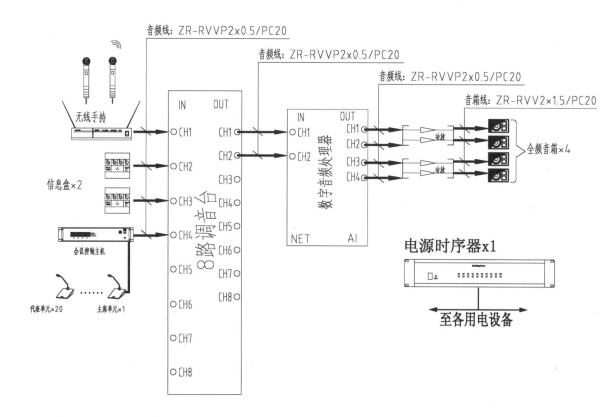

音频线：ZR-RVVP2x0.5/PC20

音频线：ZR-RVVP2x0.5/PC20

音频线：ZR-RVVP2x0.5/PC20

音箱线：ZR-RVV2×1.5/PC20

无线手持

信息盒×2

会议控制主机

代表单元×20 主席单元×1

8路调音台

数字音频处理器

电源时序器x1

至各用电设备

全频音箱×4

小会议室扩声系统图

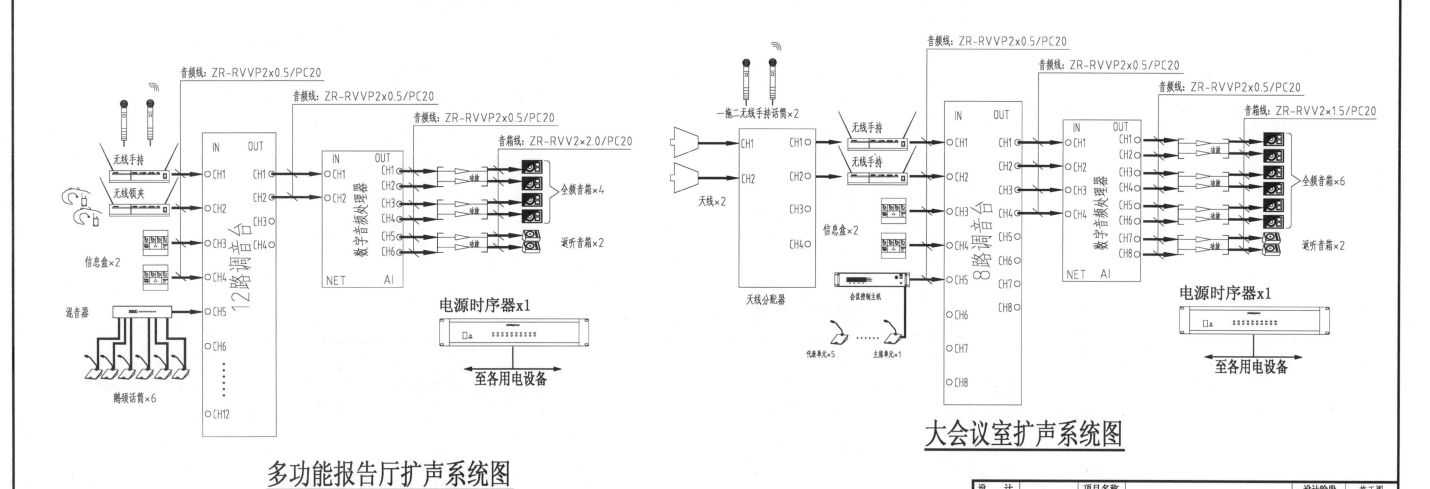

音频线：ZR-RVVP2x0.5/PC20

音频线：ZR-RVVP2x0.5/PC20

音频线：ZR-RVVP2x0.5/PC20

音箱线：ZR-RVV2×2.0/PC20

无线手持

无线领夹

信息盒×2

混音器

鹅颈话筒×6

12路调音台

数字音频处理器

全频音箱×4

返听音箱×2

电源时序器x1

至各用电设备

多功能报告厅扩声系统图

音频线：ZR-RVVP2x0.5/PC20

音频线：ZR-RVVP2x0.5/PC20

音频线：ZR-RVVP2x0.5/PC20

音箱线：ZR-RVV2×1.5/PC20

一拖二无线手持话筒×2

无线手持

无线手持

天线×2

信息盒×2

会议控制主机

天线分配器

代表单元×5 主席单元×1

8路调音台

数字音频处理器

全频音箱×6

返听音箱×2

电源时序器x1

至各用电设备

大会议室扩声系统图

设 计		项目名称		设计阶段	施工图
制 图				单 位	mm,m
审 核		图 名	电子会议系统图	图 别	智施
审 定				图 号	06

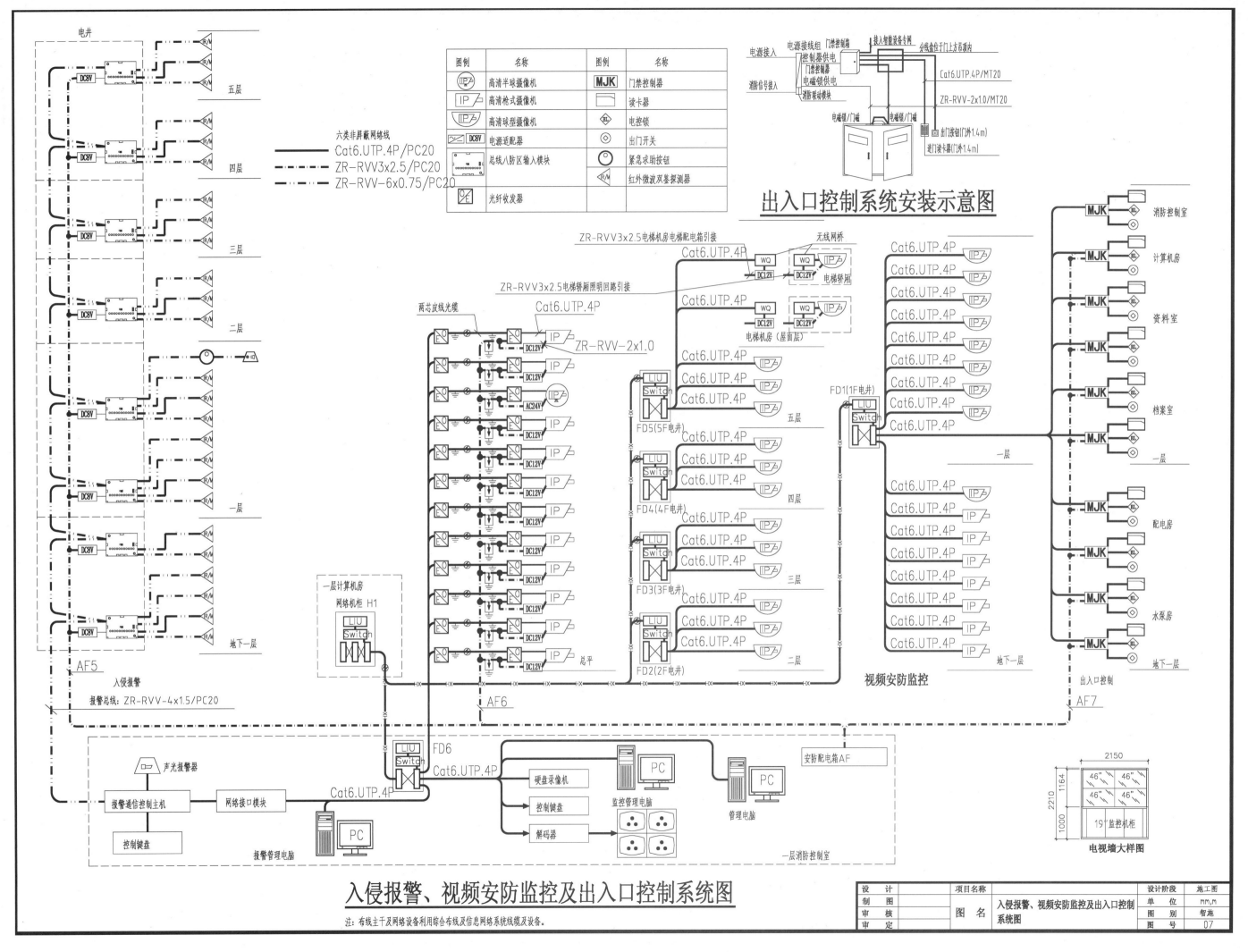

出入口控制系统安装示意图

入侵报警、视频安防监控及出入口控制系统图

注：布线主干及网络设备利用综合布线及信息网络线缆及设备。

图例	名称	图例	名称
(IP半)	高清半球摄像机	MJK	门禁控制器
IP	高清枪式摄像机		读卡器
IP球	高清球型摄像机	电控锁	电控锁
DC8V	电源适配器	◎	出门开关
	总线八防区输入模块	○	紧急求助按钮
	光纤收发器	R/M	红外微波双鉴探测器

设 计		项目名称		设计阶段	施工图
制 图			入侵报警、视频安防监控及出入口控制系统图	单 位	mm,m
审 核		图 名		图 别	智施
审 定				图 号	07

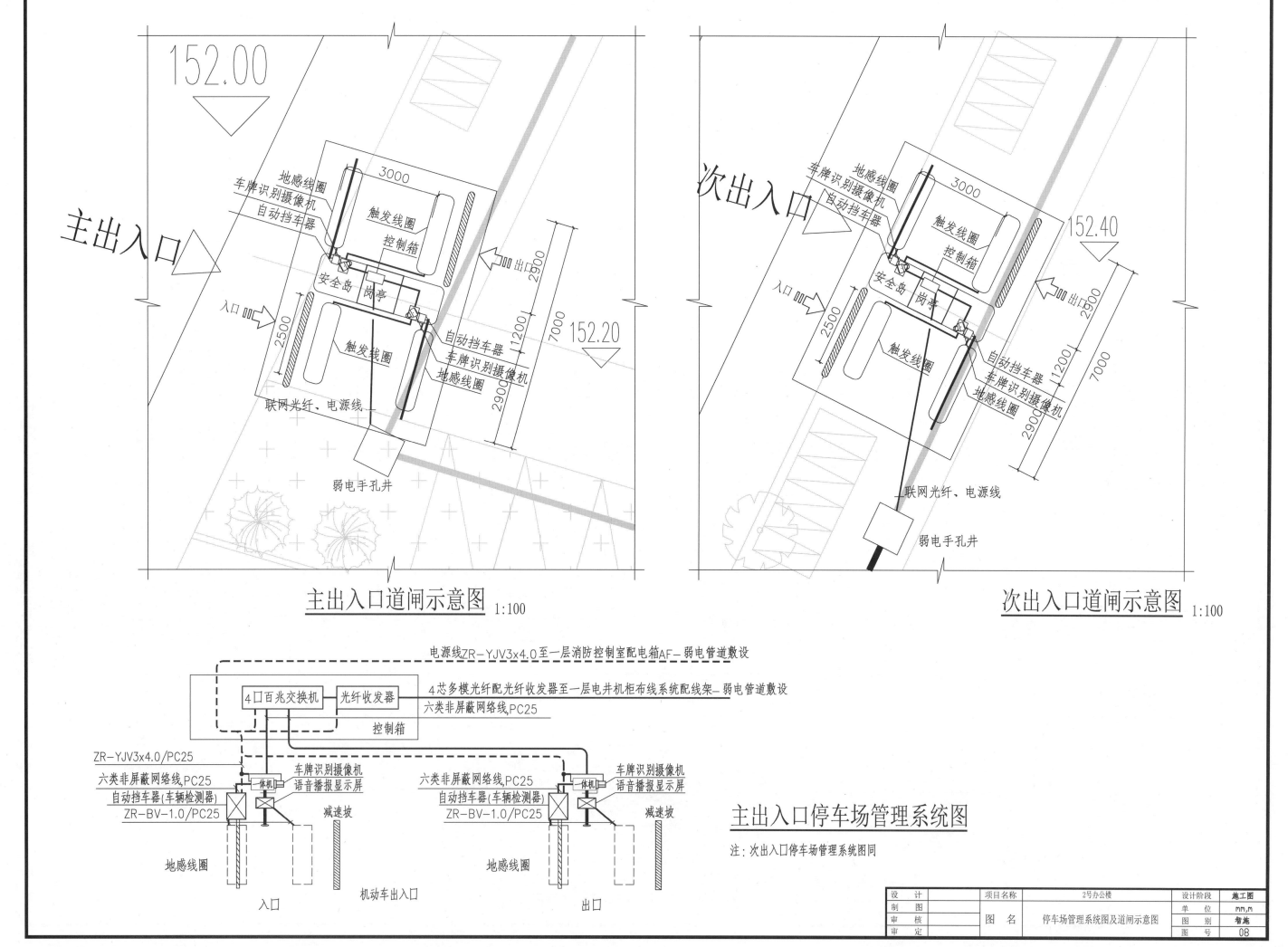

主出入口道闸示意图 1:100

次出入口道闸示意图 1:100

主出入口停车场管理系统图

注：次出入口停车场管理系统图同

设　计		项目名称	2号办公楼		设计阶段	施工图
制　图					单　位	mm,m
审　核		图　名	停车场管理系统图及道闸示意图		图　别	智施
审　定					图　号	08

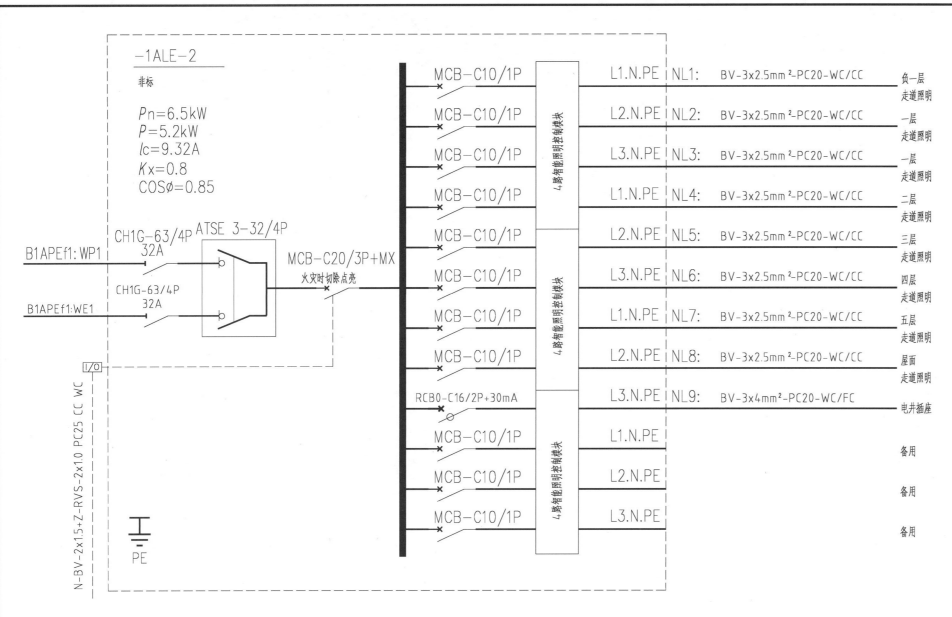

过道智能照明配电箱系统图

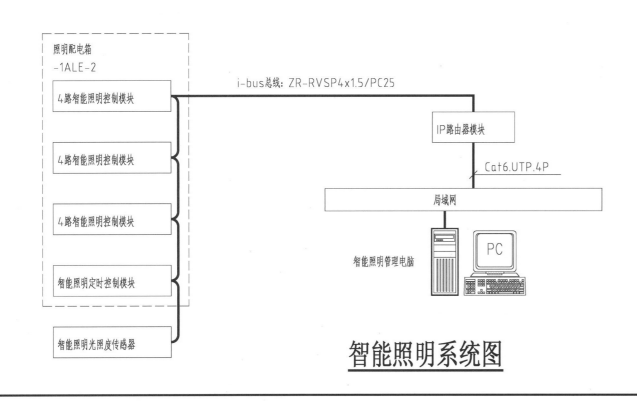

智能照明系统图

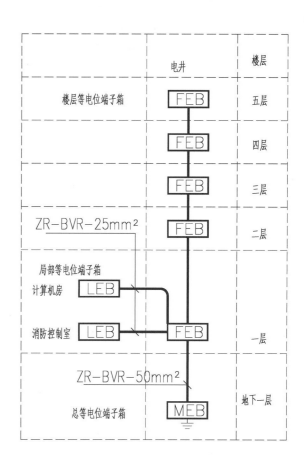

建筑物电子信息系统防雷

设 计		项目名称			设计阶段	施工图
制 图			智能照明系统图及建筑物电子信息系统防雷		单 位	mm,m
审 核		图 名			图 别	智施
审 定					图 号	09

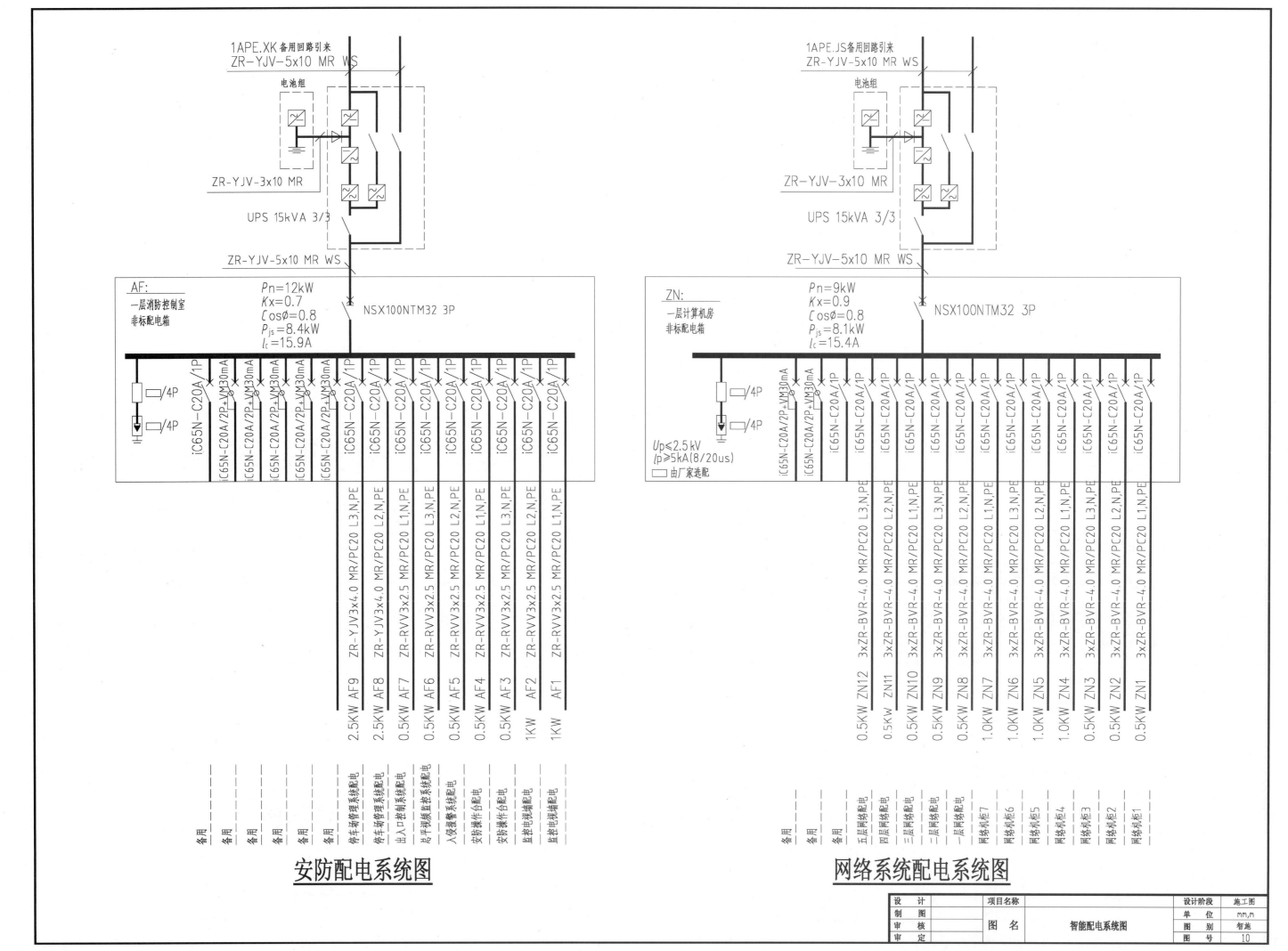

安防配电系统图

网络系统配电系统图

设 计		项目名称		设计阶段	施工图
制 图				单 位	mm,m
审 核		图 名	智能配电系统图	图 别	智施
审 定				图 号	10

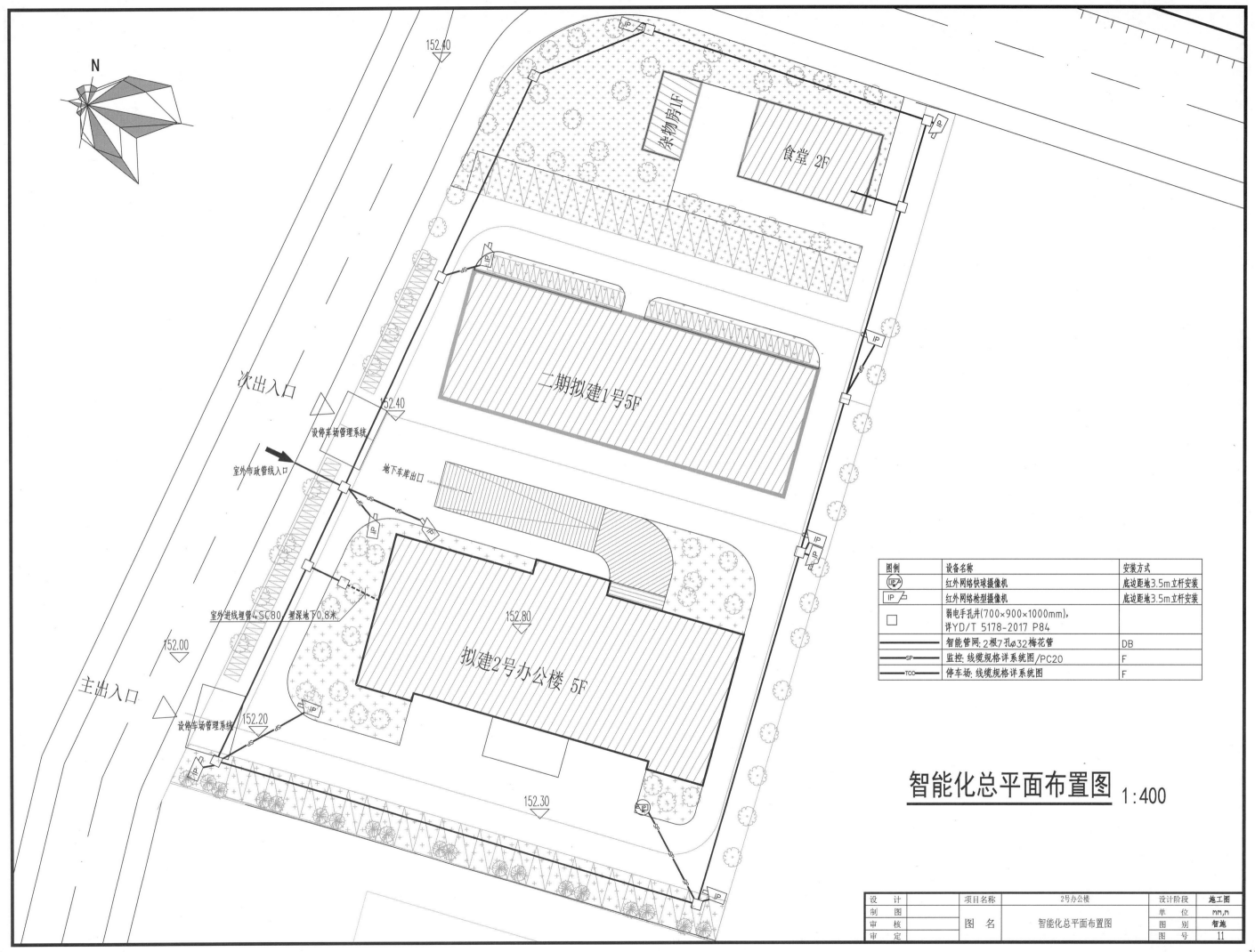

N

152.40

杂物房1F

食堂 2F

二期拟建1号 5F

次出入口

152.40

设停车场管理系统

室外市政管线入口

地下车库出口

152.80

拟建2号办公楼 5F

室外进线埋管4 SC80,埋深地下0.8米

152.00

主出入口

设停车场管理系统

152.20

152.30

图例	设备名称	安装方式
	红外网络快球摄像机	底边距地3.5m立杆安装
IP	红外网络枪型摄像机	底边距地3.5m立杆安装
☐	弱电手孔井(700×900×1000mm),详YD/T 5178-2017 P84	
	智能管网:2根7孔ø32梅花管	DB
SP	监控:线缆规格详系统图/PC20	F
TCO	停车场:线缆规格详系统图	F

智能化总平面布置图 1:400

设 计		项目名称	2号办公楼	设计阶段	施工图
制 图				单 位	mm,m
审 核		图 名	智能化总平面布置图	图 别	智施
审 定				图 号	11

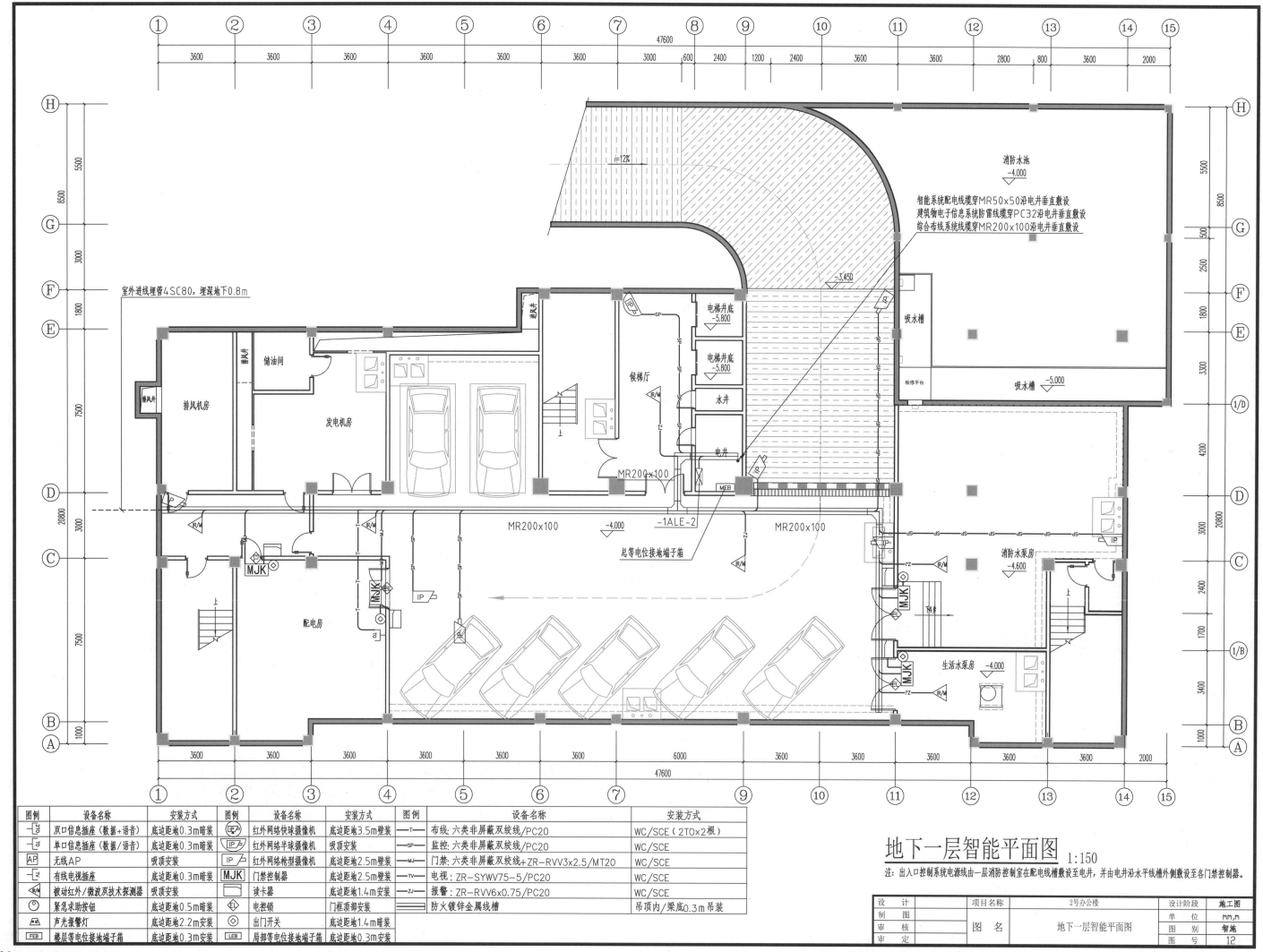

室外进线埋管4SC80,埋深地下0.8m

智能系统配电电线缆穿MR50x50沿电井垂直敷设
建筑物电子信息系统防雷线缆穿PC32沿电井垂直敷设
综合布线系统线缆穿MR200x100沿电井垂直敷设

消防水池
-4.000

排风机房
储油间
排风井

发电机房

候梯厅

电梯井底
-5.800

电梯井底
-5.800

水井

电井

检修平台

吸水槽

吸水槽
-5.000

MR200x100
-4.000
-1ALE-2
MR200x100

总等电位接地端子箱

MJK

MJK
IP

配电房

消防水泵房
-4.600

MJK

生活水泵房
-4.000

MJK

图例	设备名称	安装方式	图例	设备名称	安装方式	图例	设备名称	安装方式
	双口信息插座(数据+语音)	底边距地0.3m暗装	IP	红外网络快球摄像机	底边距地3.5m壁装	—T—	布线:六类非屏蔽双绞线/PC20	WC/SCE(2TO×2根)
	单口信息插座(数据/语音)	底边距地0.3m暗装	IP	红外网络半球摄像机	吸顶安装	—SP—	监控:六类非屏蔽双绞线/PC20	WC/SCE
AP	无线AP	吸顶安装	IP	红外网络枪型摄像机	底边距地2.5m壁装	—MJ—	门禁:六类非屏蔽双绞线+ZR-RVV3x2.5/MT20	WC/SCE
	有线电视插座	底边距地0.3m暗装	MJK	门禁控制器	底边距地2.5m壁装	—TV—	电视:ZR-SYWV75-5/PC20	WC/SCE
R/M	被动红外/微波双技术探测器	吸顶安装		读卡器	底边距地1.4m安装	—ZJ—	报警:ZR-RVV6x0.75/PC20	WC/SCE
	紧急求助按钮	底边距地0.5m暗装		电控锁	门框顶部安装		防火镀锌金属线槽	吊顶内/梁底0.3m吊装
	声光报警灯	底边距地2.2m安装		出门开关	底边距地1.4m暗装			
FEB	楼层等电位接地端子箱	底边距地0.3m安装	LEB	局部等电位接地端子箱	底边距地0.3m安装			

地下一层智能平面图 1:150

注:出入口控制系统电源线由一层消防控制室在配电线槽敷设至电井,并由电井沿水平线槽外侧敷设至各门禁控制器。

设 计		项目名称	2号办公楼	设计阶段	施工图
制 图				单 位	mm,m
审 核		图 名	地下一层智能平面图	图 别	智施
审 定				图 号	12

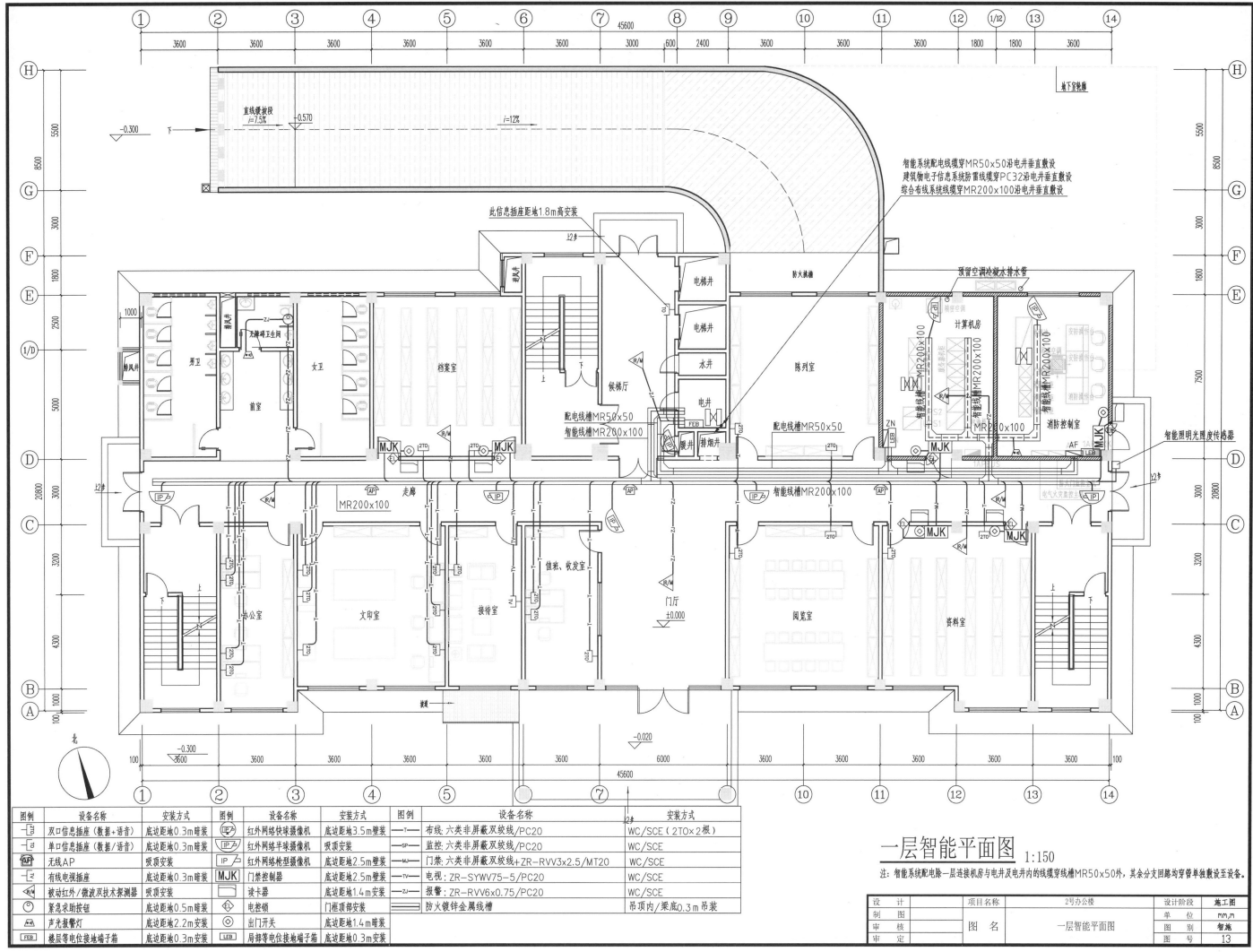

一层智能平面图 1:150

注：智能系统配电除一层连接机房与电井及电井内的线缆穿线槽MR50x50外，其余分支回路均穿管单独敷设至设备。

智能系统配电线电缆穿MR50x50沿电井垂直敷设
建筑物电子信息系统防雷引线缆穿PC32沿电井垂直敷设
综合布线系统线缆穿MR200x100沿电井垂直敷设

预留空调冷凝水排水管

智能照明光照度传感器

此信息插座距地1.8m高安装

配电线槽MR50x50
智能线槽MR200x100

配电线槽MR50x50

智能线槽MR200x100

MR200x100

图例	设备名称	安装方式	图例	设备名称	安装方式	图例	设备名称	安装方式
	双口信息插座（数据+语音）	底边距地0.3m暗装		红外网络快球摄像机	底边距3.5m壁装	—T—	布线：六类非屏蔽双绞线/PC20	WC/SCE（2TO×2根）
	单口信息插座（数据/语音）	底边距地0.3m暗装		红外网络半球摄像机	吸顶安装	—SP—	监控：六类非屏蔽双绞线/PC20	WC/SCE
AP	无线AP	吸顶安装	IP	红外网络枪型摄像机	底边距2.5m壁装	—MJ—	门禁：六类非屏蔽双绞线+ZR-RVV3x2.5/MT20	WC/SCE
	有线电视插座	底边距地0.3m暗装	MJK	门禁控制器	底边距2.5m壁装	—TV—	电视：ZR-SYWV75-5/PC20	WC/SCE
R/M	被动红外/微波双技术探测器	吸顶安装		读卡器	底边距1.4m安装	—ZJ—	报警：ZR-RVV6x0.75/PC20	WC/SCE
	紧急求助按钮	底边距地0.5m暗装		电控锁	门框顶部安装		防火镀锌金属线槽	吊顶内/梁底0.3m吊装
	声光报警灯	底边距地2.2m安装		出门开关	底边距1.4m暗装			
FEB	楼层等电位接地端子箱	底边距地0.3m暗装	LEB	局部等电位接地端子箱	底边距地0.3m安装			

设 计		项目名称	2号办公楼	设计阶段	施工图
制 图				单 位	mm,m
审 核		图 名	一层智能平面图	图 别	智施
审 定				图 号	13

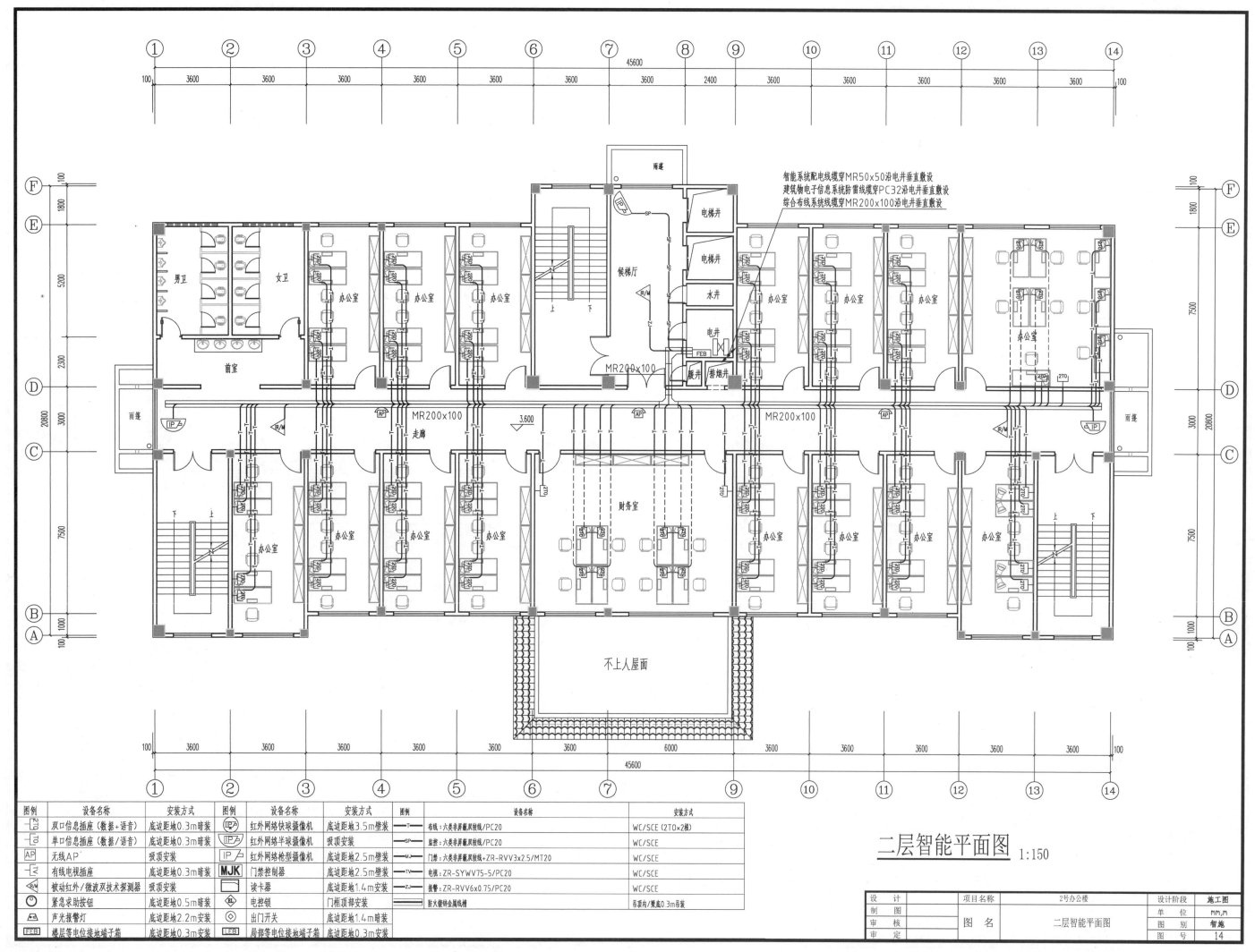

智能系统配电线缆穿MR50x50沿电井垂直敷设
建筑物电子信息系统防雷线缆穿PC32沿电井垂直敷设
综合布线系统线缆穿MR200x100沿电井垂直敷设

二层智能平面图 1:150

图例	设备名称	安装方式	图例	设备名称	安装方式	图例	设备名称	安装方式
	双口信息插座(数据+语音)	底边距地0.3m暗装		红外网络快球摄像机	底边距地3.5m壁装		布线: 六类非屏蔽双绞线/PC20	WC/SCE (2TO×2根)
	单口信息插座(数据/语音)	底边距地0.3m暗装		红外网络半球摄像机	吸顶安装		监控: 六类非屏蔽双绞线/PC20	WC/SCE
AP	无线AP	吸顶安装	IP	红外网络枪型摄像机	底边距地2.5m壁装		门禁: 六类非屏蔽双绞线+ZR-RVV3x2.5/MT20	WC/SCE
	有线电视插座	底边距地0.3m暗装	MJK	门禁控制器	底边距地2.5m壁装		电视: ZR-SYWV75-5/PC20	WC/SCE
	被动红外/微波双技术探测器	吸顶安装		读卡器	底边距地1.4m安装		摄像: ZR-RVV6x0.75/PC20	WC/SCE
	紧急求助按钮	底边距地0.5m暗装		电控锁	门框顶部安装		防火镀锌金属线槽	吊顶内/黛底0.3m吊装
	声光报警灯	底边距地2.2m安装		出门开关	底边距地1.4m暗装			
FEB	楼层等电位接地端子箱	底边距地0.3m暗装	LEB	局部等电位接地端子箱	底边距地0.3m暗装			

设 计		项目名称	2号办公楼	设计阶段	施工图
制 图				单 位	mm,m
审 核		图 名	二层智能平面图	图 别	智施
审 定				图 号	14

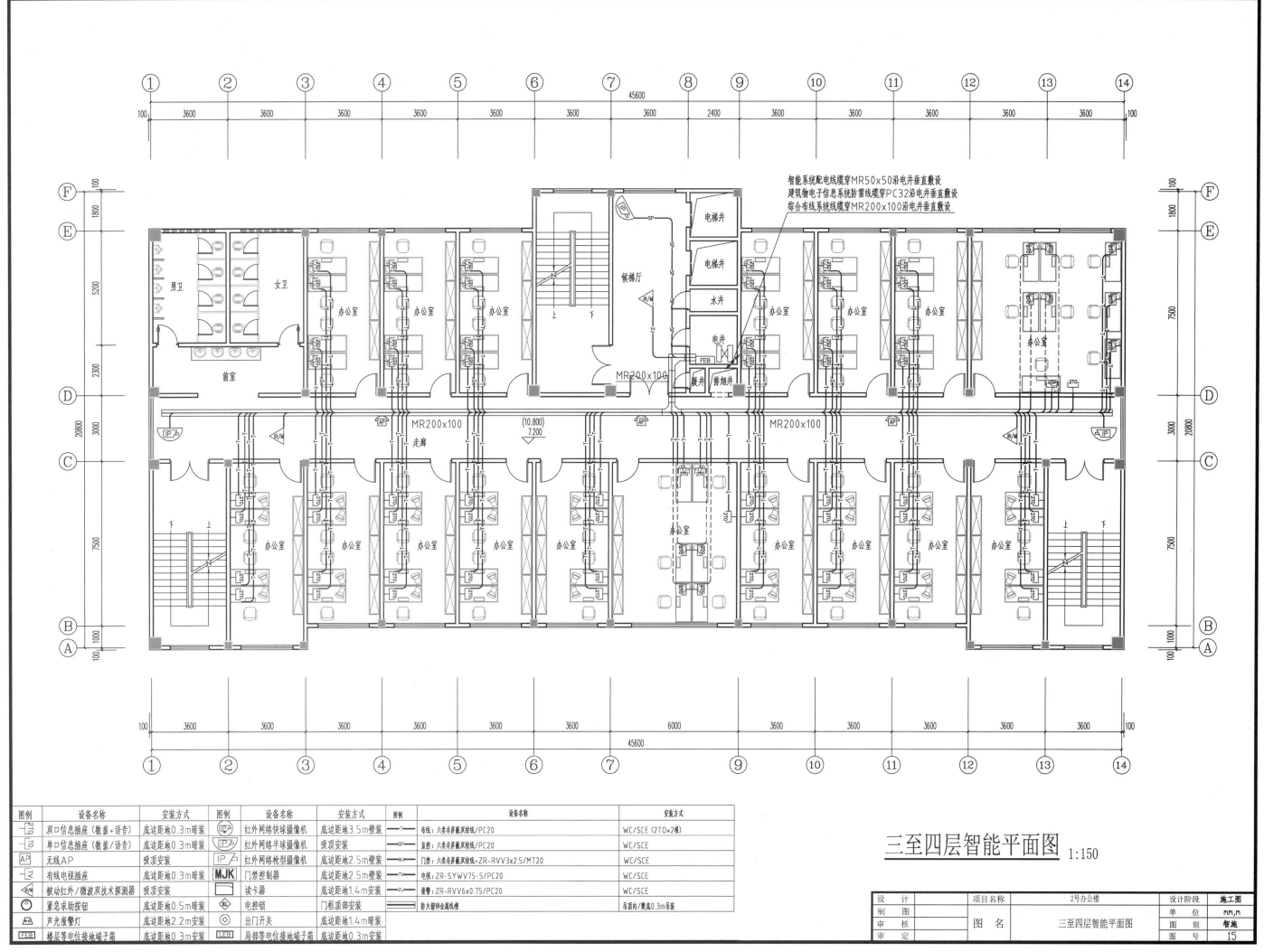

三至四层智能平面图 1:150

图例	设备名称	安装方式	图例	设备名称	安装方式	图例	设备名称	安装方式
	双口信息插座（数据+语音）	底边距地0.3m暗装		红外网络快球摄像机	底边距地3.5m壁装		布线：六类非屏蔽双绞线/PC20	WC/SCE（2TO×2模）
	单口信息插座（数据/语音）	底边距地0.3m暗装		红外网络半球摄像机	吸顶安装		监控：六类非屏蔽双绞线/PC20	WC/SCE
AP	无线AP	吸顶安装		红外网络枪型摄像机	底边距地2.5m壁装		门禁：六类非屏蔽双绞线+ZR-RVV3x2.5/MT20	WC/SCE
	有线电视插座	底边距地0.3m暗装	MJK	门禁控制器	底边距地2.5m安装	TV	电视：ZR-SYWV75-5/PC20	WC/SCE
	被动红外/微波双技术探测器	吸顶安装		读卡器	底边距地1.4m安装		报警：ZR-RVV6x0.75/PC20	WC/SCE
	紧急求助按钮	底边距地0.5m暗装	DL	电控锁	门框顶部安装		防火镀锌金属线槽	吊顶内/梁底距0.3m吊装
	声光报警灯	底边距地2.2m安装		出门开关	底边距地1.4m暗装			
LEB	楼层等电位接地端子箱	底边距地0.3m暗装	LEB	局部等电位接地端子箱	底边距地0.3m暗装			

智能系统配电线缆穿MR50x50沿电井垂直敷设
建筑物电子信息系统防雷线缆穿PC32沿电井垂直敷设
综合布线系统线缆MR200x100沿电井垂直敷设

设 计		项目名称	2号办公楼	设计阶段	施工图
制 图				单 位	mm,m
审 核		图 名	三至四层智能平面图	图 别	智施
审 定				图 号	15

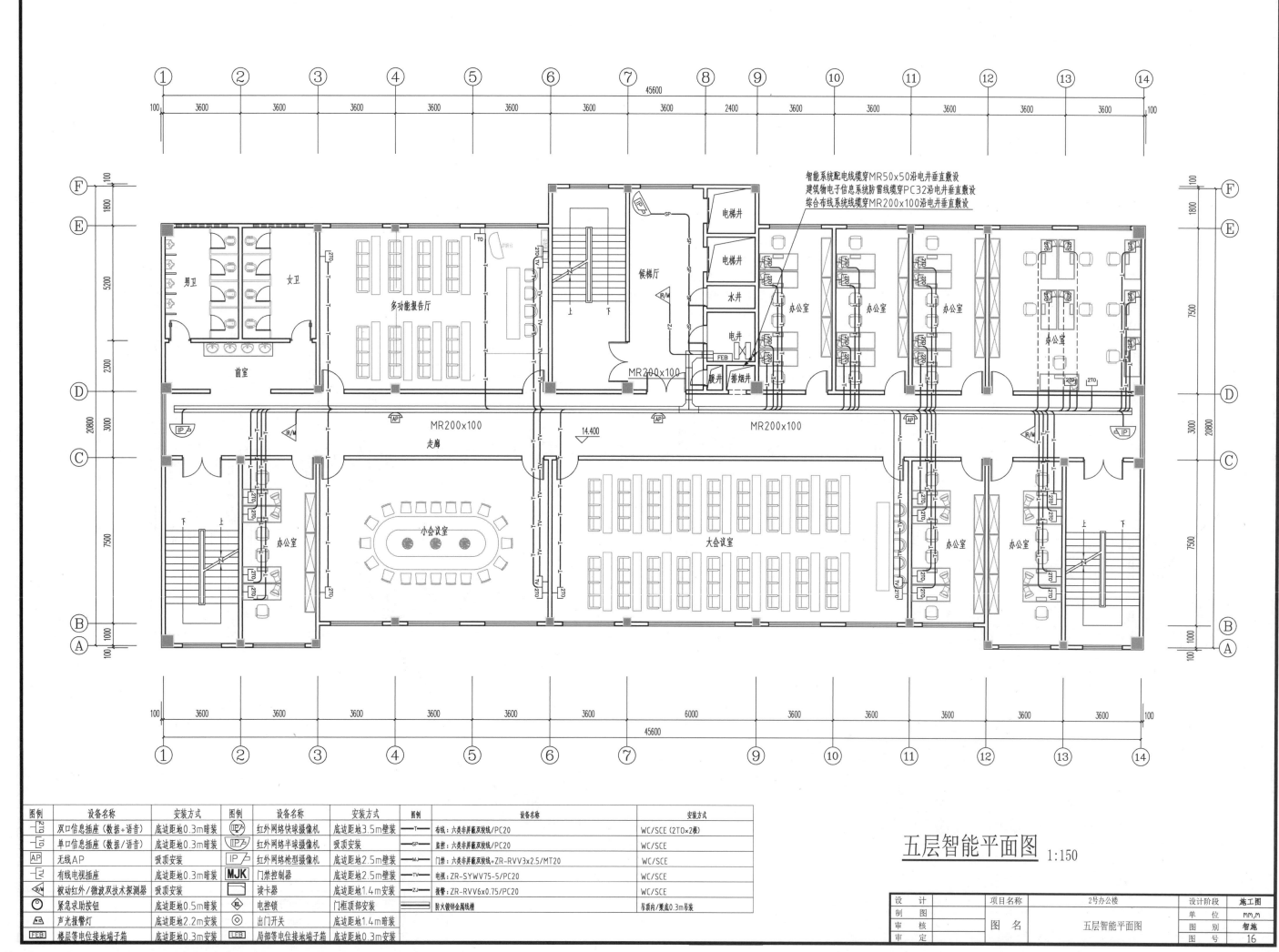

五层智能平面图 1:150

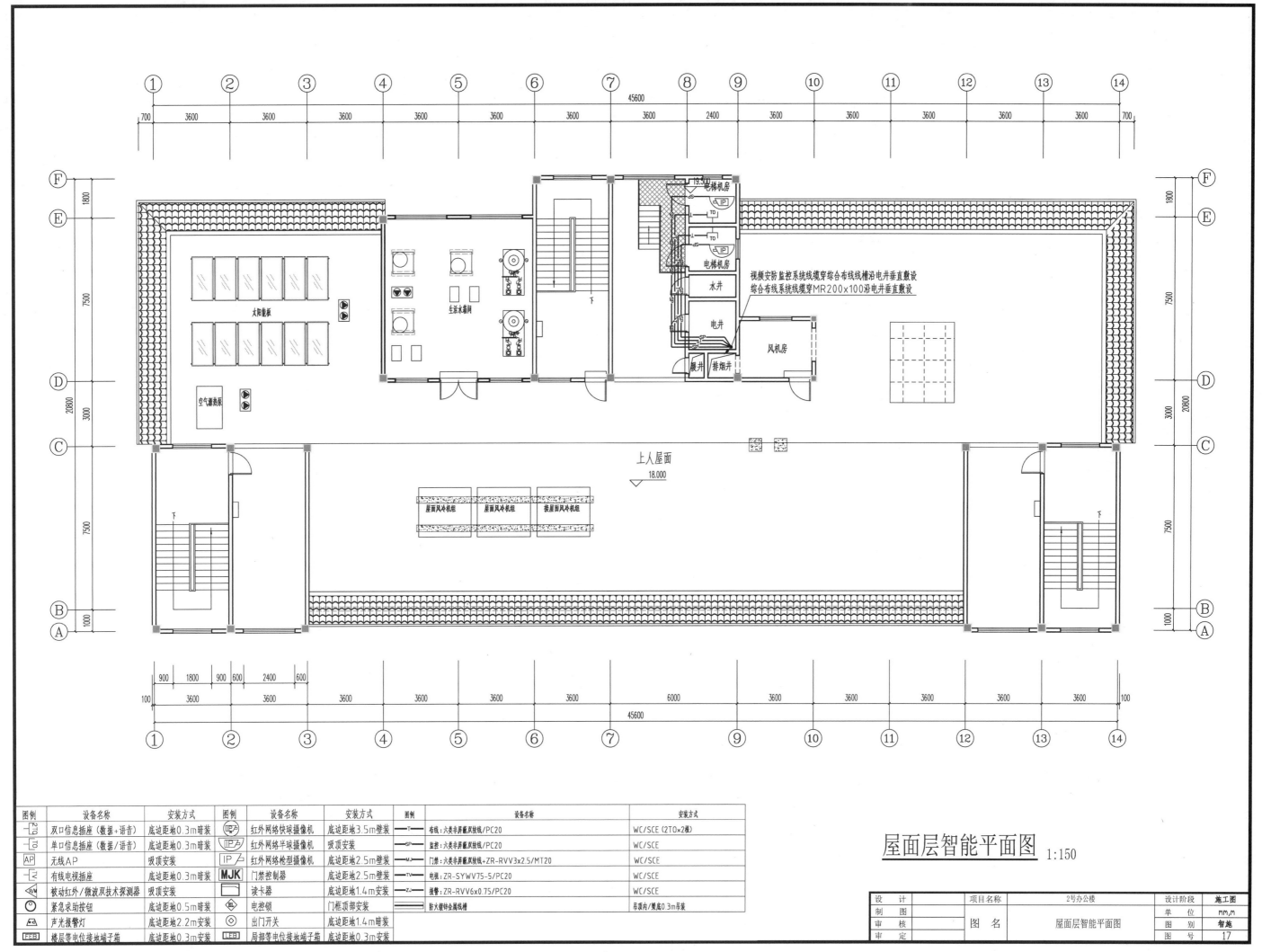

屋面层智能平面图 1:150

图例	设备名称	安装方式	图例	设备名称	安装方式	图例	设备名称	安装方式
2TO	双口信息插座（数据+语音）	底边距地0.3m暗装	IP	红外网络快球摄像机	底边距地3.5m壁装	T	布线：六类非屏蔽双绞线/PC20	WC/SCE（2TO×2根）
TO	单口信息插座（数据/语音）	底边距地0.3m暗装	IP	红外网络半球摄像机	吸顶安装	SP	监控：六类非屏蔽双绞线/PC20	WC/SCE
AP	无线AP	吸顶安装	IP	红外网络枪型摄像机	底边距地2.5m壁装	MJ	门禁：六类非屏蔽双绞线+ZR-RVV3x2.5/MT20	WC/SCE
TV	有线电视插座	底边距地0.3m暗装	MJK	门禁控制器	底边距地2.5m壁装	TV	电视：ZR-SYWV75-5/PC20	WC/SCE
被动红外/微波双技术探测器	吸顶安装	读卡器	底边距地1.4m安装	ZJ	报警：ZR-RVV6x0.75/PC20	WC/SCE
紧急求助按钮	底边距地0.5m暗装	电控锁	门框顶部安装	防火镀锌金属线槽	吊顶内/梁底0.3m吊装
声光报警灯	底边距地2.2m安装	出门开关	底边距地1.4m暗装
LEB	楼层等电位接地端子箱	底边距地0.3m暗装	LEB	局部等电位接地端子箱	底边距地0.3m安装

设 计		项目名称	2号办公楼	设计阶段	施工图
制 图				单 位	mm,m
审 核		图 名	屋面层智能平面图	图 别	智施
审 定				图 号	17

141

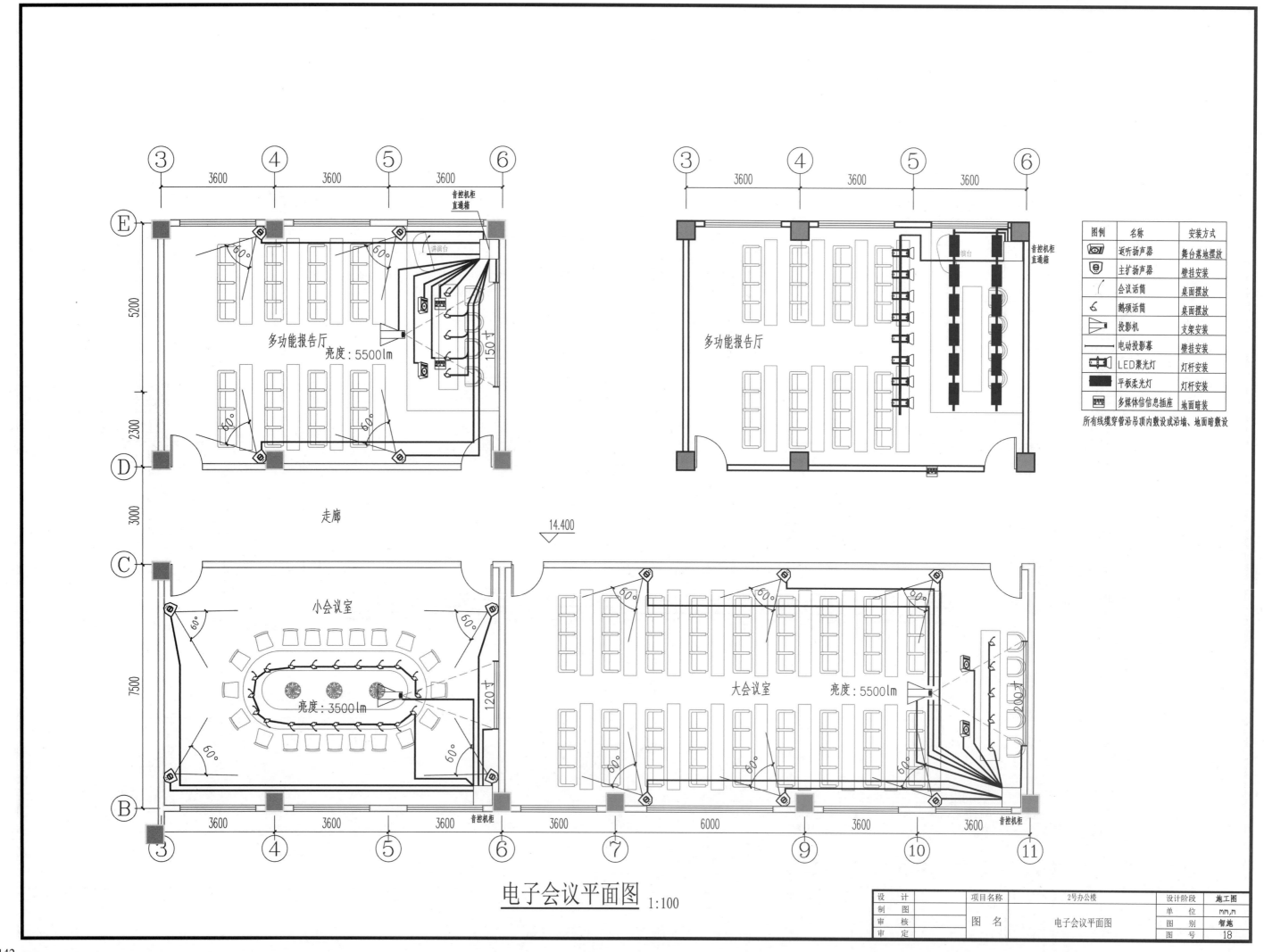

电子会议平面图 1:100

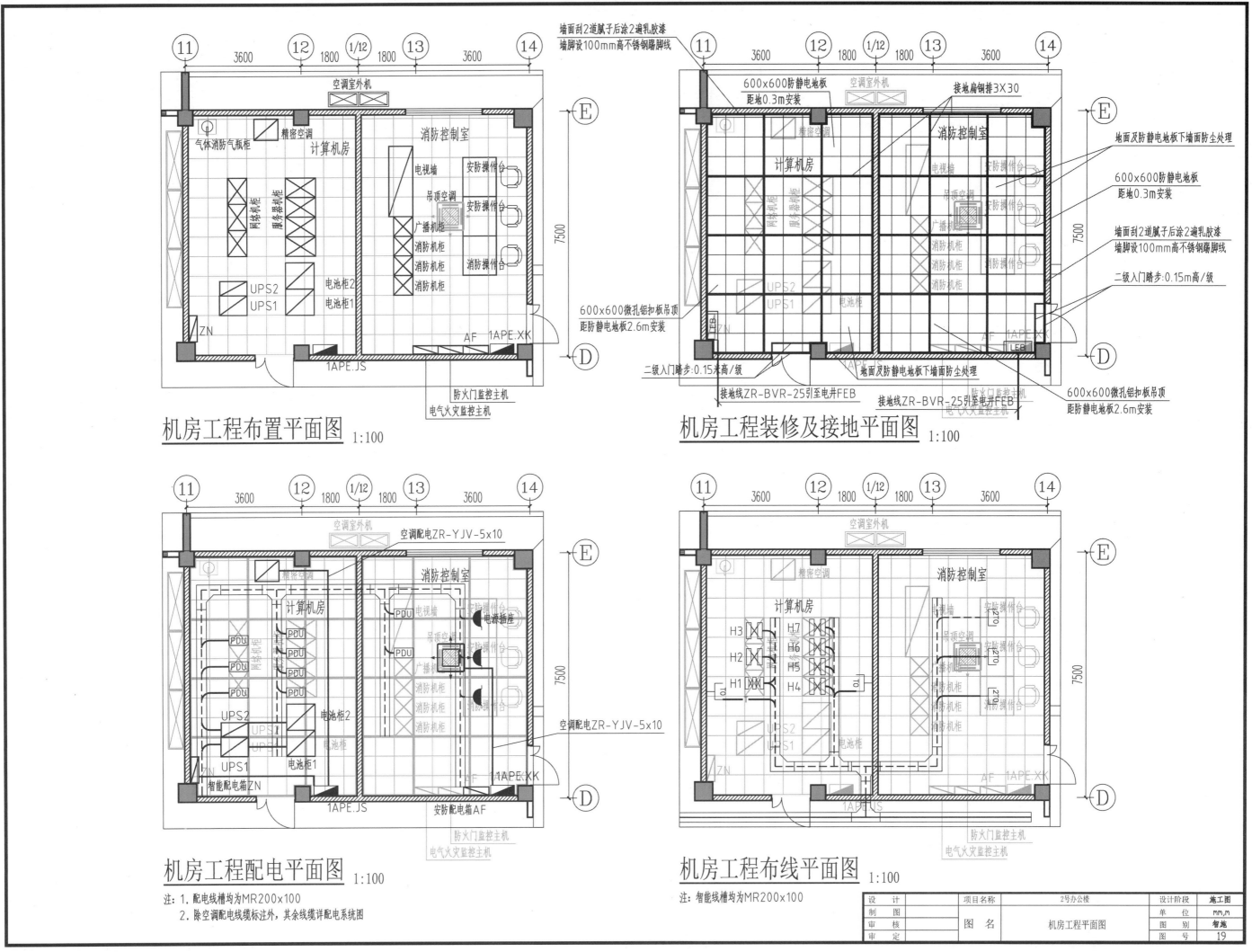

机房工程布置平面图 1:100

机房工程装修及接地平面图 1:100

机房工程配电平面图 1:100

注:1.配电线槽均为MR200x100
　　2.除空调配电线缆标注外,其余线缆详配电系统图

机房工程布线平面图 1:100

注:智能线槽均为MR200x100

设　计		项目名称		2号办公楼	设计阶段	施工图
制　图					单　位	mm,m
审　核		图　名		机房工程平面图	图　别	智施
审　定					图　号	19

143

智能化系统设备材料表（一）

一、信息网络系统材料表

序号	设备名称	型号规格	数量	单位	备注
1	防火墙	F1000-AK125 SecPath F1000-AK125设备,含一年AV 防病毒,一年特征库升级,500G SATA硬盘	1	台	
2	路由器	MSR2600-6-X1 MSR2600-6-X1千兆综合业务网关(2GE WAN+4GE LAN)	1	台	
3	万兆核心交换机	S7503E-M以太网交换机主机	1	台	
		交流电源模块,300W	2	块	
		S7503E-M交换路由引擎模块,24端口千兆以太网光接口(SFP,LC)+4端口万兆以太网光接口(SFP+,LC)(SC)	1	块	
		光模块-SFP-GE-多模模块-(850nm,0.55km,LC)	18	块	
		48端口千兆以太网电接口模块(RJ45)(SA)	1	块	
4	48电口千兆交换机	S5130S-52P-EI S5130S-52P-EI L2以太网交换机主机,支持48个10/100/1000BASE-T电口,支持4个1000BASE-X SFP端口,支持AC	12	台	
		光模块-SFP-GE-多模模块-(850nm,0.55km,LC)	12	块	
5	24电口POE千兆交换机	S5130S-28P-HPWR-EI S5130S-28P-HPWR-EI L2以太网交换机主机,支持24个10/100/1000BASE-T POE+电口(AC 370W,DC 740W),支持4个100/1000BASE-X SFP端口,支持4个GE Combo口,支持AC/DC	6	台	
		光模块-SFP-GE-多模模块-(850nm,0.55km,LC)	6	块	
6	无线控制器	WX2540H 无线控制器	1	台	
		增强型无线控制器license 授权函-管理16AP-企业网专用-V7专用	1	项	
7	无线AP	WA5320-SI-FIT WA5320-SI 内置天线双频四流802.11ac/n Wave 2无线接入点-FIT	15	台	

二、综合布线系统设备材料表

序号	设备名称	型号规格	数量	单位	备注
1.工作区子系统					
1	单口面板	FA3-08/C1A	7	个	
2	双口面板	FA3-08/C1B	299	个	
3	六类非屏蔽模块	NPL5.566.2002	605	个	
4	六类非屏蔽跳线	NPL3.695.2020,2m	306	条	
2.水平子系统					
1	阻燃六类非屏蔽双绞线	HSYV-6 4×2×0.57	124	箱	305m/箱
2	防火镀锌金属线槽	MR200x100	354	m	
3	阻燃硬塑料管	PC20	3060	m	
3.管理间子系统					
1	24口六类非屏蔽配线架	FA3-08/H2B,一体化,含模块	31	台	
2	理线器	NPL4.431.157	31	个	
3	六类非屏蔽跳线	NPL3.695.2020,2m	438	条	
4	RJ45-110跳线	NPL3.695.2044,110模块-RJ45跳线(1对,2m)	306	条	
5	110 100对语音配线架	NJA4.431.023	5	个	
6	5对连接块	NPL5.560.2041,10个/包	10	包	
7	语音理线器	NPL4.431.157	5	个	
8	24口光纤配线架	GP11H+NPL4.104.2032	6	台	
9	光纤面板	NPL4.106.2073	6	台	
10	双工LC耦合器	LY10100770000,SC型LC双联光纤适配器	36	个	
11	多模尾纤	GWQ-LC/PC-1×2.0-A1am300-1	72	根	
12	熔纤		72	芯	
13	LC多模光纤跳线(3m)	GTX-LC/PC-LC/PC-2×2.0-A1am300-3	18	条	
4.垂直子系统					
1	阻燃3类25对大对数	HSYV-3 25PR	2	轴	305m/轴
2	阻燃12芯万兆多模光纤	GJPFJV-12A1am300	350	m	
5.设备间子系统					
1	24口六类非屏蔽配线架	FA3-08/H2B,一体化,含模块	9	台	
2	理线器	NPL4.431.157	9	个	
3	110-110跳线	NPL3.695.2046,110模块-模块跳线(1对,2m)	306	条	
4	110 100对语音配线架	NJA4.431.023,1对,2m	6	个	
5	5对连接块	NPL5.560.2041,10个/包	12	包	
6	语音理线器	NPL4.431.157	6	个	
7	24口光纤配线架	GP11H+NPL4.104.2032	13	台	
8	光纤面板	NPL4.106.2073	13	台	
9	双工LC耦合器	LY10100770000	120	个	
10	多模尾纤	GWQ-LC/PC-1×2.0-A1am300-1	216	根	
11	熔纤		216	芯	
12	LC多模光纤跳线(3m)	GTX-LC/PC-LC/PC-2×2.0-A1am300-3	18	条	

三、有线电视系统设备材料表

序号	设备名称	型号规格	数量	单位	备注
1	有线电视插座		4	个	
2	同轴电缆	SYWV-75-5	200	m	
3	阻燃硬塑料管	PC20	50	m	

四、电子会议系统设备材料表（多功能报告厅）

序号	设备名称	型号规格	数量	单位	备注
1.扩声系统					
1	全频音箱	V-10	4	只	
2	功放	MA2600	2	台	
3	返听音箱	V-8	2	只	
4	功放	MA2400	1	台	
5	数字音频处理器	XA 2060	1	台	
6	12路调音台	EPM12	1	台	
7	超心形指向鹅颈话筒	ES937aH	5	支	
8	桌面式防震带开关底座	AT8688S	5	个	
9	八通道数字矩阵式混音器	AT-DMM828	1	台	
10	动圈手持无线话筒	ATW-2120b	3	套	
11	宽频无源天线	ATW-A49	1	对	
12	天线分配放大器	AEW-DA730G	1	台	
13	同轴电缆	50RG8BNC	2	条	
14	电源时序器	S108A	3	台	
2.灯光系统					
1	LED聚光灯	LED150J	7	台	
2	平板柔光灯	LED200HY	6	台	
3	平板柔光灯	LED200HY	6	台	
4	灯光控制台	TG 24	1	台	
5	放大器	OA-8	1	台	
6	直通柜	优质	1	台	
3.投影系统					
1	投影机	CB-G7400	1	台	
2	电动投影幕	200寸	1	台	
3	投影机固定支架	优质	1	套	
4	8×8高清混合矩阵机箱	MVM-0808MJ	1	台	
5	4路HDMI 输入	MVI-4-HDMI	1	个	
6	4路HDMI输出卡	MVO-4-HDMI	1	个	

注：材料表的型号及数量仅供参考，具体以实际为准。

设 计		项目名称	2号办公楼	设计阶段	施工图
制 图				单 位	mm,m
审 核		图 名	智能化系统设备材料表（一）	图 别	智施
审 定				图 号	20

智能化系统设备材料表（二）

续表

四、电子会议系统设备材料表（多功能报告厅）

4. 辅材线材

序号	设备名称	型号规格	数量	单位	备注
1	机柜	38U豪华带门机柜	1	套	
2	灯杆	13m一根	3	根	
3	灯钩	大号，满足灯具使用	19	个	
4	保险绳	大号，满足灯具使用	19	条	
5	电源线	ZR-RW-3×25mm²	100	m	
6	信号线	3芯带屏蔽信号线	100	m	
7	网线	六类非屏蔽双绞线，305m/箱	1	箱	
8	HDMI线	5m	4	条	
9	HDMI线	20m	3	条	
10	多媒体信息插座	内置网口、HDMI、音频、电源	2	套	
11	音箱安装架	固定安装架	4	个	
12	屏蔽音频线	ZR-RW2×0.5mm²	100	m	
13	音箱线	ZR-RW2×2.0mm²	200	m	
14	辅材配件	PC线管、卡侬公头、卡侬母头、6.35单声插头、RCA音频插头、3.5立体声插头、音响插头、各类转接头、电源三插头、五金交电配件等、五金类辅材及信号接线插头，电源端子等相关辅件。	1	批	

注：本材料表的型号及数量仅供参考，具体以实际为准。

五、电子会议系统设备材料表（大会议室）

1. 扩声系统

序号	设备名称	型号规格	数量	单位	备注
1	全频音箱	V-10	2	只	
2	功放	MA2600	1	台	
3	全频音箱	V-8	4	只	
4	功放	MA2400	2	台	
5	返听音箱	V-8	2	只	
6	功放	MA2400	1	台	
7	8路调音台	EPM12	1	台	
8	音频处理器	XA 4080	1	台	
9	动圈手持无线话筒	ATW-2120b	2	套	
10	电源时序器	S108A	1	台	

2. 投影系统

序号	设备名称	型号规格	数量	单位	备注
1	投影机	CB-G7400	1	台	
2	电动投影幕	16：10/120寸电动投影幕	1	台	
3	投影机固定支架	满足投影机安装	1	套	
4	电视机	55寸液晶电视	2	台	
5	电视机推车	配套安装电视机	2	套	
6	8×8高清混合矩阵机箱	MVM-0808MJ	1	台	
7	4路HDMI输入	MVI-4-HDMI	1	个	
8	4路HDMI输出卡	MVO-4-HDMI	1	个	
9	HDMI线	25m	3	条	

3. 手拉手会议系统

序号	设备名称	型号规格	数量	单位	备注
1	心形指向鹅颈话筒	ATUC-M43H	6	支	
2	会议控制主机	ATUC-50CU	1	台	
3	会议话筒底座	ATUC-50DU	1	台	
4	会议系统延长线	15m	2	条	

4. 辅材线材

序号	设备名称	型号规格	数量	单位	备注
1	机柜	24U豪华带门机柜	1	套	
2	网线	六类非屏蔽双绞线，305m/箱	1	箱	
3	HDMI线	5m	4	条	
4	HDMI线	20m	3	条	
5	多媒体信息插座	5位内置网口、HDMI、音频、电源	2	套	
6	话筒插座盒	2位地弹式话筒插座盒	1	套	
7	音箱安装架	固定安装架	6	个	
8	屏蔽音频线	ZR-RW2×0.5mm²	100	m	
9	音箱线	ZR-RW2×1.5mm²	400	m	
10	电源线	ZR-RW-3×2.5mm²	100	m	
11	辅材配件	PC线管、卡侬公头、卡侬母头、6.35单声插头、RCA音频插头、3.5立体声插头、音响插头、各类转接头、电源三插头、五金交电配件等、五金类辅材及信号接线插头，电源端子等相关辅件。	1	批	

六、电子会议系统设备材料表（小会议室）

1. 扩声系统

序号	设备名称	型号规格	数量	单位	备注
1	无源全频音箱	M-82G2	4	只	
2	功放	MA2300	2	台	
3	8路调音台	EPM8	1	台	
4	数字音频处理器	XA 2040	1	台	
5	UHF自动对频液晶显示灰色双手持	S-360U/36H	1	套	
6	电源时序器	S108A	1	台	

2. 投影系统

序号	设备名称	型号规格	数量	单位	备注
1	投影机	NP545	1	台	
2	电动投影幕	16：10/100寸电动投影幕	1	台	
3	投影机固定支架	优质	1	套	
4	HDMI切换器	CHS-21	1	台	
5	HDMI线	10m	3	条	

3. 手拉手会议系统

序号	设备名称	型号规格	数量	单位	备注
1	心形指向鹅颈话筒	ATUC-M43H	20	支	
2	会议控制主机	ATUC-50CU	1	台	
3	会议话筒底座	ATUC-50DU	20	台	
4	会议系统延长线	15m	2	条	

4. 辅材线材

序号	设备名称	型号规格	数量	单位	备注
1	机柜	24U豪华带门机柜	1	套	
2	网线	六类非屏蔽双绞线，305m/箱	1	箱	
3	多媒体信息插座	5位内置网口、HDMI、音频、电源	2	套	
4	音箱安装架	固定安装架	4	个	
5	屏蔽音频线	ZR-RW2×0.5mm²	100	m	
6	音箱线	ZR-RW2×1.5mm²	100	m	
7	电源线	ZR-RW-3×2.5mm²	50	m	
8	辅材配件	PC线管、卡侬公头、卡侬母头、6.35单声插头、RCA音频插头、3.5立体声插头、音响插头、各类转接头、电源三插头、五金交电配件等、五金类辅材及信号接线插头，电源端子等相关辅件。	1	批	

设　计		项目名称	2号办公楼	设计阶段	施工图
制　图				单　位	mm,m
审　核		图　名	智能化系统设备材料表（二）	图　别	智施
审　定				图　号	21

智能化系统设备材料表（三）

七、入侵报警系统材料表

序号	设备名称	型号规格	数量		备注
1	管理电脑	四核CPU，8G内存，1TB硬盘，2G独显，DVD，23英寸显示器	1	台	
2	报警单机版软件	Alarm Client	1	套	
3	报警管理软件	SmartPSS	1	套	
4	总线报警主机	DH-ARC9016C 本地16防区，最大扩展到256防区，8路继电器输出，最大扩展到64路输出，支持64个键盘	1	台	
5	报警键盘	DH-ARK10C LCD键盘，0～9数字键和9个功能键，支持对报警机进行布撤防参数设置	1	个	
6	八防区输入模块	八个常开或常闭防区输入；带地址编码设置开关；和总线报警主机通讯采用MBus协议；和主机最大传输距离为2400m；电源由Mbus总线提供，无需外接电源	8	个	
7	三鉴入侵探测器	DH-ARD2111C 支持红外和微波探测方式；支持探测距离8m，探测角度360°；支持0.3～3m/s探测速度；支持20000 Lux抗白光等级；支持双向数字温度补偿；支持AND/OR技术；支持动态阈值技术；支持人工智能技术；支持常闭、常开可选的报警输出；支持防拆开关；支持5s的报警延时功能；支持脉冲计数；支持10.525GHz的微波频率；支持抗EMI、RFI干扰；支持吸顶的安装方式；支持2.5～3.6m的安装高度；支持工作温度范围－10～50℃的环境下工作；支持工作电压12～24VDC，工作电流≤35mA的环境下工作；φ135mm×38mm	25	个	
8	紧急报警按钮	DH-ARD811	1	个	
9	声光报警器	HC-103，声压≥105dB/m	2	个	
10	蓄电池	DH-BR12V7A	1	个	
11	铜芯护套导线	ZR-RW-6×0.75mm²	1300	m	
12	铜芯护套导线	ZR-RW-4×1.5mm²	100	m	
13	阻燃硬塑料管	PC20	150	m	

注：本材料表的型号及数量仅供参考，具体以实际为准。

八、视频安防监控系统材料表

序号	设备名称	型号规格	数量	单位	备注
1	红外网络半球摄像机	DH-IPC-HDBW4433R-AS，带拾音接口，POE供电	21	台	室内
2	红外网络枪型摄像机	IPC-HFW4438M-I2	18	台	室内/室外
3	红外网络快球摄像机	SD6C84E-GN	1	台	室外
4	电梯专用摄像机	IPC-HDB4436C-SA	2	台	电梯轿厢
5	无线网桥	RG-EST301	2	对	
6	摄像机电源	PFM300	41	个	
7	管理电脑	四核CPU，8G内存，1TB硬盘，2G独显，DVD，23英寸显示器	1	套	
8	硬盘录像机	NVR816-64-HDS2，16盘位/64路	1	台	
9	硬盘	4T(ST4000VX000)，4TB企业级硬盘，转速7200rpm	11	台	
10	视频监控管理软件	DSS7016-D，支持对接报警系统	1	套	
11	46寸液晶监视器	D2046NL-C，分辨率1920×1080	4	台	配套支架
12	单路解码器		4	台	
13	电视墙	4050×2520×750	1	套	
14	DVI线缆		4	根	
15	6位总控插座	250V/10A	3	个	
16	光纤收发器	HXSS-S1000W-25-A/B，1个千兆口，1个1.25Gbps SC光口	12	对	
17	室外摄像机立杆	钢质3.5m高+0.5m避雷针	11	根	
18	两芯皮线光缆	GJXH-02B6a	2300	m	
19	铜芯护套导线	ZR-RVV-2×1.0mm²	100	m	
20	阻燃铜芯护套电缆	ZR-RVV-3×2.5mm²	700	m	
21	阻燃六类非屏蔽双绞线	HSYV-6 4×2×0.57	9	箱	305m/箱
22	阻燃硬塑料管	PC20	400	m	
23	光纤尾纤	ST	48	根	
24	熔纤		48	芯	
25	弱电手孔井(含金属井盖)	700×900×1000mm，详YD/T 5178-2017 P84	12	个	
26	7孔φ32梅花管	7孔φ32	752	m	
27	镀锌钢管	SC80	50	m	

九、出入口控制系统材料表

序号	设备名称	型号规格	数量	单位	备注
1	管理电脑	四核CPU，8G内存，1TB硬盘，2G独显，DVD，23英寸显示器	1	台	
2	门禁管理软件	PK-OCV10.0	1	套	
3	发卡器	PK-577/USB	1	台	
4	读卡器	PK-R377/W34	10	个	
5	出门按钮	PK-036	10	个	
6	单门磁电锁	PKL320LS-27	5	套	
7	双门磁电锁	PKL320DLS-27	5	套	
8	L型和Z型支架		15	套	
9	单门网络控制器	PK-C388SGN	10	台	
10	电源装置	PK-TD12V5A	10	个	
11	智能CPU卡	PK-FM1208M	50	张	
12	阻燃六类非屏蔽双绞线	HSYV-6 4×2×0.57	2	箱	305m/箱
13	铜芯护套导线	ZR-RVV-2×1.0mm²	200	m	
14	阻燃铜芯护套电缆	ZR-RVV-3×2.5mm²	200	m	
15	镀锌钢管	MT20	270	m	

设 计		项目名称	2号办公楼	设计阶段	施工图
制 图				单 位	mm,m
审 核		图 名	智能化系统设备材料表（三）	图 别	智施
审 定				图 号	22

智能化系统设备材料表（四）

十、停车场管理系统材料表

序号	设备名称	型号规格	数量	单位	备注
1	直杆自动道闸	PK-RB3600/S-GNG 一体化机芯、含遥控器；直杆，起落杆时间3S，最大杆长4m	4	套	
2	高灵敏度车辆检测器	PK-CD5000 灵敏度可调，带自动漂移补偿，防砸车、自动落杆	4	套	
3 包含主要配件	车牌识别一体机(含以下设备)	PK-3230	4	套	
	车牌识别摄像机	PK-IPLPR05S 200万像素车牌识别专业摄像机，含车牌识别模块，含镜头，电源			
	停车场控制系统	PK-CB1092 TCP/IP通信，ARM32位主芯片，车牌识别脱机收费专用；月卡车、场内临时车均可脱机脱网脱入出场并正常收费；保障系统高稳定性，含动态显示屏驱动，可挂接读卡器，可U盘导入脱机用户数据			
	专业型豪华机箱	PK-H2000/PC 钢化玻璃面板、进口汽车烤漆、不褪色、防尘防雨			
	中文电子显示屏	PK-DS1100 红绿双色，可显示收费金额、车牌、有效期、时间、剩余车位及操作提示等，竖式双行16字显示			
	语音提示系统	PK-SP1100 可播报收费金额、车牌、有效期等			
	补光灯	PK-L3 高亮LED补光灯，内置安装			
	专业开关电源	DC12V/5V显示及控制单元供电专用			
4	智能停车管理软件	PK-CPW10.5/LPR车牌识别专用软件，网络版，工作站安装无限制	1	套	
5	车牌识别软件加密狗	PK-K95每台管理电脑配一个软件加密狗	1	套	
6	4口网络交换机		2	台	
7	光纤收发器	HXSS-S1000W-25-A/B，1个千兆口，1个1.25Gbps SC光口	2	对	
8	管理电脑	四核CPU,8G内存，1TB硬盘，2G独显，DVD，23英寸显示器	2	套	
9	岗亭	L1200×W1500×H2400mm	2	套	
10	设备安装水泥平台制作	4000x1200x300mm	2	套	
11	铜芯护套导线	ZR-RVV-2x1.0mm²	100	m	
12	六类非屏蔽双绞线	HSYV-6 4×2×0.57	1	箱	
13	阻燃交联聚乙烯绝缘聚氯乙烯护套铜芯电力电缆	ZR-YJV-3x4mm²	200	m	
14	4芯千兆多模光纤		200	m	
15	地感线圈	ZR-BV1.0mm²	100	m	
16	阻燃硬塑料管	PC25	100	m	

十一、智能照明系统材料表

序号	设备名称	型号规格	数量	单位	备注
1	控制电脑	四核CPU,8G内存，1TB硬盘，2G独显，DVD，23英寸显示器	1	套	
2	控制管理软件	Elvis	1	套	
3	IP路由器模块	IPR/S 2.1	1	台	
4	4路智能照明控制模块	SA/S 4.16.6.1	3	台	
5	智能照明定时控制模块	FW/S8.2.1	1	台	
6	智能照明光照度传感器	HS/S4.2.1	1	台	
7	耐火双绞线	ZR-RVSP4x1.5mm²	100	m	
8	阻燃硬塑料管	PC25	50	m	

十二、机房工程设备材料表

建筑装饰工程

序号	设备名称	型号规格	数量	单位	备注
1	防静电地板	600x600x35	76	m²	
2	墙面腻子	环保腻子	200	m²	
3	墙面乳胶漆	环保防尘漆，含腻子	200	m²	
4	地面防尘处理(含防静电地板下着面)	环保防尘漆	100	m²	
5	地板周边支架	国标#30角钢焊制	56	m	
6	不锈钢踢脚线	采用304不锈钢定制，规格厚0.8mm，宽10x100x10	56	m	
7	铝合金微孔吊顶	厚0.8mm，600x600	76	m²	
8	钢制子母防火门	2200x1200，含闭门器、门锁等配件配件	2	樘	
9	椅子		3	套	

机柜工程

序号	设备名称	型号规格	数量	单位	备注
1	服务器机柜	WDH：600×800×2000，通透前、后门，前单后双纯平面花网孔门，带侧板并柜，配置：2条垂直理线槽，50套M6安装套件	4	套	
2	配线机柜	WDH：800×600×2000，通透前、后门，前钢化玻璃门，后带散热孔钢板门，配置：2条垂直理线槽，50套M6安装套件	3	套	
3	PDU	定制AC250V 50Hz 32A，18个万用10A插座，输入接口为接线盒输入	9	条	
4	操作台	定制3600×1050×700，平面操作台，台面板为冷轧钢板，带6个19英寸台下机柜	1	套	安防操作台

空气调节工程

序号	设备名称	型号规格	数量	单位	备注
1	上送风精密空调	DMC12WT1/12.5kW	1	套	
2	配置铜管	气管/液管	10	m	
3	冷媒	R22 22.7kg	1	瓶	
4	设备承重支架	定制，采用国标50mm角钢现场焊接，包含室内机及室外机的底座支架	2	套	
5	吸顶式5P空调	KFR-120，冷暖型	1	套	

十二、机房工程设备材料表

电气技术工程

序号	设备名称	型号规格	数量	单位	备注
1	UPS电源主机	YTR3115/15kVA	2	台	
2	蓄电池	MPC-1265AH/12V65AH	32	只	
3	蓄电池架(含电池连接线)	非标定制，四层，470x780	2	个	
4	支撑钢架		2	个	
5	计算机房配电箱ZN	非标，详见系统图	1	套	
6	消控控制室配电箱AF	非标，详见系统图	1	套	
7	阻燃交联聚乙烯绝缘聚氯乙烯护套铜芯电力电缆	ZR-YJV-5x10mm²	100	m	
8	阻燃交联聚乙烯绝缘聚氯乙烯护套铜芯电力电缆	ZR-YJV-3x10mm²	50	m	
9	阻燃铜绝缘导线	ZR-BVR-4.0mm²	600	m	
10	阻燃硬塑料管	PC20	350	m	
11	防火镀锌金属线槽	MR200×100	36	m	

机房防雷接地工程

序号	设备名称	型号规格	数量	单位	备注
1	扁铜排	3x30铜排，含绝缘支持端子	132	m	
2	接地铜芯线	ZR-BVR6mm²	100	m	
3	局部等电位接地端子箱		2	个	

十三、建筑物电子信息系统防雷材料表

序号	设备名称	型号规格	数量	单位	备注
1	总等电位端子箱		1	个	
2	楼层等电位端子箱		5	个	
3	接地铜芯线	ZR-BVR-25mm²	100	m	
4	接地铜芯线	ZR-BVR-50mm²	100	m	
5	阻燃硬塑料管	PC32	100	m	

注：材料表的型号及数量仅供参考，具体以实际为准。

设 计		项目名称	2号办公楼	设计阶段	施工图
制 图				单 位	mm,m
审 核		图 名	智能化系统设备材料表（四）	图 别	智施
审 定				图 号	23